中等职业教育电类专业系列教材

U0225448

电气控制技术

朱柏刚◎主　编
谢颐明◎副主编

中国铁道出版社有限公司
CHINA RAILWAY PUBLISHING HOUSE CO., LTD.

内 容 简 介

本书参照相关国家职业技能标准和行业职业技能鉴定规范,结合职业教育的实际教学情况,根据电气类课程改革要求,坚持学以致用,注意拓宽学生的基础知识,以适应职业教育未来发展需要。

本书系统地介绍了机械设备中的电气控制系统,将电气控制技术与实际工作岗位中的核心技能训练相结合,主要内容有:常用低压电器、电子电器、电气控制线路的基本环节、常用机床的电气控制线路、起重机的电气控制、电气控制线路设计。全书除介绍电气控制设备的基本原理外,还介绍了维护与故障分析等实用技术,并配套编写了十个技能实训,其内容面向实际岗位,与职业岗位接轨,力求使学生能学懂,会应用。

本书适合作为中等职业学校电气运行与控制类、机电技术应用类等专业教材,也可作为相关专业教师教学的参考用书。

图书在版编目(CIP)数据

电气控制技术/朱柏刚主编. —北京:中国铁道出版社有限公司,2022.9
中等职业教育电类专业系列教材
ISBN 978-7-113-29156-3

Ⅰ.①电… Ⅱ.①朱… Ⅲ.①电气控制-中等专业学校-教材 Ⅳ.①TM921.5

中国版本图书馆 CIP 数据核字(2022)第 089033 号

书　　名:**电气控制技术**
作　者:朱柏刚

策　划:张松涛　　　　　　　　　　　编辑部电话:(010)83527746
责任编辑:张松涛　绳　超
封面设计:刘　颖
责任校对:苗　丹
责任印制:樊启鹏

出版发行:中国铁道出版社有限公司(100054,北京市西城区右安门西街 8 号)
网　　址:http://www.tdpress.com/51eds/
印　　刷:北京铭成印刷有限公司
版　　次:2022 年 9 月第 1 版　2022 年 9 月第 1 次印刷
开　　本:787 mm×1 092 mm 1/16　印张:17.5　字数:431 千
书　　号:ISBN 978-7-113-29156-3
定　　价:49.00 元(含工作手册)

前 言

电气控制技术是中等职业学校电类专业的主干课程,是一门理论性、实践性很强的课程,对中职学生来说在理论理解方面存在一定的难度。

本书是根据教育部新颁布的《中等职业学校专业目录》,结合目前电气控制技术的更新发展以及中等职业学校教学设备和学生的基础状况编写而成的。在编写时,全体编写人员统一思想、一致行动,以行业企业用人需求为依据,以学生的学习成长和职业发展为主线,按照职业标准和岗位能力要求,遵循中职学生认知特点,便于教师做到教学过程与生产过程对接,同时按照职业工作逻辑组织教材结构,按照职业技能的认知规律与形成过程,合理设计学习领域和技能实训教学情境,通过学习理论知识指导技能实践,理论联系实际,实现了"教学做"一体,使学生在理解知识的同时,又培养了分析问题、解决问题的能力,强化了学生实践能力和职业技能。

本书共七章内容,另附工作手册。为了便于学生理解相关电路的原理,本书附赠二维码视频资源,扫码可看。微课中的电路图与教材中的电路图可能存在差异,但不影响相关电路原理的分析,仅用于辅助教师教学使用。

本书的教学时数为128学时,分配方案如下表所示,在实施中任课教师可根据具体情况适当调整。

序号	章	章节内容	参考学时
1	1	常用低压电器	20
2	2	电子电器	12
3	3	电气控制线路的基本环节(一)	18
4	4	电气控制线路的基本环节(二)	18
5	5	常用机床的电气控制线路	20
6	6	起重机的电气控制	12
7	7	※电气控制线路设计	8
8	—	技能实训	20
总　计			128

其中,※部分为选学内容。

　　本书由沈阳市装备制造工程学校副校长、高级讲师朱柏刚担任主编,沈阳市装备制造工程学校电气工程系教研组长谢颐明担任副主编,沈阳市装备制造工程学校陆敬玲、邹耀弟、卢超参与编写。具体编写分工如下:朱柏刚编写第 2、5 章,谢颐明编写第 1 章中1.8 节及习题与职业技能考核模拟、第 6 章和工作手册技能实训五、技能实训六,陆敬玲编写第 1 章中1.1~1.7 节及工作手册技能实训一至技能实训四,邹耀弟编写第 4 章中4.4~4.5 节及习题与职业技能考核模拟、第 7 章和工作手册技能实训七和技能实训八,卢超编写第 4 章中4.1~4.3 节、第 3 章和工作手册技能实训九和技能实训十。特别感谢张茹在教材编写过程中给予的大力支持。

　　由于编者水平有限,书中疏漏之处在所难免。望使用本书的读者批评指正,以便本书进一步完善。

编　者
2022 年 1 月

目　录

第3篇 典型工厂电气设备举例及电气控制线路设计

第1篇
电 器

导 入 >>>>>>

电器就是根据外界施加的信号和要求,通过手动或自动地断开或接通电路,断续或连续地改变电路参数,以实现对电或非电对象的切换、控制、检测、保护、变换和调节的电工器械。随着科学技术和生产的发展,国内外的电器工业都在快速地向着更高层次迈进,电器的种类也不断增多。按工作电压的高低、结构和工艺特点分,电器可分为高压电器、低压电器、自动电磁元件、成套电器和自动化成套装置以及电子电器。本篇主要介绍常用低压电器和电子电器。

第1章　常用低压电器

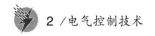 **学习目标**

知识目标

①了解低压电器分类方法,熟悉各类低压电器的特点、用途及应用。

②掌握各种常用低压电器的结构、符号、功能、工作原理、型号、技术参数、选用与安装使用方法等。

技能目标

①能正确识别、检测、选择、安装、使用各种常用低压电器。

②会常用低压电器的拆装及调整,能对常用低压电器进行维护与检修。

③能正确调整、校验热继电器、时间继电器等的整定值。

素养目标

①培养学生自主学习的能力、分析问题和解决问题的能力、团结协作的能力。

②培养学生勤于思考、刻苦钻研、积极探索、勇于创新、热爱专业、敬业乐业的良好作风。

③培养学生一丝不苟、精益求精、从点滴做起的品质,追求大国工匠精神。

 **本章综述**

低压电器是电力拖动控制系统的基本组成元件,尤其在工厂机电设备自动控制领域,低压电器是构成设备自动化的主要控制器件和保护器件。熟悉和掌握各种低压电器,是实施电气控制的需要,也是电气运行、电气控制线路日常检修维护的需要。本章主要阐述低压电器的分类及电气控制设备中几种常用低压电器的基本知识和相关技能,为后续电气控制线路的学习打下良好基础。

1.1　低压电器的分类

工作在交流 1 200 V 及以下,直流 1 500 V 及以下电路中的电器都属于低压电器。低压电器广泛应用于发电厂、变电所、工矿企业、农业、交通运输、国防等电力输配电系统和电力拖动控制系统中,几乎渗透到所有用电领域,在实际生产和生活中起着非常重要的作用。在电力拖动控制系统中,低压电器主要用于对电动机进行控制、调节和保护。在低压配电电路或动力装置中,低压电器主要用于对电路或设备进行保护以及通断、转换电源或负载。

低压电器的用途广泛、功能多样、种类繁多,分类方法也很多,下面是几种常见的分类方式。

1.1.1　按用途分类

①配电电器。用于电能的输送和分配的电器,如刀开关、自动开关、转换开关等。

②控制电器。用于各种控制电路和控制系统的电器,如接触器、继电器等。

③主令电器。用于自动控制系统中发送动作指令的电器,如按钮、行程开关和万能转换开关等。

④保护电器。用于保护电路及用电设备的电器,如熔断器、热继电器等。

⑤执行电器。用于完成某种动作或传动功能的电器,如电磁铁、电磁离合器等。

1.1.2　按动作方式分类

①自动切换电器。依靠本身参数的变化或外来信号的作用,自动完成接通或分断等动作的电器,如接触器、继电器等。

②手动切换电器。用手直接操作来进行切换的电器,如按钮、低压开关等。

1.1.3　按工作原理分类

①电磁式电器。根据电磁感应原理进行工作的电器,如接触器、电磁式继电器等。

②非电量控制电器。依靠外力或某种非电物理量的变化而动作的电器,如刀开关、行程开关、按钮、速度继电器等。

1.1.4　按触点类型分类

①无触点电器。无可分离的触点,主要利用半导体元器件的开关效应来实现电路的通断控制,如接近开关、电子式时间继电器、固态继电器等。

②有触点电器。利用触点的接通和分断来切换电路的电器,如接触器、继电器等。

1.2　熔断器

熔断器是一种在低压配电网络和电力拖动系统中起短路和严重过载保护的低压电器。熔断器作为保护电器,具有结构简单、价格便宜、使用维护方便、体积小、质量小等优点,应用极为广泛。

熔断器的种类不同,其特性和使用场合也有所不同,熔断器的种类繁多,按其结构形式分有插入式、有填料螺旋式、有填料封闭管式、无填料封闭管式、自复式等;按用途来分,有一般工业用熔断器、半导体器件保护用的快速熔断器和特殊用途熔断器等。

常用的几种熔断器如图 1-1 所示。

（a）RC1 系列瓷插式　（b）RL 系列螺旋式　（c）RM10 系列　（d）RT0 系列有填料　（e）RS 系列快速

无填料封闭管式　　封闭管式　　　熔断器

图 1-1　常用的几种熔断器

1.2.1 熔断器的结构和工作原理

1. 熔断器的结构

熔断器由熔体和绝缘底座(又称熔管)组成。其中熔体是熔断器的主要部分,常做成片状或丝状;底座是熔体的保护外壳,在熔体熔断时兼有灭弧作用。熔体的材料有两类:一类为低熔点材料,如铅锡合金、锌等制成,因不易灭弧,多用于小电流电路;另一类为高熔点材料,如银丝或铜丝等制成,易于灭弧,多用于大电流的电路。绝缘底座一般由硬制纤维或瓷制绝缘材料制成,既便于安装熔体,又有利于熔体熔断时电弧的熄灭。

2. 熔断器的工作原理

使用时,熔断器应串联在被保护电路中。在正常情况下,熔体相当于一根导线;当电路发生短路或严重过载时,通过熔断器的电流超过限定的数值后,由于电流的热效应,使熔体的温度急剧上升,超过熔体的熔点,熔断器中的熔体熔断而分断电路,从而保护了电路和设备。

1.2.2 熔断器的技术参数

①额定电压。保证熔断器能长期正常工作的电压。

②额定电流。指熔断器长期工作,温升不超过规定值时所允许通过的电流。一个额定电流等级的熔管,可以配合选用不同的额定电流等级的熔体。但熔体的额定电流必须小于或等于熔断器的额定电流。

③极限分断电流。指熔断器在额定电压下能断开的最大短路电流。

1.2.3 常用的低压熔断器

1. 瓷插式熔断器

RC1A 系列无填料瓷插式(又称插入式)熔断器结构如图 1-2(a)所示,它由瓷底座、瓷盖、动触点、静触点和熔体组成。熔体通常用铅锡合金或铅锑合金等制成,有时也用铜丝作为熔体。瓷底座由电工瓷制成,两端固定着静触点,瓷底座中间为一空腔。瓷盖也是由电工瓷制成,动触点间跨接着熔体,瓷盖的突起部分与瓷底座的空腔共同形成灭弧室。较大容量熔断器的灭弧室中还垫有帮助灭弧的石棉织物。

图 1-2(b)所示为熔断器的图形与文字符号(适用于所有熔断器)。

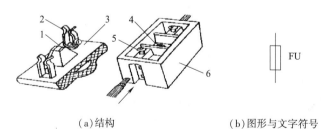

(a)结构 　　　　　　　　(b)图形与文字符号

图 1-2　RC1A 系列无填料瓷插式熔断器

1—熔体;2—动触点;3—瓷盖;4—空腔;5—静触点;6—瓷底座

该系列熔断器使用时将瓷盖插入瓷底座,拔下瓷盖即可更换熔体。由于该系列熔断器采用半封闭结构,熔体熔断时有声光现象,在易燃易爆的工作场所严禁使用,同时它的极限分断能力较差。该系列熔断器主要用于交流 50 Hz、额定电压 380 V 及以下,额定电流 200 A 及下的低压线路末端或分支电路中,作为线路和用电设备的短路保护。表 1-1 所示为 RC1A 系列熔断器的主要技术参数。

表 1-1　RC1A 系列熔断器的主要技术参数

熔断器额定电流/A	熔体额定电流/A	极限分断能力/A
5	2,5	250
10	2,4,6,10	500
15	6,10,15	
30	20,25,30	1 500
60	40,50,60	3 000
100	80,100	
200	120,150,200	

2. 螺旋式熔断器

螺旋式熔断器的熔管内装有石英砂。石英砂导热性好,热容量大,有利于电弧的熄灭,因此螺旋式熔断器具有较高的分断能力。图 1-3 所示为 RLl 系列有填料螺旋式熔断器。

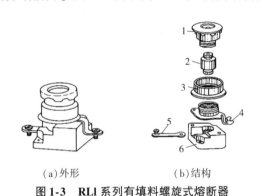

（a）外形　　　　（b）结构
图 1-3　RLl 系列有填料螺旋式熔断器
1—瓷帽;2—熔管;3—瓷套;4—上接线端;5—下接线端;6—瓷底座

螺旋式熔断器由瓷帽、熔管、瓷套、上接线端、下接线端、瓷底座等组成,熔管内装有熔体、石英砂填料和熔断指示器(熔管的一端有红点标志)。当熔体熔断时,红点脱落,可以通过瓷帽的玻璃窗口进行观察。它的熔体更换方法是更换整个熔管。安装螺旋式熔断器时,电源进线接到下(低)接线端,用电设备的连接线接到金属螺纹壳的上(高)接线端,即低进高出,保证更换熔管时瓷底座螺纹壳上不会带电,保证操作者的人身安全。

该系列熔断器主要适用于控制箱、配电屏、机床设备及振动较大的场所,一般在交流额定电压为 500 V、额定电流为 200 A 及以下的电路中作为短路保护。表 1-2 所示为常用螺旋式熔断器的型号和规格。

表1-2　常用螺旋式熔断器的型号和规格

型号	额定电压/V	额定电流/A	熔体额定电流等级/A	极限分断能力/kA
RL1	500	15	2,4,6,10,15	2
		60	20,25,30,35,40,50,60	3.5
		100	60,80,100,100	20
		200	125,150,200	50
RL7	660	25	2,4,6,10,16	25
		63	20,25,35,50,63	25
		100	80,100	25

3. 封闭管式熔断器

①无填料封闭管式熔断器。图1-4所示为RM10系列无填料封闭管式熔断器,它由熔管、熔体、触刀及夹座等部分组成。它采用变截面片状熔体和密封纤维管的结构形式,在短路电流通过时,因熔体较窄处产生的热量大而先熔断,因而可产生多个熔断点使电弧分散,利于灭弧。同时因电弧燃烧,密封纤维管中会产生高压气体,使电弧迅速熄灭。分断能力最大可达10~12 kA。

一般适用于低压电网和成套配电装置中,作为导线、电缆及较大容量电气设备的短路或连续过载时的保护。

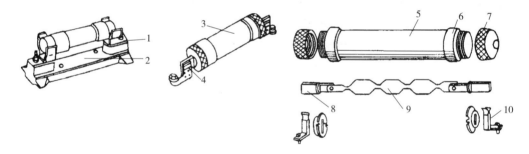

图1-4　RM10系列无填料封闭管式熔断器

1、4、10—夹座;2—底座;3—熔管;5—硬质绝缘管;6—黄铜套管;
7—黄铜帽;8—触刀;9—熔体

②有填料封闭管式熔断器。图1-5所示为RT0系列有填料封闭管式熔断器,主要由熔管、底座、触刀、熔体等部分组成。熔断器中装有石英砂,用来冷却和熄灭电弧;熔体为网状,短路时可使电弧分散。由石英砂冷却电弧,因此具有较强的分断电流的能力,使用安全,在额定分断能力范围内分断电流时,不产生声光现象。

RT0系列有填料封闭管式熔断器有良好的短路、保护瞬时动作特性,即在短路电流通过熔体时,熔断时间很短,因而有限流作用。该系列熔断器有明显熔断指示器,便于识别故障电路,有利于迅速恢复供电。主要适用于短路电流较大的电力网或配电装置中。

4. 快速熔断器

快速熔断器主要用于保护半导体器件或整流装置的短路保护。半导体器件的过载能力很低,因此要求熔断器具有快速分断的性能。快速熔断器的熔体是用银片冲制的、有V形槽的变截面熔体。银的熔化系数较低,在高温工作状态下性能较稳定,而且银质熔体的汽化体积较小,有利于灭弧。熔体上开 V 形槽,是为了得到狭窄截面面积,使之在短路时极易熔断,从而达到快速熔断的目的。熔管采用有填料的密闭管。常用快速熔断器有 RS 和 RLS 系列。

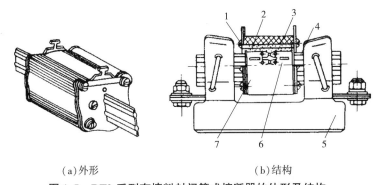

(a)外形　　　　　　　　　　　(b)结构

图 1-5　RT0 系列有填料封闭管式熔断器的外形及结构
1—熔断指示器;2—石英砂填料;3—指示器熔丝;4—触刀;5—底座;6—熔体;7—熔管

5. 自复式熔断器

采用金属钠作熔体,在常温下具有高电导率。当电路发生短路故障时,短路电流产生高温使钠金属急剧发热而迅速汽化,形成高温、高压和高电阻状态的气体,从而限制了短路电流的继续增大。当短路电流消失后,温度下降,金属钠复原并凝固成固体,恢复原来的良好导电性能。自复式熔断器只能限制短路电流,不能真正分断电路,需要与断路器串联使用,以提高分断能力。熔体在短路故障消除后能迅速复原,所以不需更换熔体,能重复使用。

1.2.4　熔断器的型号

熔断器的型号及其含义如下:

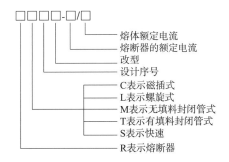

熔体额定电流
熔断器的额定电流
改型
设计序号
C表示磁插式
L表示螺旋式
M表示无填料封闭管式
T表示有填料封闭管式
S表示快速
R表示熔断器

1.2.5　熔断器的选择、安装和维护

1. 熔断器的选择

熔断器的额定电压和额定电流应不小于线路的额定电压和所装熔体的额定电流,形式根据线路要求和安装条件而定。

根据被保护电路的需要,首先选择熔体的规格,再根据熔体去确定熔断器的规格。熔体的额定电流选择如下:

①对于电热电器和照明等负载电流比较平稳,没有冲击电流的负载的短路保护,熔体的额定电流应稍大于或等于负载的额定电流。

②对单台电动机的短路保护,熔体的额定电流(I_{RN})大于或等于电动机额定电流(I_N)的1.5~2.5倍,即 $I_{RN} \geqslant (1.5 \sim 2.5)I_N$。如果电动机频繁起动,式中系数可适当加大至3~3.5,具体应根据实际情况而定。

③对于多台电动机的短路保护,熔体的额定电流(I_{RN})大于或等于其中最大一台电动机的额定电流(I_{Nmax})的1.5~2.5倍,加上同时使用的其他电动机额定电流之和($\sum I_N$),即

$$I_{RN} \geqslant (1.5 \sim 2.5)I_{Nmax} + \sum I_N$$

系数大小的选取方法:电动机功率越大,系数选取值越大;相同功率时,起动电流越大,系数选取值越大。

2. 熔断器的安装和维护

①安装前检查熔断器的型号、额定电压、额定电流、额定分断能力等参数是否符合规定要求。用万用表电阻挡检测熔体的通断。

②安装熔断器除保证适当的电气距离外,还应该保证安装位置间有足够的间距,以确保拆卸、更换熔体方便。

③安装熔体必须保证接触良好,不能有机械损伤。若熔体为熔丝,安装熔丝时,熔丝应顺时针方向弯一圈,这样紧固螺钉时就会越拧越紧,接触良好。不要碰伤熔丝,也不要把螺钉拧得太紧,以免把熔丝轧伤。

④在运行中应经常注意熔断器的指示器,若发现熔体已熔断,应先查明原因,排除故障后,再更换新的熔体。更换的新熔体要与原来熔体的材料、规格、型号一致。

⑤维护检查熔断器时,要按安全规程要求,切断电源。更换熔体或熔管时,必须把电源断开,以防止触电。尤其不允许在负荷未断开时带电换熔体,以免发生电弧灼伤。

⑥熔断器的插座与插片的接触要保持良好。如果发现插口处过热或触点变色,则说明插口处接触不良,应及时修复。

⑦使用时,应经常清除熔断器上及导电插座上的灰尘和污垢。

1.2.6　熔断器常见故障及处理方法

熔断器常见故障及处理方法见表1-3。

表1-3　熔断器常见故障及处理方法

故障现象	可能原因	处理方法
电路接通瞬间,熔体熔断	①熔体电流等级选择过小。 ②负载侧短路或接地。 ③熔体安装时受机械损伤	①更换熔体。 ②排除负载故障。 ③更换熔体
熔体未熔断,但电路不通	熔体或接线座接触不良	重新连接

⚡ 1.3　刀开关与组合开关

刀开关和组合开关都是手动操作的电器,在低压电路中,作为不频繁地手动接通、断开电路和作为电源隔离开关使用。

1.3.1　刀开关

刀开关是一种结构最简单,应用最广泛的手控电器。适用于额定电压交流 380 V,或直流 440 V 以下的配电设备,可随手接通和切断电路。刀开关的典型结构如图 1-6 所示,由手柄、触刀、静插座和绝缘底板组成。推动手柄,使触刀紧紧地插入静插座中,电路被接通。

刀开关的种类很多。常用的刀开关有以下几种:

1. 开启式负荷开关

开启式负荷开关又称瓷底胶盖刀开关(简称闸刀开关),适用于照明、电热设备及功率小于 5.5 kW 且操作不频繁的电动机控制电路中,实现手动不频繁地接通和分断电路,并起短路保护作用。

HK2 系列开启式负荷开关的结构如图 1-7(a)所示。开启式负荷开关由刀开关和熔断器组合而成。瓷底板上装有进线座、静触点、熔丝、出线座和刀片式的动触点;动触点上端装有瓷质手柄便于操作,上、下两个胶盖以紧固螺钉固定,并将开关零件罩住以防止电弧或触及带电体而伤人。图 1-7(b)、(c)所示为刀开关的符号。

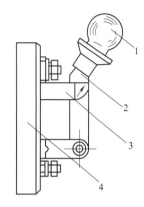

图 1-6　刀开关的典型结构
1—手柄;2—触刀;3—静插座;4—绝缘底板

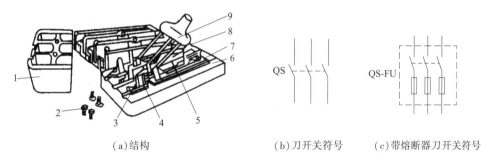

（a）结构　　　　（b）刀开关符号　　（c）带熔断器刀开关符号

图 1-7　HK2 系列开启式负荷开关的结构和刀开关的符号
1—胶盖;2—胶盖固定螺钉;3—进线座;4—静触点;5—熔丝;
6—瓷底板;7—出线座;8—动触点;9—瓷柄

开启式负荷开关的型号及其含义如下:

额定电流
设计序号
开启式负荷开关

常用的 HK 系列开启式负荷开关有 HK1、HK2 等系列。HK2 系列开启式负荷开关技术参数见表 1-4。

表 1-4 HK2 系列开启式负荷开关技术参数

型号	额定电压/V	额定电流/A	极数	可控制电动机功率/kW	最大分断电流/A
HK2-10		10		1.1	500
HK2-15	220	15	2	1.5	500
HK2-30		30		3.0	1 000
HK2-60		60		4.5	1 500
HK2-15		15		2.2	500
HK2-30	380	30	3	4.0	1 000
HK2-60		60		5.5	1 500

对于普通负载,开启式负荷开关可以根据额定电流来选择;而对于电动机,开关额定电流可以选电动机额定电流的 3 倍左右。

开启式负荷开关安装和使用时应注意下列事项:

①开启式负荷开关应垂直安装,合闸状态下手柄应该向上,不能倒装或平装,以防止闸刀松动落下时误合闸。

②电源进线应接在静触点一边的进线端(进线座应在上方),用电设备应接在动触点一边的出线端。这样,当开关断开时,闸刀和熔丝均不带电,以保证更换熔丝时的安全。

2. 封闭式负荷开关

封闭式负荷开关灭弧性能、操作性能、通断能力和安全防护性能都优于开启式负荷开关。因其外壳多为铸铁或用薄钢板冲压而成,故俗称铁壳开关。一般用来控制功率在 10 kW 以下的电动机不频繁的直接起动。HH 系列封闭式负荷开关的结构和符号如图 1-8 所示。

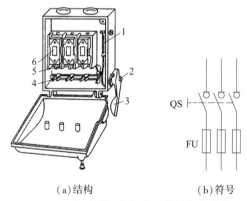

（a）结构　　　　　　（b）符号

图 1-8 HH 系列封闭式负荷开关的结构和符号

1—速动弹簧;2—转轴;3—手柄;4—闸刀;5—夹座;6—熔断器

它在结构上设计成侧面旋转操作式,主要由操作机构、熔断器、触点系统和铁壳组成。常用的 HH 系列封闭式负荷开关的三个 U 形双刀片装在与手柄相连的转动杆上,受手柄操纵。操作机构装有机械联锁,使盖子打开时手柄不能合闸,或者手柄合闸时盖子不能打开,以保证操作者安全。另外,操作机构中装有速动弹簧,使闸刀能快速接通或切断电路,其分合闸速度与手柄的操作速度无关,有利于迅速切断电弧,减少电弧对闸刀和静插座的烧蚀。

封闭式负荷开关的型号及其含义如下:

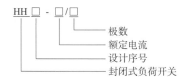

常用的封闭式负荷开关有 HH3、HH4、HH11 等系列。HH4 系列封闭式负荷开关技术参数见表 1-5。

表 1-5　HH4 系列封闭式负荷开关技术参数

额定电流/A	触点极限通断能力			熔断器极限分断能力		
	电流/A	cos φ	次数	电流/A	cos φ	次数
15	60	0.5	10	500	0.8	2
30	120	0.5	10	1 500	0.7	2
60	240	0.4	10	3 000	0.6	2

封闭式负荷开关在选择时,额定电压和额定电流应不小于工作电路的额定电压和额定电流。当封闭式负荷开关用于控制电动机工作时,考虑到电动机的起动电流较大,应使开关的额定电流不小于电动机额定电流的 3 倍。

封闭式负荷开关使用时必须垂直安装,接线时应将电源进线接在夹座一边的接线端子上,负载引线接在熔断器一边的接线端子上,且进出线都必须穿过开关的进出线孔。外壳应可靠接地。分合闸操作时,要站在开关的手柄侧,不准面对开关。以免因意外,故障电流使开关爆炸,铁壳飞出伤人。

1.3.2　组合开关

组合开关又称转换开关,是一种可控制多个回路的电器。它实际上是一种由多节触点组合而成的刀开关,与普通闸刀开关不同之处是组合开关用动触片代替闸刀,操作手柄在平行于安装面的平面内向左或向右转动。组合开关具有多触点、多位置、体积小、性能可靠、操作方便、安装灵活等优点。适用于交流 380 V 及以下或直流 220 V 及以下的电气电路中,用于手动不频繁地通断电路或控制 5 kW 以下小容量电动机直接起动、停止和正反转。

组合开关可分为单极、双极和多极三类。HZ10-10/3 型三极组合开关的结构及符号如图 1-9 所示。

组合开关由动触片、静触片、转轴、凸轮、手柄等主要部件组成。它具有三副静触片,每一静触片的一边固定在绝缘垫板上,另一边伸出盒外并附有接线柱,以便和电源及用电设备相连。三个动触片装在另外的绝缘垫板上,垫板套在附有手柄的绝缘杆上,手柄能沿顺时针或逆时针方向旋转 90°,并带动三个动触片与三副静触片接通或分断。为了使开关在切断电流时迅速灭弧,在开关转轴上装有弹簧储能机构,使开关能快速闭合或分断,以利于灭弧,其分合速度与手柄旋转速度无关。

HZ10-10/3 型组合开关的触点状态图及状态表如图 1-10 所示。图 1-10(a)中虚线表示操作位置,而不同操作位置的各对触点通断状态示于触点右侧,规定用与虚线相交位置上的涂黑圆点表示接通,没有涂黑圆点表示断开。触点通断状态表列于图 1-10(b)中,其中以"＋"表示触点闭合,"－"号表示触点分断。

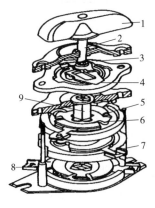
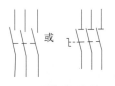

（a）结构　　　　　　　　　　　　（b）符号

图 1-9　HZ10-10/3 型组合开关的结构及符号

1—手柄;2—转轴;3—弹簧;4—凸轮;5—绝缘垫板;6—动触片;

7—静触片;8—接线柱;9—绝缘杆

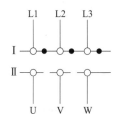

触点	开关位置	
	Ⅰ	Ⅱ
L1-U	+	−
L2-V	+	−
L3-W	+	−

（a）触点状态图　　　　　　　　　（b）触点状态表

图 1-10　转换开关的触点状态图及状态表

组合开关的型号及其含义如下：

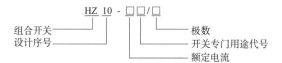

常用的组合开关有 HZ3、HZ5、HZ10、HZ15 等系列。HZ10 系列组合开关的技术参数见表 1-6。

表 1-6　HZ10 系列组合开关的技术参数

型号	极数	额定电流/A	额定电压/V	
HZ10-10	2,3	6,10	直流 220	交流 380
HZ10-25	2,3	25		
HZ10-60	2,3	60		
HZ10-100	2,3	100		

　　组合开关应根据电源种类、电压等级以及负载所需触点数、接线方式和容量进行选择。用于照明或电热电路时,组合开关的额定电流应等于或大于被控制电路中各负载电流的总和;用于电动机控制电路时,组合开关的额定电流一般取电动机额定电流的 1.5 ~ 2.5 倍。

　　HZ10 系列组合开关接线端子暴露在外面,故只能安装在配电箱或配电柜内,其操作手柄最好安装在控制箱的前面或侧面。在断开状态时,应使手柄处于水平位置。

HZ3 系列组合开关外壳必须可靠接地。HZ3 系列组合开关可用于电动机的正反转与停止控制,所以称为倒顺开关。开关有三个位置:向左、中间和向右,中间位置是断开,向左或向右旋转 45°即可实现接通或换向。

组合开关的常见故障及处理方法见表 1-7。

表 1-7　组合开关的常见故障及处理方法

故障现象	可能原因	处理方法
手柄转动后,内部触点未动	①手柄上的轴孔磨损变形。 ②绝缘杆变形(由方形磨为圆形)。 ③手柄与方轴,或轴与绝缘杆配合松动。 ④操作机构损坏	①调换手柄。 ②更换绝缘杆。 ③紧固松动部件。 ④修理更换
手柄转动后,动静触点不能按要求动作	①组合开关型号选用不正确。 ②触点角度装配不正确。 ③触点失去弹性或接触不良	①更换开关。 ②重新装配。 ③更换触点或清除氧化层或尘污
接线柱间短路	因铁屑或油污附着在接线柱间,形成导电层,将胶木烧焦,绝缘损坏而形成短路	更换开关

1.4　自动开关

自动开关又称自动空气开关或低压断路器,是低压配电线路和工厂电气控制设备中常用的配电电器。它既作开关用,又具有保护功能,除能接通和分断电路外,还能在电路和电气设备发生短路、过载或欠电压等故障时进行保护,也可用来控制不频繁起动的电动机。低压断路器具有操作安全、安装使用方便、工作可靠、动作值可调、分断能力较强、兼作多种保护、动作后不需要更换元件等优点,因此得到了广泛的应用。

1.4.1　自动开关的结构、符号及工作原理

尽管各种自动开关形式各异,但其基本结构和工作原理却都相同。它主要由触点系统、灭弧装置、操作机构和保护装置(各种脱扣器)等组成。

图 1-11 所示为自动开关的工作原理示意图与符号。

自动开关的主触点串联于三相电路中,主触点是靠操作机构进行合闸与分闸的。一般容量的开关采用手动操作,较大容量的往往采用电动操作。合闸后,主触点被钩子锁在闭合位置,开关处于接通状态;当发生短路、过载或欠电压等故障时,通过各自的脱扣器使自由脱扣器(搭钩)动作,主触点断开主电路,自动跳闸以实现保护作用。保护装置有:

①电磁脱扣器。电磁脱扣器起到短路保护的作用。当流过开关的电流在整定值以内时,电磁脱扣器线圈所产生的吸力不足以吸动衔铁。当发生短路故障时,短路电流超过整定值,强磁场的吸力克服弹簧的拉力拉动衔铁,顶开搭钩,使开关跳闸。

②失电压脱扣器。失电压脱扣器起到欠电压、失电压保护作用。失电压脱扣器的工作过程与电磁脱扣器正好相反。当电源电压在额定值时,失电压脱扣器线圈产生的磁力足以将衔铁吸合,使开关保持合闸状态。当电源电压降低到整定值或降为零时,在弹簧力的作用下衔铁被释放,顶开搭钩而切断电源。

③热脱扣器。热脱扣器用于电路的过载保护。热脱扣器的作用及工作原理与后面介绍的热继电器相同。

④分励脱扣器。分励脱扣器(图中未画出)用于远距离操作。在正常工作时,其线圈是断电的。在需要远距离操作时,使线圈通电,电磁铁带动机械机构动作,使开关跳闸。

⑤复式脱扣器。开关同时具有电磁脱扣器和热脱扣器,称为复式脱扣器。

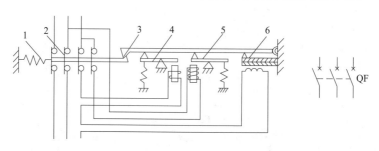

(a)工作原理图示意图　　　　　　(b)符号

图 1-11　自动开关的工作原理图示意图与符号

1—释放弹簧;2—主触点;3—搭钩(脱扣机构);4—电磁脱扣器;
5—失电压脱扣器;6—热脱扣器

1.4.2　自动开关的类型

自动开关的类型有很多种。常用的自动开关有以下几种。

1. 塑壳式自动开关

塑壳式(又称装置式)自动开关具有模压绝缘材料制成的封闭型外壳,将所有构件组装在这个塑料外壳内。塑壳式自动开关有较高的分断能力、动稳定性以及较完善的选择性保护功能,因其结构紧凑、体积小、质量小、价格低、安装方便和使用安全等优点,广泛用于配电线路中。

塑壳式自动开关主要有 DZ5、DZ10、DZ15、DZ20 等系列。DZ5 系列为小电流系列。图 1-12 为 DZ5-20 型自动开关的外形和结构。

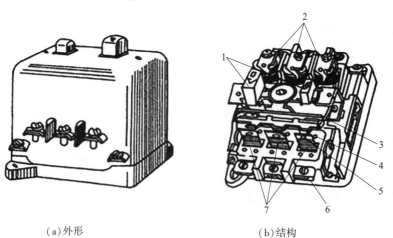

(a)外形　　　　　　　　　(b)结构

图 1-12　DZ5-20 型自动开关的外形和结构

1—按钮;2—电磁脱扣器;3—自动脱扣器;4—动触点;5—静触点;6—接线柱;7—热脱扣器

DZ5 系列自动开关有三对主触点,一对常开辅助触点和一对常闭辅助触点。使用时三对主触点串联在被控制的三相电路中,用以接通和分断主回路的大电流。按下绿色"合"按钮时接通电路;按下红色"分"按钮时切断电路。当电路出现短路、过载等故障时,断路器会自动跳闸切断电路。辅助常开触点和辅助常闭触点可用于信号指示或控制电路。主、辅助触点的接线柱伸出壳外,以便于接线。

　　DZ5 系列自动开关的型号及其含义如下:

DZ5-20 型自动开关的技术参数见表 1-8。

表 1-8　DZ5-20 型自动开关的技术参数

型号	额定电压/V	主触点额定电流/A	极数	脱扣器形式	热脱扣器额定电流/A（括号内为整定电流调节范围）	电磁脱扣器瞬时动作整定值/A
DZ5-20/330 DZ5-20/230 DZ5-20/320 DZ5-20/220 DZ5-20/310 DZ5-20/210 DZ5-20/300 DZ5-20/200	交流 380 直流 220	20	3,2	复式	0.15(0.10~0.15) 0.20(0.15~0.20) 0.30(0.20~0.30) 0.45(0.30~0.45)	为热脱扣器额定电流的8~12倍(出厂时整定于10倍)
			3,2	电磁式	0.65(0.45~0.65) 1(0.65~1) 1.5(1~1.5) 2(1.5~2) 3(2~3)	
			3,2	热脱扣器	4.5(3~4.5) 6.5(4.5~6.5) 10(6.5~10) 15(10~15) 20(15~20)	
			3,2	无脱扣器式	—	—

2. 框架式自动开关

　　框架式(又称万能式)自动开关一般容量较大,具有较强的短路分断能力和较高的动稳定性。框架式自动开关有一个钢制框架(小容量的也有用塑料底板的),所有部件都装在框架内,导电部分加以绝缘。它具有过电流脱扣器(作用与电磁脱扣器基本相同)和欠电压脱扣器。脱扣动作有瞬时动作和延时动作。这种开关一般适用于交流 380 V 或直流 440 V 的配电系统中。

3. 漏电保护自动开关

　　漏电保护自动开关一般由自动开关和漏电继电器组合而成,除了能起一般自动开关的作用外,还能在出现漏电或人身触电时迅速自动断开电路,以保护人身及设备的安全。电磁式电流动作型漏电保护自动开关的结构如图 1-13 所示。

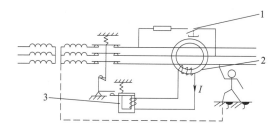

图 1-13 电磁式电流动作型漏电保护自动开关的结构
1—试验按钮;2—零序电流互感器;3—漏电脱扣器

电磁式电流动作型漏电保护自动开关是在一般的自动开关中增加一个能检测漏电流的感受元件零序互感器和漏电脱扣器。零序互感器是一个环形封闭的铁芯,其一次线圈就是各相的主导线,二次线圈与漏电脱扣器相接。正常工作时,一次侧三相绕组电流的相量和为零,零序互感器没有输出。当出现漏电或人身触电时,三相电流的相量和不为零而出现零序电流,互感器就有输出,漏电脱扣器吸引,引起开关动作,切断主电路,从而保障了人身安全。

为了检验漏电开关的可靠性,开关上设有试验按钮。按下该按钮,如开关断开,证明该开关的保护功能良好。

4. 智能化自动开关

智能化自动开关采用了以微处理器或单片机为核心的智能控制器,具有各种保护功能,还可以实时显示电路中的各种电气参数(电压、电流、功率、功率因数等),对电路进行在线监视、测量、试验、自诊断、通信等;能够对各种保护功能的动作参数进行显示、设定和修改。将电路故障时的参数存储在非易失存储器中,以便查询分析。

1.4.3 自动开关的选择和维护

1. 自动开关的选择

选用自动开关时,应熟悉自动开关的产品种类、型号规格、基本功能和特性,并根据电路对保护要求来确定自动开关的类型和保护形式。选用原则如下:

①自动开关的额定电压和额定电流应不小于电路的额定电压和最大工作电流。

②热脱扣器的整定电流与所控制的负载(如电动机等)的额定电流一致。

③欠电压脱扣器的额定电压等于线路额定电压。

④电磁脱扣器的瞬时脱扣整定电流大于负载电路正常工作时可能出现的峰值电流。用于控制单台电动机的自动开关,其值应大于 1.5 ~ 1.7 倍的电动机起动电流。

⑤过电流脱扣器的额定电流应大于或等于线路的最大负载电流。

⑥自动开关的极限通断能力应不小于电路的最大短路电流。

2. 自动开关的维护

①使用前应将脱扣器电磁铁工作面上的防锈油脂擦净,以免影响电磁机构的动作值。

②自动开关应垂直安装,电源线接在上端,负载线接在下端,自动开关用作电源总开关或电动机的控制开关时,在电源进线侧必须加装刀开关或熔断器等,以形成明显的断开点。

③定期清除自动开关上的灰尘,给操作机构添加润滑剂。

④自动开关的各脱扣器的整定值调整好后,不允许随意变动,并定期检查各脱扣器的整定值是否满足要求。

⑤灭弧罩损坏应及时更换,灭弧室在分断短路电流或较长时期使用后,应清除其内壁和栅片上的金属颗粒和黑烟,以免发生短路时电弧不能熄灭的事故。

⑥自动开关的触点在使用一定次数或分断短路电流后,应在切除前级电源的情况下及时检查触点。如果触点表面有毛刺、颗粒等,应及时清理或修整,以保证接触良好。如有严重的电灼痕迹,可用干布擦去;若发现触点烧毛,可用砂纸或细锉小心修整。

1.4.4　自动开关的常见故障及处理方法

自动开关的常见故障及处理方法见表1-9。

表1-9　自动开关的常见故障及处理方法

故障现象	可能原因	处理方法
不能合闸	①欠电压脱扣器无电压或线圈损坏。 ②储能弹簧变形。 ③反作用弹簧力过大。 ④操作机构不能复位再扣	①检查施加电压或更换线圈。 ②更换储能弹簧。 ③重新调整。 ④调整脱扣器再扣接触面至规定值
电流达到整定值,断路器不动作	①热脱扣器双金属片损坏。 ②电磁脱扣器的衔铁与铁芯距离太大或电磁线圈损坏。 ③主触点熔焊	①更换双金属片。 ②调整衔铁与铁芯的距离或更换断路器。 ③检查原因并更换主触点
起动电动机时断路器立即分断	①电磁脱扣器瞬时整定值过小。 ②电磁脱扣器的某些零件损坏	①调高整定值至规定值。 ②更换脱扣器
断路器闭合后一定时间自行分断	热脱扣器整定值过小	调高整定值至规定值
断路器温升过高	①触点压力过小。 ②触点表面过分磨损或接触不良。 ③两个导电零件连接螺钉松动	①调整触点压力或更换弹簧。 ②更换触点或修整接触面。 ③重新拧紧

1.5　控制电路电器(主令电器)

主令电器是用于自动控制系统中发出指令的操作电器,在电路中主要作接通或断开控制电路以发出指令或程序控制的开关电器。它可以直接用于控制电路,也可以通过电磁式电器间接作用于控制电路,但不能用于通断主电路。

主令电器种类繁多,应用广泛。常用的主令电器有按钮、行程开关、万能转换开关和主令控制器等。常用主令电器如图1-14所示。

1.5.1　按　　钮

按钮是一种手动且能自动复位的主令电器,它适用于交流电压500 V 或直流电压440 V,电流为5 A 及以下的电路中。按钮一般不直接控制主电路的通断,而是在控制电路中发出"指令",去控制接触器、继电器等电器,再由它们去控制主电路;也可用于电气联锁等电路中。

（a）LA4 系列按钮　　（b）LX19 系列行程开关　　（c）LW6 系列万能转换开关　　（d）LK5 系列主令控制器

图 1-14　常用主令电器

1. 按钮结构、符号及工作原理

按钮的结构及符号见表 1-10。按钮一般由按钮帽、复位弹簧、桥式动触点、静触点、外壳及支柱连杆等组成。按钮的结构形式很多，但根据触点结构的不同，主要分为常闭按钮（常用作停止，即停止按钮）、常开按钮（常用作起动，即起动按钮）和复合按钮（常开和常闭组合的按钮）。

表 1-10　按钮的结构及符号

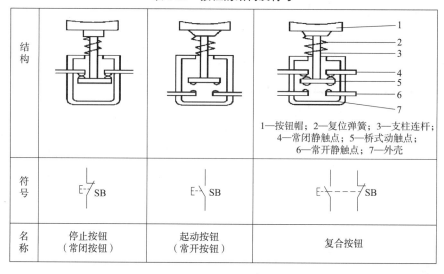

1—按钮帽；2—复位弹簧；3—支柱连杆；
4—常闭静触点；5—桥式动触点；
6—常开静触点；7—外壳

结构			
符号	E-7 SB	E-\ SB	E-Y---7 SB
名称	停止按钮（常闭按钮）	起动按钮（常开按钮）	复合按钮

按钮工作原理具体如下：

①起动按钮（常开按钮）：外力未作用时（手指未按下按钮帽），触点是断开的；外力作用时（手指按下按钮帽），常开触点闭合，但外力消失后（手指松开按钮帽），在复位弹簧作用下触点自动恢复原来的断开状态。

②停止按钮（常闭按钮）：外力未作用时（手指未按下按钮帽），触点是闭合的；外力作用时（手指按下按钮帽），常闭触点断开，但外力消失后（手指松开按钮帽），在复位弹簧作用下触点自动恢复原来的闭合状态。

③复合按钮：按下复合按钮时，所有的触点都改变状态，即常开触点闭合，常闭触点断开。但是，这两个触点的变化是有先后顺序的。按下按钮时，常闭触点先断开，常开触点后闭合；松开按钮时，常开触点先复位（断开），常闭触点后复位（闭合）。

2. 按钮的型号

按钮的型号及其含义如下：

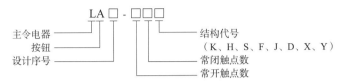

其中结构代号的含义如下：

K 表示开启式，嵌装在操作面板上；H 表示保护式，带保护外壳，可防止内部零件受机械损伤或人偶然触及带电部分；S 表示防水式，具有密封外壳，可防止雨水侵入；F 表示防腐式，能防止腐蚀性气体进入；J 表示紧急式，带有红色大蘑菇钮头（突出在外），作紧急切断电源用；D 表示光标式，按钮内装有信号灯，除用于发布操作命令外，兼作信号指示；X 表示旋钮式，用旋钮旋转进行操作，有通断两个位置；Y 表示钥匙式，用钥匙插入旋钮进行操作，可防止误操作或供专人操作。

在机床中常用的按钮有 LA10 系列、LA18 系列、LA19 系列、LA25 系列等。常用按钮的技术参数见表 1-11。

表 1-11　常用按钮的技术参数

型号	额定电压/V	额定电流/A	结构形式	触点对数		按钮数	备注
				常开	常闭		
LA10-2K			开启式	2	2	2	用于电动机起动、停止控制
LA10-2H			保护式	2	2	2	
LA10-2A			开启式	3	3	3	用于电动机的倒、顺、停控制
LA10-3H	500	5	保护式	3	3	3	
LA19-11D			光标灯	1	1	1	特殊用途
LA18-22Y			钥匙式	2	2	1	
LA18-44Y			钥匙式	4	4	1	
LA25	交流 380 直流 220	0.79、1.36	积木式，有指示标牌	1~6 对可任意组合		1	更新换代产品

3. 按钮的选用

①根据使用场合和具体用途选择按钮的种类。例如，嵌装在操作面板上的按钮可选用开启式；需显示工作状态的选用光标式；为防止无关人员误操作的重要场合宜选用钥匙式；在有腐蚀性气体处要选用防腐式。

②根据工作状态指示和工作情况要求，选择按钮或指示灯的颜色。例如，起动按钮可选用白、灰或黑色，优先选用白色，也可选用绿色。急停按钮应选用红色。停止按钮可选用黑、灰或白色，优先选用黑色，也可选用红色。

③根据控制回路的需要，确定按钮的触点形式和触点的对数。如选用单联钮、双联钮和三联钮等。

4. 按钮的安装与使用维护要求

①安装前检查按钮外观是否完好，按下按钮，机械动作是否灵活，常开触点、常闭触点有没

有卡阻和接触不良的现象。用万用表检查按钮的通断情况。

②按钮安装在面板上时,应布置整齐,排列合理,如根据电动机起动的先后顺序,从上到下或从左到右排列。同一机床运动部件有几种不同的工作状态时(如上、下,前、后,松、紧等),应使每一对相反状态的按钮安装在一组。

③按钮的安装应牢固,安装按钮的金属板或金属按钮盒必须可靠接地。

④由于按钮的触点间距较小,如有油污、杂质等极易发生短路故障,所以应注意保持触点间的清洁。

按钮的常见故障及处理方法见表 1-12。

表 1-12　按钮的常见故障及处理方法

故障现象	可能原因	处理方法
触点接触不良	①触点烧损。 ②触点表面有尘垢。 ③触点弹簧失效	①修整触点或更换产品。 ②清洁触点表面。 ③重绕弹簧或更换产品
触点间短路	①塑料受热变形,导致接线螺钉相碰短路。 ②杂物或油污在触点间形成通路	①查明发热原因,排除并更换产品。 ②清洁按钮内部

1.5.2　行程开关

行程开关又称限位开关或位置开关,用于控制机械设备的行程及进行限位保护。在实际生产中,将行程开关安装在预先安排的位置,当生产机械的部件运动到这一位置时,与它连接在一起的挡铁碰压行程开关,行程开关的触点动作,将机械信号变换成电信号,使运动机械按一定的位置或行程实现自动停止、反向运动、变速运动或自动往返运动等。

行程开关的作用原理与按钮类似,它们都是对控制电器发布接通或断开指令,不同之处在于按钮是靠手指的按压而使触点动作,而行程开关是利用生产机械运动部件的挡铁碰压而使触点动作。

行程开关广泛用于各类机床和起重机械,用以控制其行程、进行终端限位保护,例如在机床的控制方面就少不了行程开关的应用,它可以控制工件运动和自动进刀的行程,避免碰撞事故;在起重机械的控制方面,行程开关则起到了保护终端限位的作用。在电梯控制电路中,还利用行程开关来控制开关轿门的速度,自动开关门的限位,轿厢的上、下限位保护。在日常生活中,冰箱内的照明灯也是通过行程开关控制的。

1. 行程开关的结构和工作原理

各种行程开关的基本结构大体相同,都是由触点系统、操作机构和外壳等组成。为了适应各种条件下的操作,行程开关有很多结构形式,常用的有直动式(又称按钮式)、旋转式(又称滚轮式)和微动式三种。其中滚轮又分为单轮和双轮两种。

①旋转式(又称滚轮式)行程开关外形与结构如图 1-15 所示。

JLXK1 系列行程开关动作原理如图 1-15(e)所示,当运动机械的挡铁碰压行程开关的滚轮时,杠杆连同转轴一起转动,使凸轮推动撞块,当撞块被压到一定位置时,推动微动开关迅速动作,使其常闭触点断开,常开触点闭合;当挡铁离开滚轮后,复位弹簧使行程开关各部分恢复原始位置,这种单轮式行程开关可以自动复位。双轮旋转式行程开关不能自动复位,挡铁碰压其中一个滚轮时,杠杆转动一定的角度,使其触点瞬时切换,挡铁离开滚轮后,杠杆不会自动复位,触点也不复位,当部件返回,挡铁碰动另一只滚轮,杠杆才回到原来的位置,触点再次切换。

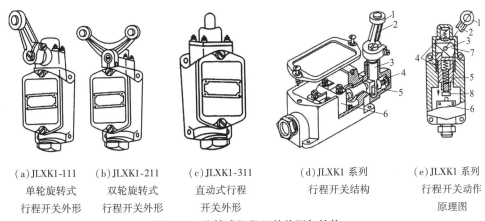

(a)JLXK1-111 单轮旋转式 行程开关外形　　(b)JLXK1-211 双轮旋转式 行程开关外形　　(c)JLXK1-311 直动式行程 开关外形　　(d)JLXK1 系列 行程开关结构　　(e)JLXK1 系列 行程开关动作 原理图

图 1-15　旋转式行程开关外形与结构
1—滚轮;2—杠杆;3—转轴;4—复位弹簧;5—撞块;6—微动开关;7—凸轮;8—调节螺钉

②直动式(又称按钮式)行程开关是靠运动部件的挡铁撞击行程开关的杠杆发出控制命令的,当挡铁离开行程开关的杠杆,直动式行程开关可以自动复位。这种行程开关的动作过程同按钮一样,动作简单,维修容易。但它的缺点是其触点的通断速度取决于生产机械的运动速度,当运动速度低于 0.4 m/min 时,触点分断太慢,易受电弧烧损,从而缩短触点使用寿命。

③微动式行程开关。图 1-16 所示为微动式行程开关结构。

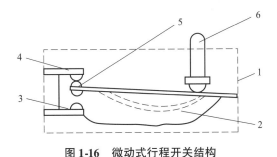

图 1-16　微动式行程开关结构
1—壳体;2—弓簧片;3—常开触点;4—常闭触点;5—动触点;6—推杆

微动式行程开关是具有瞬时动作和微小行程的灵敏开关。当推杆被压下时,弹簧变形存储能量,当推杆被压下一定距离时,弹簧瞬时动作,使其触点快速切换,当外力消失,推杆在弹簧的作用下迅速复位,触点也复位。由于采用瞬动机构,开关触点的换接速度与推杆压下速度无关,这样不仅可以减轻电弧对触点的烧蚀,而且也能提高触点动作的准确性。

2. 行程开关的型号、符号及技术参数

行程开关的型号及其含义如下:

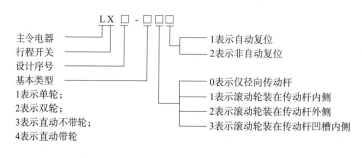

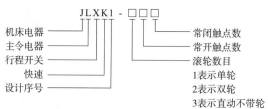

行程开关图形与文字符号如图1-17所示。

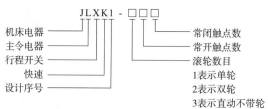

图 1-17　行程开关图形与文字符号

常用的行程开关有LX19、JLXK1、LXW等系列。常用行程开关的技术参数见表1-13。

表 1-13　常用行程开关的技术参数

型号	额定电压及额定电流	结构特点	触点对数	
			常开	常闭
LX19K		元件、直动	1	1
LX19-111		内侧单轮,自动复位	1	1
LX19-121		外侧单轮,自动复位	1	1
LX19-131		内外侧单轮,自动复位	1	1
LX19-212		内侧双轮,不能自动复位	1	1
LX19-222	380 V,5 A	外侧双轮,不能自动复位	1	1
LX19-232		内外侧双轮,不能自动复位	1	1
JLXK1		快速行程开关(瞬动)	1	1
LX19-001		无滚轮,仅径向转杆、自动复位	1	1
LXW1-11		微动开关	1	1
LXW2-11		微动开关	1	1

　　行程开关主要根据动作要求、安装位置及触点数量来选用。在使用中,有些行程开关经常动作,所以安装的螺钉容易松动而造成控制失灵。有时由于灰尘或油类进入行程开关而引起控制不灵活,甚至接不通电路。因此,应对行程开关进行定期检查,除去油垢及粉尘,清理触点,经常检查其动作是否可靠,及时排除故障。

3. 行程开关的常见故障及处理方法

行程开关的常见故障及处理方法见表 1-14。

表 1-14　行程开关的常见故障及处理方法

故障现象	可能原因	处理方法
挡铁碰撞行程开关后,触点不动作	①安装位置不准确。②触点接触不良或接线松脱。③触点弹簧失效	①调整安装位置。②清刷触点或紧固接线。③更换弹簧
杠杆已经偏转,或无外界机械力作用,但触点不复位	①复位弹簧失效。②内部撞块卡阻。③调节螺钉太长,顶住开关按钮	①更换弹簧。②清扫内部杂物。③检查调节螺钉

目前应用范围越来越广泛的晶体管无触点行程开关,又称接近开关。它是当机械运动部件运动到接近开关一定距离时就发出动作信号,是一种与运动部件无机械接触而能操作的电子主令电器。

1.5.3　万能转换开关

万能转换开关主要用于电气控制电路的转换、配电设备的远距离控制、电气测量仪表的转换和微电机的控制,也可用于小容量笼型异步电动机的起动、换向和变速。由于触点挡数多、换接线路多、用途广泛,故被称为万能转换开关。

1. 万能转换开关结构、符号及工作原理

万能转换开关是一种多操作位置,可以控制多个回路的主令电器,在控制电路中主要用于电路的转换。目前,常用的万能转换开关有 LW5、LW6 等系列。万能转换开关的通断能力不高,用来控制电动机时,LW5 系列万能转换开关控制 5.5 kW 以下的小容量电动机;LW6 系列万能转换开关控制 2.2 kW 以下的小容量电动机。用于可逆运行控制时,只有在电动机停车后才允许反向起动。

LW6 系列万能转换开关单层的结构示意图如图 1-18 所示。

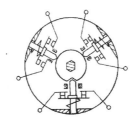

图 1-18　LW6 系列万能转换开关单层的结构示意图

LW6 系列万能转换开关由操作机构、面板、手柄及触点座等主要部件组成,其操作位置有 2~12 个,触点底座有 1~10 层,其中,每层底座都可以安装三对触点,并由底座中间的凸轮进行控制。由于每层凸轮的形状可以做的不一样,因此,当手柄转动到不同的位置时,通过凸轮的作用,可以使各对触点按照自己的运动规律分别接通和分断电路。

万能转换开关的触点系统多为双断点桥式结构,并在每组触点上设计隔弧装置,动触点可

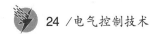

以在接触时自动调整以保证闭合和断开的同步性。LW6 系列万能转换开关还可装成双列形式,列与列之间通过齿轮啮合传动,由公共手柄进行操作,因此,这种万能转换开关装入触点数量最多可达到 60 对。

2. 万能转换开关的型号

作主令控制用万能转换开关的型号及其含义如下:

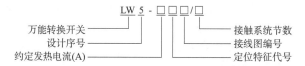

直接控制电动机用万能转换开关的型号及其含义如下:

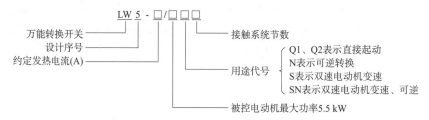

万能转换开关主要根据用途、接线方式、所需触点挡数和额定电流来选择。

3. 万能转换开关的安装与使用

①安装前,应清除内部灰尘,并转动手柄检查其运动部分是否灵活。

②万能转换开关的安装位置应与其他电器元件或机床的金属部件有一定间隙,以免在通断过程中因电弧喷出而发生对地短路故障。

③万能转换开关一般应水平安装在平板上,但也可以倾斜或垂直安装,安装要牢固。

④万能转换开关本身不带保护,必须与其他电器配合使用。

⑤当万能转换开关有故障时,应立即切断电路,检查相关部件,例如检查有无妨碍可动部分正常转动的故障,检查弹簧有无变形或失效、触点工作状态和触点状况是否正常。

1.5.4 主令控制器

主令控制器(又称主令开关)是按照预定程序换接控制电路接线的主令电器,主要用于电力拖动系统中,按照预定的程序分合触点,向控制系统发出指令,通过接触器达到控制电动机的起动、制动、调速及反转的目的,同时也可实现控制线路的联锁作用。

主令控制器的结构如图 1-19 所示。它一般由方形转轴、动触点、静触点、绝缘板、凸轮块、小轮、转动轴、复位弹簧、支架及接线柱等组成。其操作轻便,允许每小时通断次数较多,触点为双断点的桥式结构,适用于按顺序操作多个控制回路。

主令控制器所有的静触点都安装在绝缘板上,动触点则固定在能绕轴转动的支架上;凸轮鼓由多个凸轮块嵌装而成,凸轮块根据触点系统的开闭顺序制成不同角度的凸出轮缘,每个凸轮块控制两副触点。当转动手柄时,方形转轴带动凸轮块转动,凸轮块的凸出部分压动小轮,使动触点离开静触点,分断电路;当转动手柄使小轮位于凸轮块的凹处时,在复位弹簧作用下使动触点和静触点闭合,接通电路。这样安装一串不同形状的凸轮,可使触点按一定顺序闭合与断开。

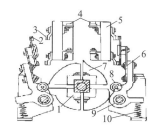

图 1-19　主令控制器的结构

1—方形转轴;2—动触点;3—静触点;4—接线柱;5—绝缘板;
6—支架;7—凸轮块;8—小轮;9—转动轴;10—复位弹簧

主令控制器的型号:

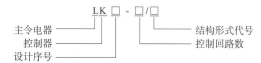

目前常用的主令控制器有 LK1、LK5、LK16 等系列。主令控制器主要根据使用环境、所需控制的回路数、触点闭合顺序等进行选择。主令控制器在安装使用前,应操作手柄数次,以检查是否有卡滞现象及杂物影响,不使用时,手柄应停在零位。投入运行前,应测量其绝缘电阻。主令控制器外壳上的接地螺栓应可靠接地,应注意定期清除控制器内的灰尘,所有活动部分应定期加润滑油。

⚡ 1.6　接触器

接触器是一种用来自动地接通或断开大电流电路的电器。其主要控制对象是电动机,也可用于其他负载,如电阻炉、电焊机等。接触器不仅能自动地接通和断开电路,还具有控制容量大、寿命长、可远距离控制、可作低电压释放保护等优点,在电气控制系统中应用广泛。

接触器按主触点通过电流的种类,可分为交流接触器和直流接触器两种;按其主触点的极数,还可以分为单极、双极、三极、四极和五极等多种。

1.6.1　交流接触器

图 1-20 所示是几种常用交流接触器。

　(a)CJT1 系列　　(b)CJ10 系列　　(c)CJ20 系列　(d)CJ40 系列　　(e)CJX1 系列　　(f)CJX8 系列

图 1-20　几种常用交流接触器

1. 交流接触器的结构

交流接触器主要由触点系统、电磁系统和灭弧装置等组成。CJ20-63 型交流接触器的结构如图 1-21 所示。

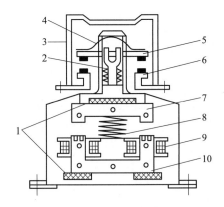

图 1-21　CJ20-63 型交流接触器的结构

1—垫毡;2—触点弹簧;3—灭弧罩;4—触点压力弹簧片;5—动触桥;
6—静触点;7—衔铁;8—缓冲弹簧;9—电磁线圈;10—铁芯

①触点系统。接触器触点是用来接通和断开电路的。接触器的触点按接触情况可分为点接触式、线接触式和面接触式三种,如图 1-22 所示。

（a）点接触式　　　（b）线接触式　　　（c）面接触式

图 1-22　接触器触点的三种接触形式

接触器按触点的结构形式分,有桥式触点和指形触点两种,如图 1-23 所示。

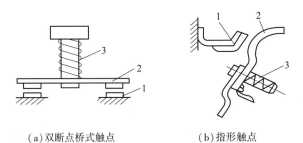

（a）双断点桥式触点　　　　　（b）指形触点

图 1-23　触点的结构形式

1—静触点;2—动触点;3—触点压力弹簧

交流接触器一般采用双断点桥式触点。因铜的表面容易氧化生成一层不易导电的氧化铜,所以在触点表面嵌有银片,氧化后的银片仍有良好的导电性能。根据用途的不同,触点分为主触点和辅助触点两种。主触点用于通断电流较大的主电路,由接触面积较大的常开触点组成。辅助触点用以通断电流较小的控制电路,由常开触点和常闭触点组成。当接触器未工作或线圈未通电时处于断开状态的触点称为常开(或动合)触点;当接触器未工作或线圈未通电时处于接通状态的触点称为常闭(或动断)触点。

②电磁系统。电磁系统用来操纵触点的闭合和分断,它由铁芯、线圈和衔铁三部分组成。根据衔铁的运动方式不同,交流接触器的电磁系统有两种基本类型,即衔铁做直线运动的电磁系统和衔铁绕轴转动的拍合式电磁系统,如图1-24所示。

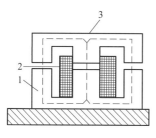

(a)衔铁直线运动式　　　　(b)衔铁绕轴转动拍合式

图1-24　交流接触器电磁系统结构图

1—铁芯;2—线圈;3—衔铁;4—轴

交流接触器铁芯一般用硅钢片叠压后铆成,以减少交变磁场在铁芯中产生的涡流与磁滞损耗,防止铁芯过热。交流接触器线圈的电阻较小,故铜损引起的发热较小。为了增加铁芯的散热面积,线圈一般做成短而粗的圆筒状。为了减少剩磁,保证断电后衔铁可靠地释放,E型铁芯中柱较短,铁芯闭合时上下中柱间形成0.1~0.2 mm的气隙。

交流接触器的线圈中通以交流电,产生交变的磁通,其产生的电磁吸力在最大值和零之间脉动。因此当电磁吸力大于弹簧反力时衔铁被吸合,当电磁吸力小于弹簧的反力时衔铁开始释放,这样便产生振动和噪声。同时,也会使触点接触不良造成烧蚀。为了避免这种情况,在交流接触器的铁芯上装入一个自封闭的铜制的短路环,如图1-25所示。交流接触器铁芯上装短路环的主要作用是减少交流接触器吸合时产生的振动和噪声,故又称减振环。

当接触器线圈通入交流电后,在短路环中就有感应电流产生,该感应电流又产生一个磁通。短路环将铁芯中的磁通分为两部分,即不穿过短路环的磁通和穿过短路环的磁通,在短路环的作用下,使穿过短路环的磁通和不穿过短路环的磁通产生相移,即不同时为零,使合成吸力始终大于反作用力,从而消除振动和噪声。

③灭弧装置。交流接触器在分断大电流电路时,往往会在动、静触点之间产生较强的电弧,电弧不仅会烧伤触点、延长电路分断时间,严重时还会造成相间短路或引起火灾事故。因此,在接触器中应设有灭弧装置,起快速灭弧作用,确保电路正常工作和电器设备的安全。交流接触器中常用的灭弧方法有以下几种:

a. 采用双断口结构的电动力灭弧装置,如图1-26所示。

当触点断开时,在触点之间产生电弧。它将电弧自然分成两段,在各段上利用触点断开时,本身的电动力使电弧向外运动并拉长,以扩大电弧散热面积,使电弧在拉长过程中,大量散热而迅速熄灭。对容量较小(10 A以下)的交流接触器一般采用双断口电动力灭弧。

b. 窄缝(纵缝)灭弧法。这种灭弧方法是利用灭弧罩上的窄缝来完成灭弧任务。灭弧罩制成窄缝,如图1-27所示。

当触点断开时,在电弧所形成的磁场电动力的作用下,可使电弧拉长并进入灭弧罩的窄缝中;窄缝可将电弧的直径压缩,使电弧与缝壁紧密接触,加快冷却和去游离作用,从而使电弧加快熄灭。灭弧罩常用耐高温陶土、石棉水泥等材料制成。目前有采用多个窄缝的灭弧装置,电动力将电弧引入窄缝,被分割成数段直径较小的电弧,以增强冷却和去游离作用,提高灭弧效果。对于额定电流在 20 A 及以上的 CJ10 系列交流接触器,常采用窄缝灭弧装置。

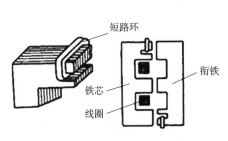

图 1-25　交流接触器铁芯上的短路环

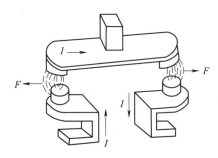

图 1-26　双断口结构的电动力灭弧装置
I—电流;F—电动力

　　c. 采用栅片灭弧装置。图 1-28 是栅片灭弧装置示意图。

　　栅片灭弧要借助灭弧罩完成。这种灭弧罩用陶土、石棉水泥等耐弧绝缘材料制成。灭弧栅片由薄铁板制成,表面镀铜以防止生锈,安装在灭弧罩内。当触点断开时,产生的电弧在电动力的作用下被推向栅片,各灭弧栅之间相互绝缘。电弧进入栅片后,栅片能将电弧分成若干段,每段电压不足以维持电弧起弧,且栅片有冷却作用,所以,电弧进入灭弧栅后迅速熄灭。对容量较大的交流接触器,多采用栅片灭弧装置。

图 1-27　窄缝灭弧装置

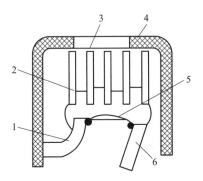

图 1-28　栅片灭弧装置
1—静触点;2—短电弧;3—灭弧栅片;
4—灭弧罩;5—电弧;6—动触点

　　④其他部件。交流接触器的其他部件有反作用弹簧、缓冲弹簧、触点压力弹簧、传动机构及底座、接线柱等。反作用弹簧的作用是当线圈断电时,推动衔铁释放,使主触点和常开辅助触点复位分断;缓冲弹簧的作用是缓冲衔铁在吸合时对铁芯和外壳的冲击力;触点压力弹簧的作用是增加动、静触点之间的压力,增大接触面以降低接触电阻,避免触点由于接触不良而过热灼伤,并有减振作用。

　　2. 交流接触器的工作原理和符号

　　图 1-29 为交流接触器的工作原理图。当交流接触器线圈通入交流电后,铁芯被磁化,产生

大于反作用弹簧弹力的电磁力,将衔铁吸合,使触点动作,主触点闭合,接通主电路;常闭辅助触点先断开,接着常开辅助触点闭合。当线圈断电或外加电压太低时,在反作用弹簧的作用下衔铁释放,主触点断开,切断主电路;常开辅助触点首先断开,接着常闭辅助触点恢复闭合。

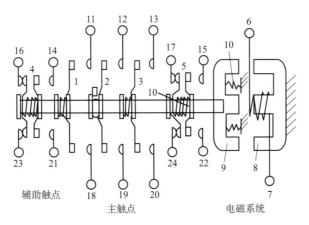

图1-29　交流接触器的工作原理图

1、2、3—主触点;4—常闭辅助触点;5—常开辅助触点;6、7—线圈;
8—铁芯;9—衔铁;10—反作用弹簧;11～24—各触点的接线柱

交流接触器图形与文字符号如图1-30所示。

图1-30　交流接触器图形与文字符号

3. 交流接触器的型号、常见故障及处理方法

交流接触器型号及其含义如下:

交流接触器的常见故障及处理方法见表1-15。

表1-15　交流接触器的常见故障及处理方法

故障现象	可能原因	处理方法
吸不上或吸不足(即触点已闭合而铁芯尚未完全吸合)	①电源电压太低或波动过大。 ②操作回路电源容量不足或发生断线、配线错误及触点接触不良。 ③线圈技术参数与使用条件不符。 ④产品本身受损。 ⑤触点弹簧压力过大	①调高电源电压。 ②增加电源容量,更换线路,修理控制触点。 ③更换线圈。 ④更换新品。 ⑤按要求调整触点参数

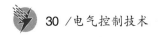

故障现象	可能原因	处理方法
不释放或释放缓慢	①触点弹簧压力过小。 ②触点熔焊。 ③机械可动部分被卡住,转轴生锈或歪斜。 ④反力弹簧损坏。 ⑤铁芯极面有油垢或尘埃黏着。 ⑥铁芯磨损过大	①调整触点参数。 ②排除熔焊故障,更换触点。 ③排除卡住现象,修理受损零件。 ④更换反力弹簧。 ⑤清理铁芯极面。 ⑥更换铁芯
电磁铁(交流)噪声大	①电源电压过低。 ②触点弹簧压力过大。 ③短路环断裂。 ④铁芯极面有污垢。 ⑤零件歪斜或卡住。 ⑥铁芯极面过度磨损而不平	①提高操作回路电压。 ②调整触点弹簧压力。 ③更换短路环。 ④清理铁芯极面。 ⑤调整或修理相关零件。 ⑥更换铁芯
线圈过热或烧坏	①电源电压过高或过低。 ②线圈技术参数与实际使用条件不符。 ③操作频率过高。 ④线圈匝间短路	①调整电源电压。 ②调换线圈或接触器。 ③选择其他合适的接触器。 ④排除短路故障,更换线圈
触点灼伤或熔焊	①触点压力过小。 ②触点表面有金属颗粒异物。 ③操作频率过高,或工作电流过大,断开容量不够。 ④长期过载使用。 ⑤负载侧短路	①调高触点弹簧压力。 ②清理触点表面。 ③调换容量较大的接触器。 ④调换合适的接触器。 ⑤排除短路故障,更换触点

1.6.2 直流接触器

1. 直流接触器结构

图 1-31 所示为直流接触器的结构图。

直流接触器的结构与交流接触器的基本相同,在结构上也是由触点系统、电磁系统、灭弧装置和其他部件组成。但是因为它主要用于控制直流用电设备,所以具体结构与交流接触器有一些差别。

①触点系统。直流接触器的主触点一般做成单极或双极,由于触点接通或断开的电流较大,常采用滚动接触的指形触点。辅助触点通断电流较小,故采用点接触的双断点桥式触点。

②电磁系统。直流接触器电磁系统也由铁芯、线圈和衔铁等组成。因为线圈中通的是直流电,铁芯中不会产生涡流,铁芯不发热,所以铁芯可以用整块铸钢或铸铁制成,并且由于磁通恒定,所以铁芯不需装短路环。线圈匝数较多,电阻大,电流流时发热,为了使线圈散热良好,通常将线圈绕制成长而薄的圆筒状。

③灭弧装置。直流接触器的主触点在断开较大电流直流电路时,往往会产生强烈的电弧,容易烧坏触点和延时断电。为了迅速灭弧,直流接触器一般采用磁吹式灭弧装置。图 1-32 所示为磁吹式灭弧装置的结构。磁吹式灭弧装置主要由磁吹线圈、灭弧罩和引弧角等组成。磁吹线圈由扁铜线弯成,中间装有铁芯,它们之间有绝缘套筒相隔。铁芯两端装有两片导磁夹板,夹持在灭弧罩的两边,动、静触点位于灭弧罩内,就处在两块导磁夹板之间。灭弧罩用石棉水泥板或陶土制成。

磁吹线圈产生的磁场其磁通比较集中,它经铁芯和导磁夹板进入电弧空间。于是,电弧在磁场的作用下,在灭弧罩内部迅速向上运动,并在引弧角处被拉到最长。另外,电弧被吹进灭弧罩上部时,把热量传递给灭弧罩向外散发,被拉长的电弧在空气中运动也受到冷却,促使电弧快速熄灭。引弧角是根据回路电动力原理设置的,用来引导电弧很快离开触点且按一定方向运动,以保护触点接触面免受电弧的烧伤。

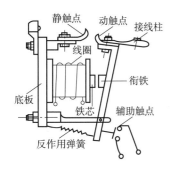

图 1-31　直流接触器的结构图

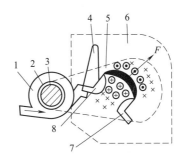

图 1-32　磁吹式灭弧装置的结构

1—磁吹线圈;2—绝缘套筒;3—铁芯;4—引弧角;

5—导磁夹板;6—灭弧罩;7—动触点;8—静触点;F—电磁力

2. 直流接触器的工作原理、符号及型号

直流接触器的工作原理和符号与交流接触器相同。

直流接触器型号及其含义如下:

1.6.3　接触器技术参数

常用的交流接触器有 CJ0、CJ10、CJ20、CJ40、CJX1、CJX8、3TB 等系列。CJ10 系列交流接触器的技术参数见表 1-16。

表 1-16　CJ10 系列交流接触器的技术参数

型号	触点额定电压/V	主触点		辅助触点		线圈		可控制三相异步电动机的最大功率/kW		额定操作频率/(次/h)
		额定电流/A	对数	额定电流/A	对数	电压/V	功率/(V·A)	220 V	380 V	
CJ10-10	380	10	3	5	2 常开、2 常闭	36,110,220,380	11	2.2	4	≤600
CJ10-20		20					22	5.5	10	
CJ10-40		40					32	11	20	
CJ10-60		60					70	17	30	

常用的直流接触器有 CZ0、CZ17、CZ18、CZ21 等系列。CZ0 系列直流接触器的技术参数见表 1-17。

表 1-17   CZ0 系列直流接触器的技术参数

型号	额定电压/V	额定电流/A	额定操作频率/(次/h)	主触点形式及数目		辅助触点形式及数目		最大分断电流/A	吸引线圈电压/V	吸引线圈消耗功率/W
				常开	常闭	常开	常闭			
CZ0-40/20		40	1 200	2	0		2	160		22
CZ0-40/02		40	600	0	2		2	100		24
CZ0-100/10		100	1 200	1	0		2	400		24
CZ0-100/01	440	100	600	0	1	2	1	250	24,48,110,220,440	24
CZ0-100/20		100	1 200	2	0		2	400		30
CZ0-150/10		150	1 200	1	0		2	600		30
CZ0-150/01		150	600	0	1		1	375		25

1.6.4 接触器的选择

为了保证正常工作,必须根据以下原则正确选用接触器,使其技术参数满足被控制电路的要求。

1. 选择接触器的类型

根据电路中负载电流的种类来选择接触器的类型。交流负载选择交流接触器,直流负载选用直流接触器。

2. 选择接触器主触点的额定电压和额定电流

接触器主触点的额定电压应大于或等于负载的额定电压。接触器主触点的额定电流应不小于负载电路的额定电流,也可根据所控制的电动机最大功率进行选择。如果接触器是用来控制电动机的频繁起动、正反转或反接制动等,应将接触器的主触点额定电流降低一个等级使用。

3. 选择接触器吸引线圈的电压

当控制线路简单、使用电器较少时,交流接触器线圈的额定电压可直接选用 380 V 或 220 V。当控制线路复杂、使用电器较多时,为保证安全,线圈的额定电压可选低一些,这时需加一个控制变压器。

直流接触器线圈的额定电压应视控制回路的情况而定。同一系列、同一容量等级的接触器,其线圈的额定电压有好几种,可选线圈的额定电压和直流控制电路的电压一致。直流接触器的线圈加直流电压,交流接触器的线圈一般加交流电压。如果把加直流电压的线圈加上交流电压,因阻抗太大,电流太小,则接触器往往不吸合;如果将加交流电压的线圈加上直流电压,则因电阻太小,电流太大,会烧坏线圈。

1.6.5 接触器的使用和维护

1. 安装前的检查

①检查接触器的铭牌与线圈的技术数据是否符合控制线路的要求。接触器的额定电压不应低于负载的额定电压,主触点额定电流不小于负载的额定电流,操作时的频率不要超过产品说明书上规定的要求,其他条件也应符合要求。线圈的额定电压应符合线路要求,太高或太低会产生衔铁不能吸合或线圈烧毁的故障。

②检查接触器外观,应无机械损伤。用手推动接触器可动部分时应动作灵活,无卡阻现象;

灭弧罩应完整无损,固定牢固。

③将铁芯上的防锈油擦净,以免影响接触器的释放。

2. 安装注意事项

①交流接触器一般应安装在垂直面上,倾斜度不得超过 5°。注意要留有适当的飞弧空间,以免飞弧烧坏相邻电器。

②安装孔的螺钉应装有弹簧垫圈和平垫圈,并拧紧螺钉以防振动松脱。注意不要有零件落入电器内部。

3. 日常维护

①定期检查接触器的零部件,要求可动部分灵活、紧固件无松动、灭弧罩无破损、线圈无变色老化等,已损坏的零件应及时修理或更换。

②当触点表面因电弧烧蚀而附有金属小颗粒时,应及时去掉。银和银合金触点表面因电弧作用而生成黑色氧化膜时,不必锉去,因为这种氧化膜的导电性很好,锉去反而缩短了触点的使用寿命。

⚡ 1.7　继电器

继电器是一种根据电气量(电压、电流)或非电气量(热、时间、转速等)的变化接通或断开电路,以完成控制或保护任务的电器。继电器一般由感测机构、中间机构和执行机构组成。感测机构将感测得的电气量或非电气量传递给中间机构,将它与预定值(即整定值)进行比较,当达到整定值(过量或欠量)时,中间机构便使执行机构动作,从而接通或断开电路。

继电器的种类很多,按动作原理可分为电磁式继电器、电动式继电器、感应式继电器、电子式继电器和热继电器等;按感测的参数可分为电压继电器、电流继电器、时间继电器、速度继电器、压力继电器等;按用途可分为控制继电器和保护继电器。

下面介绍几种常用的继电器。

1.7.1　电磁式电流、电压和中间继电器

电磁式继电器在电气设备中是应用最早、最多的一种电器。其结构有两种类型:一种电磁系统是直动式的,它和小容量的接触器相似;另一种电磁系统是拍合式的,如图 1-33 所示。

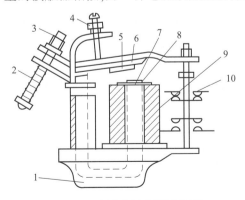

图 1-33　电磁式继电器结构图

1—底座;2—反力弹簧;3、4—调节螺钉;5—非磁性垫片;6—衔铁;

7—铁芯;8—极靴;9—电磁线圈;10—触点系统

这种电磁系统的铁芯和铁轭为一整体,减少了非工作气隙;极靴为一圆环,套在铁芯端部;衔铁制成板状,绕轴转动;线圈不通电时,衔铁靠反力弹簧作用而打开。衔铁上垫有非磁性垫片。

1. 电流继电器

根据线圈中电流的大小而接通或断开电路的继电器称为电流继电器。这种继电器线圈导线粗,匝数少,串联在主电路中。当线圈电流高于整定值时动作的继电器称为过电流继电器,低于整定值时动作的继电器称为欠电流继电器。

过电流继电器在正常工作时电磁吸力不足以克服反力弹簧的力,衔铁处于释放状态;当线圈电流超过某一整定值时,衔铁吸合,于是常开触点闭合,常闭触点断开。过电流继电器一般用于过电流保护或控制,如起重机电路的过电流保护等。过电流继电器符号如图 1-34 所示。

欠电流继电器是当线圈电流降到低于某一整定值时释放的继电器,所以在线圈电流正常时衔铁是吸合的。这种继电器常用于直流电动机励磁绕组和电磁吸盘的失磁保护。欠电流继电器符号如图 1-35 所示。

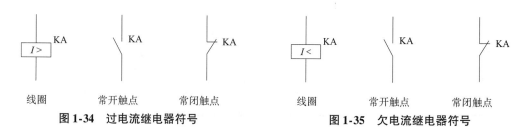

图 1-34 过电流继电器符号   图 1-35 欠电流继电器符号

电流继电器型号及其含义如下:

常用的电流继电器有 JL14、JL17、JL18、JT17 等系列。JT17 是直流通用继电器。所谓通用继电器,就是在其电磁系统中装上不同的线圈或阻尼圈可制成电流继电器、电压继电器或时间继电器。

2. 电压继电器

根据线圈两端电压大小而接通或断开电路的继电器称为电压继电器。这种继电器线圈的导线细,匝数多,并联在主电路中。电压继电器有过电压继电器和欠电压(或零电压)继电器之分。

一般来说,过电压继电器在电压为 1.1～1.15 倍额定电压以上时动作,对电路进行过电压保护;欠电压继电器在电压为 0.4～0.7 倍额定电压时动作,对电路进行欠电压保护;零电压继电器在电压降为 0.05～0.25 倍额定电压时动作,对电路进行零电压保护。

过电压继电器和欠电压继电器的符号如图 1-36、图 1-37 所示。

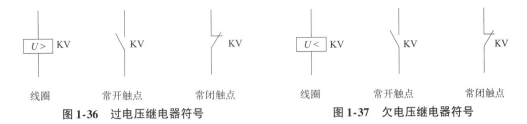

图 1-36　过电压继电器符号	图 1-37　欠电压继电器符号

常用的电压继电器有通用继电器 JT4、JT18 等系列。

型号及其含义如下：

电压继电器的结构、工作原理及安装使用等知识，与电流继电器类似。

3. 中间继电器

中间继电器是用来转换控制信号的中间元件。它输入的是线圈的通电或断电信号，输出信号为触点的动作。

中间继电器的结构及工作原理与接触器基本相同。但中间继电器的触点数量较多，且没有主、辅触点之分，各触点的额定电流相同，多数为 5 A，小型的为 3 A。输入一个信号（线圈的通电或断电）时，较多的触点动作，可以用来增加控制线路中信号的数量。它的触点额定电流比线圈大得多，所以也可以用来放大信号。

图 1-38 所示为 JZ7 系列中间继电器的外形和结构。JZ7 系列中间继电器由线圈、静铁芯、衔铁、触点系统、短路环、反作用弹簧和缓冲弹簧等组成。其铁芯和衔铁是用 E 形硅钢片叠装而成，线圈置于铁芯中柱，组成双 E 形直动式电磁系统。触点采用双断点桥式结构，分上下两层，各有四对触点，下层触点是常开触点，触点系统可按 8 常开、6 常开与 2 常闭及 4 常开与 4 常闭组合。

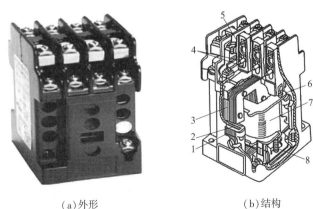

（a）外形　　　　　　　　（b）结构

图 1-38　JZ7 系列中间继电器的外形和结构

1—静铁芯；2—短路环；3—衔铁；4—常开触点；5—常闭触点；
6—反作用弹簧；7—线圈；8—缓冲弹簧

JZ14 系列中间继电器采用螺管式电磁系统和双断点桥式触点,其基本结构为交直流通用,只是交流铁芯为平顶形,直流铁芯与衔铁为圆锥形接触面,触点采用直列式分布,对数达八对,可按 6 常开、2 常闭,4 常开、4 常闭或 2 常开、6 常闭组合。该系列中间继电器带有透明外罩,可防止尘埃进入内部而影响工作可靠性。

中间继电器符号如图 1-39 所示。

线圈　　　　　常开触点　　　　常闭触点

图 1-39　中间继电器符号

中间继电器型号及其含义如下:

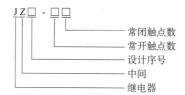

常闭触点数
常开触点数
设计序号
中间
继电器

常用的中间继电器有 JZ7、JZ14、JZ17 等系列。JZ7 系列中间继电器的技术参数见表 1-18。

表 1-18　JZ7 系列中间继电器的技术参数

型号	电压种类	触点额定电压/V	触点额定电流/A	触点组合		通电持续率	吸引线圈电压/V	吸引线圈消耗功率/(V·A)	额定操作频率/(次/h)
				常开	常闭				
JZ7-44 JZ7-62 JZ7-80	交流	380	5	4 6 8	4 2 0	40%	12,24,36,48, 110,127,380, 420,440,500	12	1 200

中间继电器的选用:根据控制线路的要求选择线圈的电压和电流。触点的数量、种类(常开、常闭)和容量(额定电压、额定电流)应满足被控制电路的要求。根据所用电源是交流的,还是直流的来选择中间继电器。

4. 电磁式继电器的整定方法

图 1-33 所示继电器整定方法如下:

①调整调节螺钉 3 上的螺母可以改变反力弹簧 2 的松紧程度,从而调整吸合电压(或电流)。反力弹簧调得越紧,吸合电压(或电流)就越大;反之越小。

②改变非磁性垫片的厚度可以调整释放电压(或电流)。非磁性垫片越厚,释放电压(或电流)越大;反之越小。

③调节螺钉 4 可以改变初始气隙的大小。在反作用弹簧力和非磁性垫片厚度一定时,气隙越大,吸合电压(或电流)越大;反之越小。

1.7.2　时间继电器

从得到输入信号(线圈通电或断电)起,需经过一定的延时后才输出信号(触点闭合或断开)的继电器,称为时间继电器。时间继电器的种类很多,按其延时原理可分为电磁式、空气阻尼式、电动式和晶体管式等。图1-40所示是几种常用的时间继电器外形。

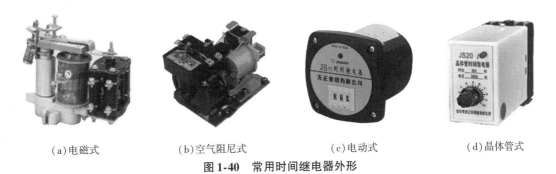

(a)电磁式　　　　　(b)空气阻尼式　　　　　(c)电动式　　　　　(d)晶体管式

图1-40　常用时间继电器外形

电磁式时间继电器结构简单,价格低廉,但延时较短(如JT3型只有0.3~5.5 s)且只能用于直流断电延时;电动式时间继电器的延时精确度较高,延时可调范围大(有的可达几十小时),但价格较贵;空气阻尼式时间继电器的结构简单,价格低,延时范围较大(0.4~180 s),有通电延时和断电延时两种,但延时误差较大。晶体管式时间继电器延时可达几分钟到几十分钟,延时精确度比空气阻尼式好,随着电子技术的发展,它的应用日益广泛。

时间继电器的符号如图1-41所示。

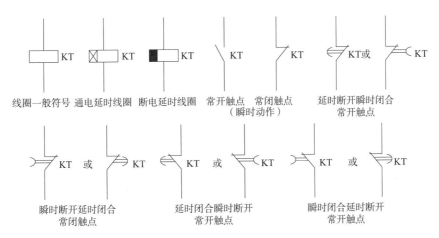

线圈一般符号　通电延时线圈　断电延时线圈　常开触点　常闭触点　　延时断开瞬时闭合
　　　　　　　　　　　　　　　　　　　　　　(瞬时动作)　　　　常开触点

瞬时断开延时闭合　　　延时闭合瞬时断开　　　瞬时闭合延时断开
　常闭触点　　　　　　　常开触点　　　　　　　常开触点

图1-41　时间继电器的符号

下面介绍几种常用的时间继电器。

1. 电磁式时间继电器

电磁式时间继电器只能直流断电延时动作,一般在直流电气控制电路中应用广泛。它的结构就是在JT18系列直流电压继电器的铁芯柱上套装一个铜或铝的阻尼套筒,便成为电磁式时间继电器。结构如图1-42所示。

工作原理:当线圈断电后,通过铁芯的磁通迅速减少,由于电磁感应,在阻尼套筒内产生感应电流。根据电磁感应定律,感应电流产生的磁场总是阻碍原磁场的减弱,使铁芯继续吸持衔铁一小段时间,达到延时的目的。

这种时间继电器延时时间的长短是靠改变铁芯与衔铁间非磁性垫片的厚度(粗调)或改变反力弹簧的松紧(细调)来调节的。垫片厚则延时短,薄则延时长;弹簧紧则延时短,松则延时长。

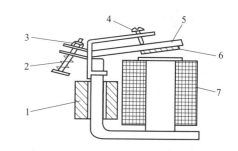

图 1-42　电磁式时间继电器的结构

1—阻尼套筒;2—释放弹簧;3—调节螺母;4—调节螺钉;
5—衔铁;6—非磁性垫片;7—电磁线圈

2. 空气阻尼式时间继电器

空气阻尼式时间继电器又称气囊式时间继电器。它是利用气囊中的空气通过小孔节流的原理来获得延时动作的。现以 JS7 系列为例介绍空气阻尼式时间继电器。

①空气阻尼式时间继电器结构和工作原理。JS7 系列空气阻尼式时间继电器由电磁系统、触点系统(两个微动开关)、空气室及传动机构等部分组成,如图 1-43 所示。

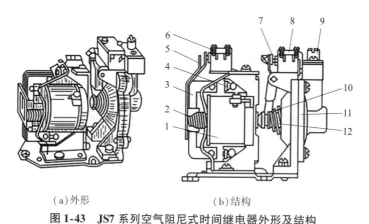

(a)外形　　　　　(b)结构

图 1-43　JS7 系列空气阻尼式时间继电器外形及结构

1—线圈;2—反力弹簧;3—衔铁;4—铁芯;5—弹簧片;6—瞬时触点;7—杠杆;
8—延时触点;9—调节螺钉;10—推杆;11—空气室;12—塔形弹簧

电磁系统包括铁芯、线圈、衔铁、反力弹簧及弹簧片等;触点系统由两对瞬时触点和两对延时触点组成;空气室内有一块橡皮膜,随空气的增减而移动,空气室上面有调节螺钉,可调节延时的长短;传动机构包括推杆、杠杆及塔形弹簧等。

JS7 系列空气阻尼式时间继电器的工作原理可用图 1-44 来说明。这种继电器有通电延时与断电延时两种。

图 1-44(a)为通电延时型时间继电器,它的线圈通电后要延迟一段时间触点才动作;而线圈失电时,触点立即复位。动作过程如下:当线圈得电后,衔铁吸合,活塞杆在塔形弹簧作用下带动活塞及橡皮膜向上移动,但受到进气孔进气速度的限制。这时橡皮膜下方空气室内的空气变得稀薄,与橡皮膜上面的空气形成压力差,对活塞的移动产生阻尼作用。空气由进气孔进入气囊,经过一段时间,活塞才能完成全部行程而压动微动开关 15,使其触点动作(即常闭触点延时断开,常开触点延时闭合),起到通电延时作用。由线圈得电到触点动作的一段时间即为时间继电器的延时时间,其长短可以通过调节螺钉调节进气孔的气隙大小来改变。微动开关 16

在衔铁吸合后,通过推板5立即动作,使常闭触点瞬时断开,常开触点瞬时闭合。

当线圈断电时,衔铁在复位弹簧作用下,通过活塞杆将活塞推向最下端,这时橡皮膜下方气室内的空气通过橡皮膜、弹簧和活塞的局部所形成的单向阀迅速从橡皮膜上方气室缝隙中排出,使得微动开关15的常闭触点瞬时闭合,常开触点瞬时断开,而微动开关16的触点也立即复位。

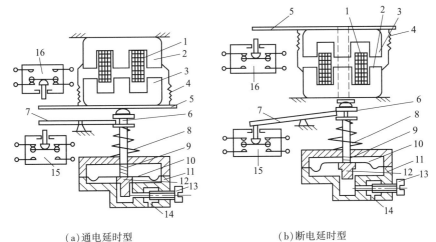

(a)通电延时型　　　　　　　　　　(b)断电延时型

图1-44　空气阻尼式时间继电器工作原理

1—线圈;2—铁芯;3—衔铁;4—复位弹簧;5—推板;6—活塞杆;7—杠杆;8—塔形弹簧;
9—弹簧;10—橡皮膜;11—气室;12—活塞;13—调节螺钉;14—进气孔;15、16—微动开关

图1-44(b)为断电延时型时间继电器(可用通电延时型的电磁铁翻转180°安装而成)。当线圈通电时,衔铁被吸合,带动推板压合微动开关16,使常闭触点瞬时断开,常开触点瞬时闭合。与此同时,衔铁压动推杆,使活塞杆克服弹簧阻力向下移动,通过杠杆使微动开关15也瞬时动作,常闭触点断开,常开触点闭合,没有延时作用。

当线圈断电时,衔铁在复位弹簧作用下瞬时释放,通过推板使微动开关16触点瞬时复位。与此同时,活塞杆在塔形弹簧及气室各部分元件作用下延时复位,使微动开关15各触点延时动作。

在线圈通电和断电时,微动开关在推板的作用下都能瞬时动作,其触点即为时间继电器的瞬时触点。

②JS7系列空气阻尼式时间继电器的型号含义如下:

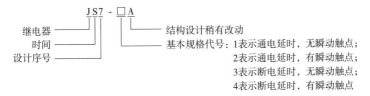

JS7、JS16系列时间继电器的技术参数见表1-19。

表 1-19 JS7、JS16 系列时间继电器的技术参数

型号		延时范围/s	触点额定电流/A	触点额定电压/V	延时动作触点数量				瞬时动作触点数量		线圈电压
					通电延时		断电延时				
					常开	常闭	常开	常闭	常开	常闭	
JS7-1A	JS16-1	1.4～60、0.4～180	5	380	1	1					JS7 系列为交流 36 V、110 V、127 V、220 V、380 V。
JS7-2A	JS16-2				1	1			1	1	
JS7-3A	JS16-3						1	1			JS16 系列为交流 110 V、127 V、220 V、380 V
JS7-4A	JS16-4						1	1	1	1	

JS7-A 系列时间继电器的常见故障及处理方法见表 1-20。

表 1-20 JS7-A 系列时间继电器的常见故障及处理方法

故障现象	可能原因	处理方法
延时触点不动作	①电磁线圈断线。②电源电压过低。③传动机构卡住或损坏	①更换线圈。②调高电源电压。③排除卡住故障或更换部件
延时时间缩短	①气室装配不严,漏气。②橡皮膜损坏	①修理或更换气室。②更换橡皮膜
延长时间变长	气室内有灰尘,使气道阻塞	清除气室内灰尘,使气道畅通

3. 电动式时间继电器

电动式时间继电器是由同步电动机带动减速齿轮以获得延时的时间继电器。电动式时间继电器主要由同步电动机、电磁离合器、减速齿轮、触点与延时调整机构等组成。目前应用较普遍的是 JS17 系列。JS17 系列通电延时型电动式时间继电器的结构示意图如图 1-45 所示。

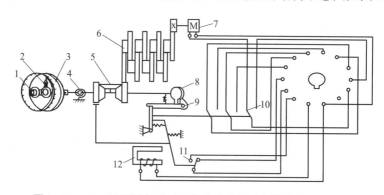

图 1-45 JS17 系列通电延时型电动式时间继电器的结构示意图
1—延时调整处;2—指针;3—刻度盘;4—复位游丝;5—差动轮系;6—减速齿轮;
7—同步电动机;8—凸轮;9—脱扣机构;10—延时触点;11—瞬动触点;12—离合电磁铁

工作原理:电动式时间继电器是由微型同步电动机拖动减速机构,经机械机构获得触点延时动作的时间继电器。电动式时间继电器有通电延时和断电延时两种。

电动式时间继电器调整延时的方法:延时的长短可通过改变整定装置中指针的位置实现,但指针的调整对于通电延时型时间继电器应在电磁离合器线圈断电的情况下进行,对于断电延

时型时间继电器应在电磁离合器线圈通电的情况下进行。

4. 晶体管式时间继电器

晶体管式时间继电器又称半导体时间继电器或电子式时间继电器。常见类型有 JS13、JS14、JS15 及 JS20 等系列。JS20 系列通电延时型晶体管式时间继电器的外形、接线图及电路图如图 1-46 所示。

JS20 系列通电延时型晶体管式时间继电器外形如图 1-46(a)、(b)所示,它具有保护外壳和底座,其内部结构采用印制电路组件。

JS20 系列通电延时型晶体管式时间继电器的电路图如图 1-46(d)所示。它由电源、电容充放电电路、电压鉴别电路、输出和指示电路五部分组成。它是利用电容对电压变化的阻尼作用来实现延时的。电源接通后,经整流滤波和稳压后的直流电,经过 RP_1 和 RP_2 向电容 C_2 充电。当场效应管 VT_1 的栅源电压低于夹断电压时,VT_1 截止,因而 VT_2 和 VT_H 也处于截止状态。随着充电的不断进行,电容 C_2 的电位按指数规律上升,当栅源电压高于夹断电压时,VT_1 导通,VT_2、VT_H 也导通,继电器吸合,输出延时信号。调节 RP_1 和 RP_2 即可调整延时时间。

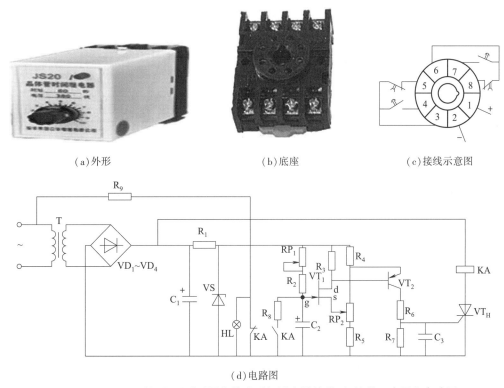

(a)外形　　　　　　　(b)底座　　　　　　　(c)接线示意图

(d)电路图

图 1-46　JS20 系列通用延时型晶体管式时间继电器的外形、接线示意图和电路图

5. 时间继电器的选用

①对于延时要求不高的场合,一般选用电磁式或空气阻尼式时间继电器;对延时要求较高的,可选用电动式或晶体管式时间继电器。时间继电器的延时范围及使用条件要与控制线路相符。

②延时性质(通电延时或断电延时)应满足控制线路的要求。

③根据控制电路的电压选择吸引线圈的电压。

1.7.3 热继电器

电动机在运行的过程中,如果长期负载过大,或起动操作频繁、欠电压或断相运行等都可能使电动机定子绕组的电流增大,超过其额定值。如果超过额定值的量不大,熔断器在这种情况下不会熔断。这样将引起电动机过热,绕组温升超过允许值时,将会加剧绕组绝缘老化,损坏绕组的绝缘,缩短电动机的使用寿命,严重时甚至会烧毁电动机。因此,对电动机必须采取过载保护措施。最常用的过载保护电器是热继电器。

热继电器是一种利用电流的热效应来切断电路的保护电器。热继电器主要与接触器配合使用,在电路中用作电动机的长期过载保护。但须指出的是,热继电器在电路中只能作过载保护,不能作短路保护。由于热继电器中发热元件有热惯性,双金属片从升温到发生弯曲直到断开常闭触点需要一个时间过程,不可能在短路瞬间分断电路,因此在电路中不能作瞬时保护,更不能作短路保护。

热继电器按动作方式,可分为易熔合金式(利用过载电流的发热而使易熔合金熔化而动作)、热敏电阻式(利用材料磁导率或电阻值随温度变化而变化的特性原理制成)和双金属片式(利用双金属片受热弯曲去推动执行机构动作)等多种。其中使用最普遍的是双金属片式热继电器。图 1-47 所示为双金属片式热继电器的外形和结构。

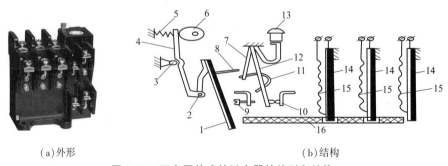

(a)外形 (b)结构

图 1-47 双金属片式热继电器的外形和结构

1—补偿双金属片;2—销子;3—支承;4—杠杆;5—弹簧;6—凸轮;7、12—片簧;8—推杆;
9—调节螺钉;10—常闭触点;11—弓簧;13—复位按钮;14—主双金属片;15—加热元件;16—导板

1. 热继电器的结构

热继电器主要由热元件、触点、动作机构、复位按钮和整定电流装置组成。热继电器结构原理图如图 1-47(b)所示。由图可知:

①热元件。热元件有两相结构和三相结构,图 1-47(b)有三个热元件属于三相结构。它主要由主双金属片 14 和绕在其外面的加热元件 15 组成。主双金属片是由两种热膨胀系数不同的金属片(如铁镍铬合金和铁镍合金)复合而成。加热元件一般用康铜、镍铬合金等材料做成。使用时直接串联在异步电动机的三相电路上。

②触点。触点系统多为弓簧跳跃式动作,由一对常闭触点 10 和一对常开触点(图中未画)组成。热继电器的常闭触点通常串联在接触器线圈电路中。

③动作机构。动作机构由导板 16、补偿双金属片 1、推杆 8、常闭触点 10、片簧 7、12 和弓簧11 等组成。其中补偿双金属片可在规定范围内补偿环境温度对热继电器的影响。

④复位按钮。复位按钮有手动和自动两种形式,可根据使用要求自由调整选择。复位按钮

13 用于热继电器动作后的手动复位。

⑤整定电流装置。整定电流装置由凸轮 6 来调节整定电流值。

2. 热继电器工作原理

热继电器的热元件即主双金属片 14 与加热元件 15 串联后接入三相异步电动机定子绕组电路中。在正常情况下,热元件产生的热量虽能使主双金属片弯曲,但还不足以使热继电器动作。

当电动机过载时,热元件产生的热量增大,使主双金属片 14 受热向左弯曲位移增大,经过一定时间后,热元件产生的热量使主双金属片向左弯曲到一定程度,推动导板 16,向左推动补偿双金属片 1,推杆 8 与补偿双金属片固定为一体,它可绕轴转动,推杆 8 绕轴转动又推动了片簧 7 向右运动,推到一定位置后,弓簧 11 的作用方向改变,使片簧 12 向左运动,将常闭触点 10 迅速分断,热继电器常闭触点串联于接触器的线圈回路,断开后使接触器的线圈失电,接触器的常开主触点断开电动机的电源,对电动机起到过载保护作用。当电源切断后,双金属片逐渐冷却,过一段时间后恢复原状。

热继电器动作后复位方式有自动复位和手动复位两种。将调节螺钉 9 旋入,可使双金属片冷却后动触点自动复位;如果将调节螺钉旋出,双金属片冷却后动触点不能自动复位,则为手动复位,此方式下,必须按下手动复位按钮才能使触点手动复位。

热继电器的符号如图 1-48 所示。

图 1-48   热继电器的符号

热继电器所保护的电动机,如果是星形接法,当线路发生一相断电(即缺相),那么另外两相发生过载,这两相的线电流与相电流相等,普通热继电器(两相或三相的)都可以对此做出反应起保护作用。如果电动机是三角形接法时,发生断相时,局部(某一相)严重过载,而线电流与相电流又不相等,电流增加的比例也不相同,这种情况线电流有时尚未达到额定值,而热继电器是按额定线电流整定,用普通型热继电器已不能起保护作用,所以三角形接法的必须采用有断相保护的热继电器。热继电器的断相保护功能是由内、外导板组成的差分放大机构来实现的。

3. 热继电器型号及技术参数

热继电器型号的含义如下:

常用的热继电器有 JR0、JR16、JR20、J36、JRS 等系列。JR0、JR16 系列热继电器的技术参数见表 1-21。

表 1-21　JR0、JR16 系列热继电器的技术参数

型号	额定电流/A	热元件等级		主要用途
		额定电流/A	电流调节范围/A	
JR0-20/3 JR0-20/3D JR16-20/3 JR16-20/3D	20	0.35	0.25 ~ 0.35	供交流电 500 V 以下的电气回路中电动机的过载保护。 D 表示带有断相保护装置
		0.50	0.32 ~ 0.50	
		0.72	0.45 ~ 0.72	
		1.1	0.68 ~ 1.1	
		1.6	1.0 ~ 1.6	
		2.4	1.5 ~ 2.4	
		3.5	2.2 ~ 3.5	
		5	3.2 ~ 5	
		7.2	4.5 ~ 7.2	
		11	6.8 ~ 11	
		16	10 ~ 16	
		22	14 ~ 22	
JR0-40/3 JR16-40/3D	40	0.64	0.4 ~ 0.64	
		1	0.64 ~ 1	
		1.6	1 ~ 1.6	
		2.5	1.6 ~ 2.5	
		4	2.5 ~ 4	
		6.4	4 ~ 6.4	
		10	6.4 ~ 10	
		16	10 ~ 16	
		25	16 ~ 25	
		40	25 ~ 40	

4. 整定电流

热继电器整定电流是指热继电器连续工作而不动作的最大电流,超过此值热继电器就会动作。热继电器整定电流的大小可通过旋转电流整定旋钮(即凸轮)来调节,旋钮上刻有整定电流值标尺。过载电流越大,热继电器动作时间越短,反之则越长。

5. 热继电器的选用及常见故障处理方法

①一般情况下可选用两相结构的热继电器。对于电网电压均衡性较差、无人看管或与大容量电动机共用一组熔断器的电动机,宜选用三相结构的热继电器。定子绕组作三角形接法的电动机,应选用带断相保护装置的三相结构的热继电器。

②选择热继电器时,要根据电动机的额定电流来选择热继电器的型号规格。热继电器的额定电流和热元件的额定电流略大于所保护电动机的额定电流。热元件选定后,再根据电动机的额定电流调整热继电器的整定电流,使整定电流与电动机的额定电流相等。对于过载能力较差的电动机,所选的热继电器的额定电流应适当小一些,并且整定电流调到电动机额定电流的0.6 ~ 0.8。对起动时间较长,拖动冲击性负载(如冲床等),选择的热继电器热元件的整定电流是电动机额定电流的1.1 ~ 1.15 倍。

③对于工作时间短、间歇时间长的电动机(如摇臂钻床的摇臂升降电动机等),以及虽长期工作,但过载可能性小的(如风机电动机),可不装设过载保护。对重复短时工作的负载(如起重机电动机),由于电动机不断重复升温,热继电器双金属片的温升跟不上电动机绕组的温升,因此不宜采用热继电器保护,则可用过电流继电器来做过载保护。

热继电器的常见故障及处理方法见表 1-22。

表 1-22　热继电器的常见故障及处理方法

故障现象	故障原因	维修方法
热元件烧断	①负载侧短路,电流过大。 ②操作频率过高	①排除故障,更换热继电器。 ②更换合适参数的热继电器
热继电器不动作	①热继电器的额定电流值选用不合适。 ②整定值偏大。 ③动作触点接触不良。 ④热元件烧断或脱焊。 ⑤动作机构卡阻。 ⑥导板脱出	①按保护容量合理选用。 ②合理调整整定电流值。 ③消除触点接触不良因素。 ④更换热继电器。 ⑤消除卡阻因素。 ⑥重新放入导板并调试
热继电器动作不稳定,时快时慢	①热继电器内部机构某些部件松动。 ②在检修中弯折了双金属片。 ③通电电流波动太大,或接线螺钉松动	①紧固松动部件。 ②用两倍电流预试几次或将双金属片拆下来热处理(一般约 240 ℃)以去除内应力。 ③检查电源电压或拧紧接线螺钉
热继电器动作太快	①整定值偏小。 ②电动机起动时间过长。 ③连接导线太细。 ④操作频率过高。 ⑤使用场合有强烈冲击和振动。 ⑥可逆转换频繁。 ⑦安装热继电器处与电动机处环境温差太大	①合理调整整定值。 ②按起动时间要求,选择具有合适的可返回时间的热继电器或在起动过程中将热继电器短接。 ③选用标准导线。 ④更换合适型号的热继电器。 ⑤采取防振动措施或选用带防冲击振动的热继电器。 ⑥改用其他保护方式。 ⑦按两地温差情况配置适当的热继电器
主电路不通	①热元件烧断。 ②接线螺钉松动或脱落	①更换热元件或热继电器。 ②紧固接线螺钉
控制电路不通	①触点烧坏或动触点片弹性消失。 ②可调整式旋钮转到不合适的位置。 ③热继电器动作后未复位	①更换触点或簧片。 ②调整旋钮或螺钉。 ③按动复位按钮

1.7.4　速度继电器

速度继电器是当转速达到规定值时动作的继电器。它常用于电动机反接制动的控制电路中,当反接制动的转速下降到接近零时它能自动及时切断电源。目前机床线路中常用的速度继电器有 JY1 系列和 JFZ0 系列两种。JY1 型速度继电器的结构及工作原理图如图 1-49 所示。

速度继电器由定子、转子、触点组成。转子是一个圆柱形永久磁铁。定子是一个笼形空心圆环,由硅钢片冲压而成,并装有笼形绕组。

使用时,将速度继电器的轴与电动机轴相连,转子固定在轴上,定子与轴同心。当电动机旋转时,速度继电器的转子 7 随之转动产生一个旋转磁场。定子 8 中的定子绕组 9 切割磁力线而产生感应电流,此感应电流与永久磁铁的磁场作用产生转矩,驱动定子 8 跟随转子 7 一起转动,与定子相连的胶木摆杆 10 也随之偏转。胶木摆杆 10 偏转到一定角度时,胶木摆杆推动簧片 11,使速度继电器的触点动作(常闭触点断开,常开触点闭合)。当电动机转速下降时,速度继电器转子速度也下降,定子绕组内感应电流减小,转矩减小。当速度继电器的转子速度下降到一定数值时,转矩小于簧片弹力,胶木摆杆在簧片弹力的作用下恢复原位,定子返回原位,触点也恢复到原来的状态。

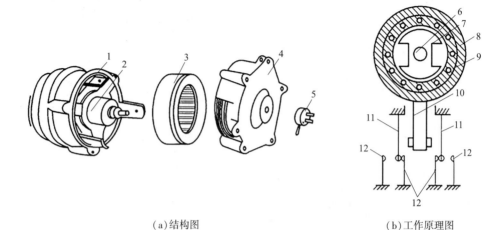

(a)结构图　　　　　　　　　　　　　　　　(b)工作原理图

图 1-49　JY1 型速度继电器的结构及工作原理图

1—可动支架;2—转子;3、8—定子;4—端盖;5—连接头;6—电动机轴;
7—转子(永久磁铁);9—定子绕组;10—胶木摆杆;11—簧片(动触点);12—静触点

速度继电器常用在铣床和镗床的控制电路中,转速一般在 120 r/min 以上时,速度继电器就能动作并完成其控制功能,一般在 100 r/min 以下触点恢复原状。调节螺钉可以调节簧片弹力大小,从而调节触点动作时所需转子的转速。速度继电器符号如图 1-50 所示。

图 1-50　速度继电器符号

速度继电器型号含义如下:

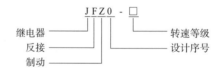

常用的速度继电器有 JY1 型和 JFZ0 型两种,其技术参数见表 1-23。

表 1-23　JY1 型和 JFZ0 型速度继电器的技术参数

型号	触点额定电压/V	触点额定电流/A	触点数量		额定工作转速/(r/min)	允许操作频率/(次/h)
			正转时动作	反转时动作		
JY1			1 组转换触点	1 组转换触点	100 ~ 3 000	
JFZ0-1	380	2	1 常开、1 常闭	1 常开、1 常闭	300 ~ 1 000	<30
JFZ0-2			1 常开、1 常闭	1 常开、1 常闭	1 000 ~ 3 600	

1.7.5　压力继电器

压力继电器常用于机床的液压控制系统中,它能根据油路中液体压力的情况决定触点的断开与闭合,以便对机床提供某种保护或控制。压力继电器结构原理图和符号如图 1-51 所示。

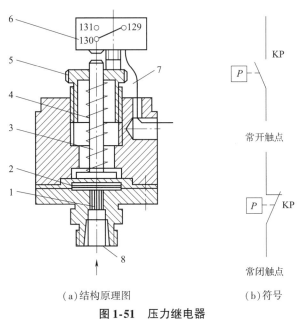

（a）结构原理图　　　　　　　　（b）符号

图 1-51　压力继电器

1—缓冲器;2—薄膜;3—顶杆;4—压缩弹簧;5—螺母;
6—微动开关;7—导线;8—压力油入口

压力继电器由缓冲器、橡皮薄膜、顶杆、压缩弹簧、调节螺母和微动开关等组成,微动开关和顶杆的距离一般大于 0.2 mm。压力继电器装在油路(或气路、水路)的分支管路中。当管路压力超过整定值时,通过缓冲器和橡皮薄膜顶起顶杆,推动微动开关使其触点动作。当管路中压力低于整定值时,顶杆脱离微动开关而使其触点复位。压力继电器的调整非常方便,只需放松或拧紧调节螺母即可改变控制压力。

YJ 系列压力继电器的技术参数见表 1-24。

表 1-24　YJ 系列压力继电器的技术参数

型　　号	额定电压/V	长期工作电流/A	分断功率/(V·A)	控制压力/Pa	
				最大	最小
YJ-0	交流 380	3	380	$6.079\ 5 \times 10^2$	$2.026\ 5 \times 10^2$
YJ-1				$2.026\ 5 \times 10^2$	$1.013\ 25 \times 10^2$

根据具体用途和系统压力选用符合要求的压力继电器。为了确保压力继电器动作灵敏,应避免低压系统选用高压压力继电器。

固态继电器利用电子元件的开关特性,可达到无触点、无火花地接通和断开电路的目的。固态继电器具有工作可靠、寿命长、抗干扰能力强、开关速度快、能与逻辑电路兼容、使用方便等一系列优点,并可进一步扩展到传统电磁继电器无法应用的领域,如计算机和可编程控制器的输入输出接口、计算机外围和终端设备、遥控及保护系统等。在一些要求耐振、耐潮、耐腐蚀、防爆等特殊工作环境中,固态继电器都较之传统的电磁继电器有着无可比拟的优越性。因此,固态继电器正得到越来越广泛的应用,在自动控制装置中,正在逐步取代电磁式继电器。

1.8 其他常用低压电器

1.8.1 起动器

起动器主要用于三相交流异步电动机的起动、停止或正反转控制。分为直接起动器和减压起动器两种。直接起动器是在全压下直接起动电动机,适用功率较小的电动机。减压起动器是用各种方法降低电动机起动时的电压,以减小起动电流,适用于功率较大的电动机。常用的减压起动器有自耦减压起动器和星-三角起动器等。

1. 磁力起动器

磁力起动器是一种直接起动器,由交流接触器和热继电器组成,通过按钮操作可远距离直接控制中小型电动机的起动和停止。磁力起动器可分为可逆型和不可逆型两种。可逆磁力起动器具有两只接线方式不同的交流接触器以分别控制电动机的正反转。不可逆磁力起动器只有一只交流接触器,只能控制电动机单方向旋转。磁力起动器不具有短路保护功能,因此在使用时还要在主电路中加装熔断器或自动开关。

2. 自耦减压起动器

自耦减压起动器又称起动补偿器。在电动机起动时,自耦减压起动器利用自耦变压器来降低加在电动机定子绕组上的起动电压,以达到限制起动电流的目的;待电动机起动后,再使电动机与自耦变压器脱离,从而在全压下正常运行。

①手动自耦减压起动器。常用的手动自耦减压起动器有 QJD3 系列油浸式和 QJ10 系列空气式两种。QJD3 系列油浸式手动自耦减压起动器的外形和结构如图 1-52 所示。

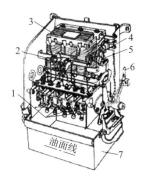

(a)外形　　　　　　　　　　　(b)结构

图 1-52　QJD3 系列油浸式手动自耦减压起动器的外形和结构
1—起动静触点;2—热继电器;3—自耦变压器;4—欠电压保护装置;
5—停止按钮;6—操作手柄;7—油箱

QJD3 系列油浸式手动自耦减压起动器主要由薄钢板制成的防护式外壳、自耦变压器、触点系统(触点浸在油中)、操作机构及保护系统五部分组成,具有过载和失电压保护功能。适用于一般工业用交流 50 Hz 或 60 Hz、额定电压 380 V、功率 10～75 kW 的三相笼型异步电动机,作不频繁减压起动和停止用。

图 1-53 为 QJD3 系列油浸式手动自耦减压起动器的电路图。自耦变压器采用星形接法。自耦变压器有额定电压 65% 和 80% 两组抽头,可根据电动机起动时负载的大小选择适当的起动电压,出厂时接在 65% 的抽头上。

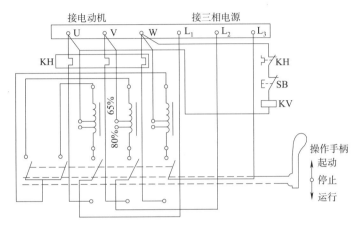

图 1-53　QJD3 系列油浸式手动自耦减压起动器的电路图

起动器的 U、V、W 接线柱和电动机的定子绕组相连接,L1、L2、L3 的接线柱和三相电源相连接。

起动时,先把操作手柄转到"起动"位置,这时自耦变压器的三相绕组连成星形接法,三个尾端相连接,三个首端与电源相连接,三个抽头与电动机相连接,电动机进行减压起动。当电动机的转速上升到较高转速时,将操作手柄转到"运行"位置,电动机与三相电源直接连接,在全压下运行,自耦变压器脱离失去作用。停止时,只要按下按钮 SB,则失电压脱扣器 KV 线圈断电,机械机构使操作手柄回到"停止"位置,电动机即停转。

QJD3 系列油浸式手动自耦减压起动器所有触点都浸在绝缘油内,以利于灭弧。使用时应注意保持油的清洁,防止渗入水分和其他杂物。

QJ10 系列空气式手动自耦减压起动器适用于交流 50 Hz、电压 380 V 及以下、容量 75 kW 及以下的三相笼型异步电动机,作不频繁减压起动和停止用。在结构上,QJ10 系列空气式手动自耦减压起动器也是由箱体、自耦变压器、保护装置、触点系统和手柄操作机构五部分组成。它的触点系统由一组起动触点、一组星接触点和一组运行触点组成,其电路图如图 1-54 所示。

起动时,先把操作手柄转到"起动"位置,起动触点和星接触点同时闭合,三相电源经起动触点接入自耦变压器 TM,又经自耦变压器的三个抽头接入电动机进行减压起动,星接触点则把自耦变压器接成了星形;当电动机的转速上升到一定值后,将操作手柄迅速扳到"运行"位置,起动触点和星接触点先同时断开,运行触点随后闭合,这时自耦变压器脱离,电动机与三相电源直接相接全压运行。停止时,按下 SB 即可。

②XJ01 系列自耦减压起动箱。XJ01 系列自耦减压起动箱是我国生产的自耦变压器减压起动自动控制设备,广泛用于交流 50 Hz、电压 380 V、功率 14～300 kW 的三相笼型异步电动机作不频繁的减压起动用。

XJ01 系列自耦减压起动箱为箱式防护结构,由自耦变压器、交流接触器、中间继电器、热继电器、时间继电器、按钮、转换开关等电气元件组成。时间继电器为可调式,在 5~120 s 内可以自由调节起动时间。

XJ01 系列自耦减压起动箱的工作方式有手动、自动两种。手动和自动方式由转换开关进行切换。有的起动箱还有遥控方式。自耦变压器备有额定电压 60% 和 80% 两组抽头。起动箱具有过载、断相及失电压保护功能。起动电动机时,电源进线的起动电流不超过电动机额定电流的 3~4 倍,最大起动时间为 2 min(包括一次或连续数次起动时间的总和)。若起动时间超过 2 min,则起动后的冷却时间应不少于 4 h 才能再次起动。

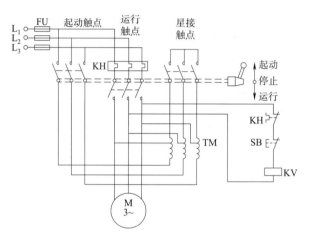

图 1-54 QJ10 系列空气式手动自耦减压起动器电路图

3. 星-三角起动器

电动机起动时,其绕组接成星形,正常运行时又改接成三角形。电动机的这一起动方法称为星-三角起动法,执行这种方法的起动器称为星-三角起动器。

常用的星-三角起动器有 QX2、QX3、QX4A 和 QX10 等系列。QX2 系列是手动的,其余系列是自动的。常用的 QX3 系列由三个交流接触器、一个热继电器和一个时间继电器组成,利用时间继电器的延时作用完成星-三角的自动换接。QX3 系列有 QX3-13、QX3-30、QX3-55、QX3-125 等型号,QX3 后面的数字表示额定电压为 380 V 时,起动器可控制的电动机最大功率(千瓦)。

1.8.2 电磁铁

电磁铁是利用通电线圈在铁芯中产生的电磁吸力来操纵、牵引机械装置,以完成预期动作的电器。

1. 电磁铁的基本结构及工作原理

电磁铁由线圈、铁芯和衔铁三部分组成,当线圈通以电流时,铁芯被磁化而产生吸力,吸引衔铁动作。衔铁动作方式有直动式和转动式两种,如图 1-55 所示。

工作原理:当线圈通电后,铁芯和衔铁被磁化,成为极性相反的两块磁铁,它们之间产生电磁吸力。当吸力大于弹簧的反作用力时,衔铁开始向着铁芯方向运动。当线圈中的电流小于某一定值或中断供电时,电磁吸力小于弹簧的反作用力,衔铁将在反作用力的作用下返回原来的释放位置。

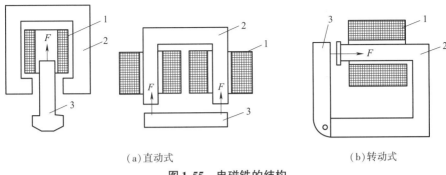

（a）直动式　　　　　　　　　　　　　　　（b）转动式

图 1-55　电磁铁的结构

1—线圈;2—铁芯;3—衔铁;F—电磁吸力

2. 电磁铁的分类

按线圈中通入电流的种类,电磁铁可分为直流电磁铁和交流电磁铁。

①直流电磁铁。直流电磁铁的铁芯和衔铁用整块软磁性材料制成,电流仅与线圈电阻有关,不因吸合过程中气隙的减小而变化,所以允许操作的频率高。在吸合前,气隙较大,磁路的磁阻也大,气隙的磁通密度小,所以吸力较小。吸合后,气隙很小,磁阻最小,磁通密度最大,所以吸力也最大,因此衔铁与铁芯在吸合过程中吸力逐渐增大。直流电磁铁适用于操作频繁、行程不很大的场合。

②交流电磁铁。为了减小涡流等损耗,交流电磁铁的铁芯用硅钢片叠装(片间绝缘)而成,并在铁芯端部装短路环。交流电磁铁线圈中的电流不仅与线圈的电阻有关,还与线圈的感抗有关。在吸合过程中随着气隙的减小,磁阻减小,线圈的电感和感抗增大,因而电流逐渐减小。交流电磁铁在开始吸合时电流最大,一般比衔铁吸合后的工作电流大几倍到几十倍。如果衔铁被卡住而不能吸合,线圈将因过热而烧坏。交流电磁铁的允许操作频率较低,因此如果操作太频繁,线圈就会不断受到起动电流的冲击,容易引起过热而损坏。交流电磁铁适用于操作不频繁的场合。

3. 常用的几种电磁铁

常用的电磁铁有牵引电磁铁、阀用电磁铁、制动电磁铁和起重电磁铁等。

①牵引电磁铁。牵引电磁铁常用于自动控制设备中,用以开关阀门或牵引其他机械装置。

②阀用电磁铁。阀用电磁铁用于液压阀或气动阀的远距离控制。当线圈通电时,电磁力使阀杆移动,控制油路或气路的开闭。线圈断电时,靠弹簧的弹力复位。

③制动电磁铁。制动电磁铁通常与闸瓦制动器组成电磁抱闸,以实现对电动机机械制动的控制。

制动电磁铁由铁芯、衔铁和线圈三部分组成。闸瓦制动器包括闸轮、闸瓦和弹簧等,闸轮与电动机装在同一根转轴上。图 1-56 为电磁抱闸结构图。

电磁抱闸分为断电制动型和通电制动型两种。断电制动型的工作原理是:当制动电磁铁的线圈通电时,闸瓦与闸轮分开,无制动作用;当线圈断电时,闸瓦紧紧抱住闸轮制动。通电制动型的工作原理是:当制动电磁铁的线圈通电时,闸瓦紧紧抱住闸轮制动;当线圈断电时,闸瓦与闸轮分开,无制动作用。

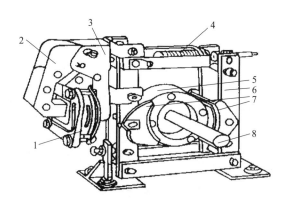

图 1-56　电磁抱闸结构图

1—线圈;2—衔铁;3—铁芯;4—弹簧;5—闸轮;6—杠杆;7—闸瓦;8—轴

1.8.3　电磁离合器

电磁离合器制动原理与电磁抱闸制动原理类似,其主要区别是电磁离合器利用动、静摩擦片之间产生足够大的摩擦力而实现制动。电动葫芦的绳轮、X62W 型万能铣床的主轴电动机等常采用这种制动方法。断电制动型电磁离合器的结构示意图如图 1-57 所示。电磁离合器主要由制动电磁铁(包括动铁芯、静铁芯和励磁线圈)、静摩擦片、动摩擦片以及制动弹簧等组成。

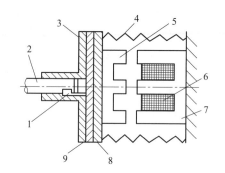

图 1-57　断电制动型电磁离合器结构示意图

1—键;2—绳轮轴;3—法兰;4—制动弹簧;5—动铁芯;
6—励磁线圈;7—静铁芯;8—静摩擦片;9—动摩擦片

电动机静止时,励磁线圈无电,制动弹簧将静摩擦片紧紧地压在动摩擦片上,此时电动机通过绳轮轴被制动。当电动机通电运转时,励磁线圈也同时得电,电磁铁的动铁芯被静铁芯吸合,使静摩擦片与动摩擦片分开,于是,动摩擦片连同绳轮轴在电动机的带动下正常起动运转。当电动机切断电源时,励磁线圈也同时失电,制动弹簧立即将静摩擦片连同动铁芯推向转动着的动摩擦片,强大的弹簧张力迫使动、静摩擦片之间产生足够大的摩擦力,使电动机断电后立即受到制动停转。

1.8.4　电阻器和变阻器

1. 电阻器

电阻器是电动机的起动、制动和调速控制的重要附件。它的核心组成部分是电阻元件,用铁铬铝、康铜或其他种类的合金丝绕制成的线绕电阻是最基本的电阻元件,结构按其宽度分为大、中、小三种,大片和中片端冲孔作为安装之用,小片的两端直接连接,每一电阻元件的连接均用紧固螺母压紧,以保证良好的接触电阻。它可分为有骨架电阻和无骨架电阻两大类。常用电阻器有 ZX2 系列和 RT 系列。

2. 变阻器

变阻器由电阻元件、换接部分及其他零件组成,能够连续调节或分段切换电阻的独立电器。一些类型用作电路的负载、分压器、变流器;另一些类型与电动机联用,如起动变阻器用于限制电动机的起动电流,励磁变阻器用于发电机调压或电动机调速。

变阻器按结构可分为滑线式变阻器和滑动触点式变阻器两类。滑线式变阻器通过调节滑片的位置改变阻值。滑动触点式变阻器依靠动、静触点相互间位置的变化来改变阻值。

3. 频敏变阻器

频敏变阻器是能随电流的频率而自动改变阻值的变阻器,它的阻值对频率很敏感,频率高时,阻值大;频率低时,阻值小。它一般用作绕线式异步电动机转子电路的起动电阻。

频敏变阻器的结构类似于没有二次绕组的三相变压器,主要由铁芯和绕组两部分组成。铁芯用普通钢板或方钢制成 E 形和条状(作铁轭)后叠装而成。在 E 形铁芯和铁轭之间留有气隙,供调整阻值用。绕组有几个抽头,一般接成星形。常用的频敏变阻器有 BP1、BP2、BP3、BP4 和 BP6 等系列。图 1-58 为 BP1 系列频敏变阻器的外形和结构。

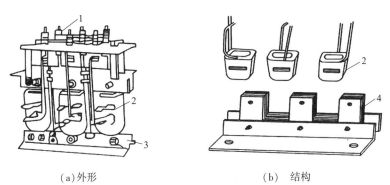

（a）外形　　　　　　　　　（b）结构

图 1-58　BP1 系列频敏变阻器的外形和结构

1—接线柱;2—线圈;3—底座;4—铁芯

频敏变阻器的三相绕组通入交流电时,铁芯中产交变磁通,引起铁芯损耗。由于铁芯是采用厚钢板制成,所以形成很大的涡流,使铁损很大。频率越高,涡流越大,铁损也越大。交变磁通在铁芯中的损耗可等效地看作电流在电阻中的损耗,因此频率变化时,铁损也变化,相当于等效电阻的阻值在变化。

频敏变阻器接入绕线式异步电动机的转子回路后,在电动机刚起动的瞬间,转子电流的频率最高(它等于交流电源的频率),频敏变阻器的阻值最大,限制了电动机的起动电流;随着转子转速的升高,转子电流在减小,转子电流的频率逐渐下降,频敏变阻器的等效阻值也逐渐减小。电动机起动完毕后,频敏变阻器便从转子回路中切除。

频敏变阻器结构简单,价格低廉,使用维护方便,目前已被广泛采用。但它的功率因数较低,起动转矩较小,故不宜用于重载起动。

应根据电动机所拖动的生产机械的起动负载特性、操作频繁程度以及电动机功率来选择频敏变阻器规格。频敏变阻器应牢固固定在基座上。当基座为铁磁物质时应在中间垫入 10 mm 以上的非磁性垫片,以防影响频敏变阻器的特性,同时变阻器还应可靠接地。试车时,如发现起动转矩或起动电流过大或过小,应对频敏变阻器进行调整。

小 结

凡是对电能的生产、输送、分配和使用起控制、调节、检测、转换及保护使用的工作器械均可称为电器。低压电器通常是指工作在交流电压 1 200 V 及以下或直流电压 1 500 V 及以下电路中起通断、保护、控制或调节作用的电器。

低压电器的种类很多,用途各异。本章着重从结构、用途、符号、工作原理、常用型号及主要技术参数、一般选用与安装使用方法等几个方面介绍了熔断器、刀开关和转换开关、低压断路器、接触器、继电器、主令电器等电力拖动自动控制系统常用的配电电器和控制电器。

习题与职业技能考核模拟

一、填空题

1. 工作在交流( )V 及以下,直流( )V 及以下电路中的电器都属于低压电器。

2. 热继电器主要用来对电动机进行( )保护,熔断器主要用于电路( )保护。

3. 交流接触器的结构主要由( )系统、( )系统和灭弧装置组成。

4. 断路器、负荷开关必须( )安装,保证合闸状态时手柄应朝( )。

5. 时间继电器按延时方式可分为( )型和( )型。

6. 自动开关主要由( )、( )、( )和保护装置等几部分组成,保护装置电磁脱扣器作( )保护,热脱扣器作( )保护。DZ5-20/310 自动开关有( )保护功能。

7. 按下复合按钮时,其( )触点先分断,( )触点后闭合;松开时,则( )先分断复位,( )后闭合复位。

8. 电压继电器的线圈( )联在主电路中,根据线圈两端( )的大小而接通或断开电路。

9. 速度继电器是当( )达到规定值时动作的电器,它常用于电动机( )的控制电路中。

10. 中间继电器在结构上是一个( )。它是用来( )的中间元件。它输入的是线圈的通电或断电信号,输出信号为( )。

11. 电磁抱闸主要由( )和闸瓦制动器组成。闸瓦制动器由( )、( )、杠杆和弹簧组成。电磁抱闸分为( )和( )两种。

12. 热继电器使用时,需要将( )串联在主电路中,( )串联在控制电路中。

13. 行程开关又称( )开关,一般都有一对( )触点和一对( )触点。它是利用( )而使触点动作,以接通或断开电路,从而达到一定控制要求。

14. 接触器的主触点通过的电流较大,因此接触器主触点上一般都设有( )装置。接触器主触点用以通断电流较大的( ),辅助触点用以通断电流较小的( )。

15. 接触器按电流种类不同分为( )和交流接触器两种。交流接触器的铁芯上装有短路环的作用是( )。

16. 根据线圈中(　　)大小而接通或断开电路的继电器称为电流继电器。使用时,电流继电器的线圈(　　)联在主电路中,当通过线圈的(　　)达到预定值时,其触点动作。电流继电器分为(　　)和(　　)两种。

17. 交流接触器在未接电源时,电气原理图中主电路中的三对主触点处于(　　)状态。

18. 继电器是一种根据(　　)信号的变化,接通或断开控制电路,以完成控制或保护任务的电器。继电器主要由(　　)机构、(　　)机构和(　　)机构三部分组成。

二、单项选择题

1. 自动开关中的复式脱扣器承担(　　)作用。
　　A. 短路保护　　　　B. 过载保护　　　　C. 失电压保护　　　　D. 短路和过载保护

2. 时间继电器的作用是(　　)。
　　A. 短路保护　　　　B. 过电流保护　　　　C. 延时通断主回路　　D. 延时通断控制回路

3. 热继电器是一种利用(　　)进行工作的保护电器。
　　A. 测量红外线　　　　　　　　　B. 监测导体发热的原理
　　C. 监测线圈温度　　　　　　　　D. 电流的热效应原理

4. 按钮帽的颜色用于(　　)。
　　A. 注意安全　　　　B. 引起警惕　　　　C. 区分功能　　　　D. 无意义

5. 通电延时时间继电器,它的延时触点动作情况是(　　)。
　　A. 线圈通电时触点延时动作,断电时触点瞬时动作
　　B. 线圈通电时触点瞬时动作,断电时触点延时动作
　　C. 线圈通电时触点不动作,断电时触点瞬时动作
　　D. 线圈通电时触点不动作,断电时触点延时动作

6. 下列元件中,主令电器是(　　)。
　　A. 熔断器　　　　B. 按钮　　　　C. 刀开关　　　　D. 速度继电器

7. 保护晶闸管,可选用(　　)型熔断器。
　　A. RLS1　　　　B. RC1A　　　　C. RT0　　　　D. RL1

8. 速度继电器(　　)。
　　A. 定子与电动机同轴连接　　　　　B. 转子与电动机同轴连接
　　C. 触点串联在主电路中　　　　　　D. 转子串联在控制电路中

9. 完成工作台自动往返行程控制要求的低压电器是(　　)。
　　A. 位置开关　　　　B. 接触器　　　　C. 按钮　　　　D. 组合开关

10. 热继电器中双金属片的弯曲作用是由于双金属片(　　)。
　　A. 温度效应不同　　B. 强度不同　　　　C. 膨胀系数不同　　　D. 所受压力不同

11. 若将空气阻尼式时间继电器由断电延时型改为通电延时型需要将(　　)。
　　A. 延时触点反转180°　　　　　　B. 电磁系统反转180°
　　C. 电磁线圈两端反接　　　　　　D. 活塞反转180°

12. 接触器的型号为CJ10-160,其额定电流是(　　)。
　　A. 10 A　　　　B. 160 A　　　　C. 10 ~ 160 A　　　　D. 大于160 A

13. 频敏变阻器是一种阻抗值随(　　)明显变化、静止的、无触点的电磁元件。
　　A. 频率　　　　B. 电压　　　　C. 转差率　　　　D. 电流

14. RL1 系列熔断器的熔管内充填石英砂的目的是( )。

    A. 散热   B. 限流   C. 灭弧   D. 绝缘

15. 从线圈得电到其触点延时动作的电器是( )。

    A. 按钮开关   B. 行程开关   C. 接触器   D. 时间继电器

16. 交流接触器不释放,原因可能是( )。

    A. 线圈断电   B. 复位弹簧拉长,失去弹性

    C. 衔铁失去磁性   D. 触点粘结

17. 在工业、企业、机关、公共建筑、住宅中目前广泛使用的控制和保护电器是( )。

    A. 开启式负荷式开关   B. 接触器

    C. 转换开关   D. 断路器

18. 交流接触器的衔铁被卡住不能吸合会造成( )。

    A. 线圈端电压增大   B. 线圈阻抗增大

    C. 线圈电流增大   D. 线圈电流减小

19. 接触器的动铁芯断电时的特点是( )。

    A. 动铁芯不能恢复到初始位置   B. 在磁场力作用下能恢复到初始位置

    C. 动铁芯与静铁芯吸合在一起   D. 在反力弹簧的作用下能恢复到初始位置

20. 当其他电器的触点数或触点容量不够时,可借助( )作中间转换用,来控制多个元件或回路。

    A. 热继电器   B. 中间继电器   C. 电流继电器   D. 电压继电器

21. 断路器电磁脱扣器的瞬时脱扣整定电流应( )负载正常工作时可能出现的峰值电流。

    A. 小于   B. 等于   C. 大于   D. 不小于

22. 按钮开关属于( )电器,熔断器属于( )。

    A. 自动电器   B. 保护电器   C. 主令电器   D. 电磁式电器

23. 设三相异步电动机额定电流为 10 A,进行频繁的带负载起动,熔体的额定电流应选( )。

    A. 10 A   B. 15 A   C. 50 A   D. 25 A

24. 具有自锁的控制电路中,实现欠电压和失电压保护的电器是( )。

    A. 熔断器   B. 热继电器   C. 接触器   D. 电源开关

三、判断题

1. HK 系列开启式负荷开关没有专门的灭弧装置,因此不宜用于操作频繁的电路。( )

2. 中间继电器在控制电路中,起中间转换作用,永远不能代替交流接触器。( )

3. 熔断器的额定电流大于或等于熔体的额定电流。( )

4. 接触器的银或银合金触点在分断电弧时生成黑色的氧化膜,会造成触点接触不良,因此必须锉掉。( )

5. 起动按钮优先选用绿色按钮;急停按钮应选用红色按钮,停止按钮优先选用红色按钮。( )

6. 用自动开关作为机床的电源引入开关,一般就不需要再安装熔断器作短路保护。( )

7. 交流接触器多采用纵缝灭弧装置灭弧,栅片灭弧常用于直流灭弧装置中。( )

8. 电路图中电器触点所处状态都是按线圈未通电或电器未受外力作用时的常态画出的。( )

9. 为观察方便,空载或轻载试起动时,有灭弧罩的接触器允许不装灭弧罩起动电动机。( )

10. 继电器的触点一般都为桥型触点,有常开和常闭形式,没有灭弧装置。( )

11. 时间继电器之所以能够延时,是因为线圈可以通电晚一些。( )

12. 铁壳开关的速断装置,有利于夹座与闸刀之间的电弧熄灭。( )

13. 带断相保护装置的热继电器只能对电动机作断相保护,不能作过载保护。( )

14. 交流接触器的线圈电压过高或过低都会造成线圈过热。( )

15. 继电器只能根据电气量的变化接通或断开控制电路。( )

16. 当接触器线圈未通电时处于断开状态的触点称为常闭触点。( )

17. 交流接触器通电后,如果铁芯吸合受阻,会导致线圈烧毁。( )

18. 当熔体的规格过小时,可用多根小规格的熔体并联代替一大规格的熔体。( )

19. 在电路正常工作时,欠电流继电器的衔铁与铁芯始终吸合。( )

20. 万能转换开关主要用作控制线路的转换。( )

21. 热继电器的动作值主要是由环境温度来决定的。( )

22. 欠电压继电器和零压继电器在线路正常工作时,铁芯和衔铁是不吸合的。( )

23. 一个额定电流等级的熔断器只能配一个额定电流等级的熔体。在更换新的熔体时,不能轻易改变熔体的规格,更不准随便使用铜丝或铁丝代替熔体。( )

24. 组合开关的通断能力较低,不能用来分断故障电流。( )

25. 热继电器动作不准确时,可轻轻弯折热元件以调节动作值。( )

26. 在照明和电加热电路中,熔断器既可以作过载保护,也可以作短路保护。( )

27. 接触器的常开触点和常闭触点是同时动作的。( )

28. JZ-44 型中间继电器有 4 对常开触点,4 对常闭触点。( )

29. 不管定子绕组接成星形还是接成三角形的电动机,普通两相或三相结构的热继电器均能实现断相保护。( )

30. 行程开关可以作电源开关使用。( )

31. 按钮既可以在控制电路中发出指令或信号,去控制接触器、继电器等电器,也可直接控制主电路的通断。( )

32. 时间继电器金属底板上的接地螺钉必须与接地线可靠连接。( )

33. 刀开关安装时,手柄要向上,不能倒装,但可以平装。( )

34. 光标按钮可用于需长期通电显示处,兼作指示灯使用。( )

35. 开启式负荷开关用作电动机的控制开关时,应根据电动机的容量选配合适的熔体并装于开关内作短路保护。( )

36. 直流接触器铁芯端面也需要嵌装短路环。( )

四、简答题

1. 熔断器主要由哪几部分组成? 什么是熔断器的额定电流、熔体的额定电流和熔断器的极限分断电流? 熔断器的选用应从哪几个方面考虑?

2. 电动机起动时电流很大,为什么热继电器不会动作? 起重机电动机为何不采用热继电器作过载保护?

3. 什么是电器? 什么是低压电器? 低压电器有哪些常见的分类方式?

4. 双金属片式热继电器由哪几部分组成? 简述双金属片式热继电器的工作原理。

5. 常用的灭弧方法有哪几类? 交流接触器常用的灭弧方法有哪几种? 直流接触器的灭弧方式与交流接触器相同吗? 简述磁吹灭弧方法的工作原理。

6. 简述断电制动型电磁抱闸工作原理。

7. 接触器的作用和工作原理分别是什么? 与交流接触器相比,直流接触器的电磁系统有什么特点? 交流接触器铁芯闭合后,中柱有 $0.1 \sim 0.2$ mm 的气隙,起什么作用?

8. 如何选用中间继电器? 在什么条件下可用中间继电器代替接触器?

9. 交流接触器线圈误接到额定电压相等的直流电源上,或直流电磁线圈误接到额定电压相等的交流电源上,分别会产生什么问题? 为什么?

10. 按钮由哪几部分组成? 它接在主电路还是控制电路? 按钮出现触点间接触不良时,应如何处理?

11. 分别叙述热继电器与熔断器的工作原理。它们之间能否互相替代? 为什么?

12. 电磁铁是一种什么样的电器,有哪几个基本组成部分? 常见不同用途的电磁铁有哪些?

13. 如果在反接制动时速度继电器的释放值选得过大,会有什么现象发生?

14. 说出 QS、FU、KM、FR、SB、SQ 各代表什么电器元件,并画出各自的图形符号。

15. 额定电压为 220 V 的交流励磁线圈,若误接到交流 380 V 或交流 110 V 的电路上,分别会引起什么后果? 为什么?

16. 如果低压断路器在使用过程中温升过高,故障原因可能有哪些? 如果低压断路器不能合闸,故障原因可能有哪些?

17. 接触器的主触点在使用中产生触点过热的主要原因是什么? 应如何排除? 交流接触器在使用中产生线圈过热的原因是什么?

18. 行程开关在电路中起什么作用? 简述行程开关的工作原理。

19. 主令电器的主要作用是什么? 常用的主令电器有哪些?

20. 某组合开关使用中,发现手柄转动后,动、静触点不能按要求动作,经查看,组合开关型号选用正确,那么可能的原因是什么? 应如何处理?

21. 简述低压断路器的选用原则。

22. 当生产机械运动部件上的挡铁碰撞行程开关后,发现其触点不动作,这种故障的可能原因是什么?

23. 简述断电制动型电磁离合器的工作原理。

24. 封闭式负荷开关的操作机构有什么特点? 主要用在哪些场合?

25. 什么是热继电器的整定电流? 整定的方法是怎样的? 如何将手动复位的热继电器调整为自动复位?

26. 常用的起动器有哪几种? 各用在什么场合?

第 2 章　　电子电器

学习目标

知识目标
①了解电子电器的组成及一般技术参数;了解各种电子式时间继电器的工作原理。
②了解接近开关、光电开关和晶闸管开关的结构、分类和工作原理。
③了解软起动器的结构、特点和工作原理。

技能目标
①能正确识读、选择、使用各种电子电器。
②能正确调整电子电器的整定值。

素养目标
①培养学生自主学习的能力、分析问题解决问题的能力、团结协作的能力。
②培养学生勤于思考、刻苦钻研、积极探索、勇于创新、热爱专业、敬业乐业的良好作风。
③培养学生一丝不苟、精益求精、从点滴做起的品质,追求大国工匠精神。

本章综述

本章重点是对电子电器进行介绍,并介绍软起动器的结构和应用。电子电器在现代科技发展中有一定的贡献作用,如接近开关、晶体管温度继电器、同步接触器等。在信号检测、故障监视与保护等环节上优先实现电子化。由于自关断器的发展,很多电子电路的控制已由诸如晶闸管、绝缘栅双极型晶体管来完成。

2.1　电子电器的组成及一般技术参数

2.1.1　电子电器的定义及在自动化技术中的作用

1. 电子电器的定义和主要优缺点

随着科技的发展,各学科间的研究开发及交叉渗透越来越广泛。尤其是微电子技术和大功率半导体器件的迅速发展,使电子技术的应用更是渗透到各个行业。现代工业为了不断地提高产量和质量,其控制系统朝着大型化、自动化、高速、高可靠性和高精度方向发展,于是对构成控制系统的元器件提出越来越高的要求,这些要求中有些是传统的、有触点电器难以满足的。电子电器的出现和发展是自动化技术和电子工业发展的必然产物。

（1）电子电器的定义

电子电器是电子化或半电子化的电器。换句话说,就是由全部或部分电子元件和电子线路按特定功能所构成的电器元件或装置,又称半导体无触点电器或简称无触点电器。

（2）电子电器的优缺点

电子电器与传统的有触点开关电器相比有一系列的优点，但也存在一定的缺点。

①电子电器的优点如下：

a. 开关速度高。一般半导体无触点开关的动作时间只有数微秒至数十微秒甚至仅有数十纳秒。而有触点电器开关的固有动作时间为数十毫秒左右，即使是快速开关也需要几毫秒。在现代控制系统中，如某些开关量调节系统、电子计算机备用电源的切换开关等，就需要这种高速的开关电器来执行，对系统进行调节和电路的切换，以达到控制的目的。

b. 操作频率高。以晶闸管开关为例，其操作频率可达每分钟数百次以上，而一般有触点电器几乎无法实现。

c. 寿命长。半导体开关只要在规定的电压和电流的极限范围内使用，其寿命几乎是无限的。而有触点电器因受到机械和电气性能的影响，寿命不能很长。

d. 适应能力强。电子电器几乎不受工作环境的限制，可在有机械振动、多粉尘、易燃、易爆的恶劣环境下工作。

e. 控制功率小。采用场效应晶体管或 MOS 集成器件作为电子电器的输入级，信号源几乎不负担电流。

f. 功能强。电子电器不仅具有开关功能，而且还能进行功率放大，交、直流调压，交、直流电动机的软起动和调速等。

g. 经济性能好。采用模块式结构，这样就使得各种电控装置或系统的设计与安装变成若干标准模块的积木式组装，从而使电控装置或系统体积小、质量小、成本低，有利于制造、维修。

②电子电器的缺点如下：

a. 导通后的管压降大。晶闸管的正向压降及大功率晶体管的饱和管压降为 1～2 V，因而造成损耗功率较大，为了散发由此损耗产生的热量必须加装散热装置，故导致其体积比同容量的有触点电器大。

b. 不能实现理想的电隔离。晶闸管关断后仍然有数毫安的漏电流，造成电隔离不彻底。

c. 过载能力低。当用于控制电动机时，则需按电动机的起动电流来选择元件的容量。

d. 温度特性及抗干扰能力差。需采用温度补偿、散热、屏蔽、滤波、光电隔离等一些措施，才能使电子电器在恶劣的环境中可靠工作。

综上所述，固电子电器有其一系列的优点，在二十世纪六十年代末国内外曾发生了一场是否用无触点电器来取代有触点电器的学术争论，但事实证明，电子电器也存在一些缺点，是不能完全取代有触点电器的，它们之间不应是相互排斥、相互取代，而应是相辅相成、互为补充。应根据技术要求和经济效益来选择最佳方案。

2.1.2　电子电器在工业企业中的作用

电器是实现工业自动化的重要工具之一，一般在配电和控制系统中起开关、控制、保护、调节、检测、显示和报警等作用。下面以几个例子来说明电子电器的一般特征和作用。

图 2-1 为开关量恒温控制系统示意图。在三相交流主回路中接入双向晶闸管，晶闸管在这里是起通断开关的作用，用来接通或断开电热器负载。

热电偶为检测温度变化的感温元件，用来反映被控装置的温度。随温度的变化其两端产生的热电动势也跟着变化。但热电动势很小，需经放大器放大。

从刚开始加温到恒温室的温度接近预定值时,晶闸管一直处于全导通状态,电热器被加上电源的全压。随着恒温室的温度升高,热电偶两端产生的热电动势及放大器的输出电压也随着增大。当恒温室的温度升到预定值时,热电偶两端产生的热电动势使放大器输出电压大于鉴别器的门限值,导致鉴别器和出口电路的输出状态发生突变,晶闸管随之由全导通状态跳变到关断状态,从而切除电热器的电源,使恒温室的温度处于预定温度,改变鉴别器的门限值就可以改变预定的温度。

受散热影响,恒温室的温度一旦低于预定温度,相应热电偶两端产生的热电动势使放大器输出电压低于鉴别器的门限值,鉴别器和出口电路的输出又恢复到原来状态,晶闸管又处于全导通状态,电热器又被加上电源的全压,使恒温室加温,当温度重新达到预定温度时,重复上述过程,这样就构成了一个自动恒温控制系统。

此系统中的感温元件、放大器、鉴别器和包括晶闸管在内的出口电路就组成了一个电器,即电子式温度开关。

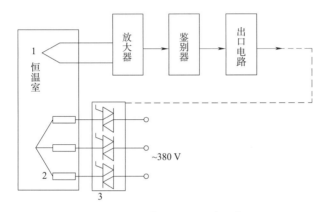

图 2-1 开关量恒温控制系统示意图

1—热电偶;2—电热器;3—晶闸管

图 2-2 为用于三相配电系统的漏电保护结构示意图。在供电系统中的电气设备常因绝缘性能的降低而漏电,漏电状态的延续可能导致故障的扩大以至酿成重大事故,因而需装置漏电保护装置。

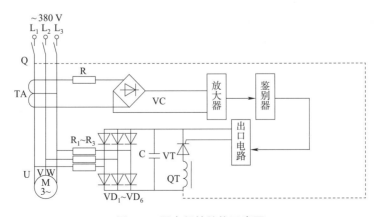

图 2-2 漏电保护结构示意图

零序电流互感器 TA 是把漏电大小的变化转换为电信号的检测元件,它的铁芯是环状的,主电路导线穿越其中(或在其上绕几圈)作为一次绕组,二次绕组则均匀而对称地绕于铁芯上作为漏电保护装置信号输入。

当电动机正常工作时,通过三相电路各相电流的相量和恒等于零,二次绕组没有感应电动势产生。晶闸管 V 关断,开关 Q 处于闭合状态,保证电动机正常运行。

一旦电动机绕组的绝缘损坏,发生漏电事故时,零序电流互感器 TA 的一次绕组中就出现不平衡的电流,因而二次绕组将产生感应电动势,此感应电动势的大小与漏电流大小成正比,再经整流器 VC 整流。放大器放大、鉴别器鉴别,只有当漏电达到或超过预定值时,放大器的输出电压大于鉴别器的门限值,使鉴别器和出口电路的输出状态改变,晶闸管 VT 导通,开关 Q 的脱扣器线圈 QT 通电,从而驱动开关 Q 断开电源,起到了漏电保护作用。

由上述两个例子可以看出,电子电器的任务是为工业企业或其他应用领域提供所需的开关、控制、检测、保护等。

2.1.3 电子电器的组成

1. 一般电子电器的典型电路结构

许多电子电器在基本原理和电路结构方面存在许多共性问题。

实际上大多数非数字式电子电器的电路都近似于图 2-3 所示的框图结构,当然并非所有电子电器的电路都完全遵循这一结构形式。在感辨机构和出口电路之间,许多电子电器根据其特殊的矛盾和规律,在信息的处理上或多或少会有部分差异,有的需要减少,有的需要增加,有些电子电器需具有延时功能,有些电子电器采用有源传感器,故不需要转换电路等。

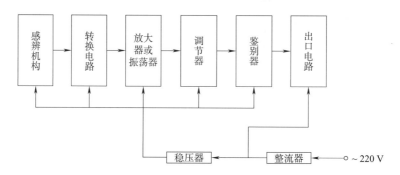

图 2-3　一般电子电器的电路组成

2. 一般电子电器的各主要电路的作用和相互关系

(1)感辨机构

电子电器的感辨机构作用是将各种被检测的电量或非电量变换为适用于电子电路的电压、电流或电路参数(电阻、电容、电感)。一般是由一些变换元件或各种传感器来实现此作用。互感器是目前应用最广的一种 I-U 转换器,如电流互感器将其一次绕组串联接入被测电路;而其二次绕组接入一个适当电阻,在电阻两端即可获得比例于被测电路电流的交流电压信号。利用物质的物理效应(如光电效应、压电效应、热电效应等)和物理原理(如电感原理、电容原理、电阻原理等)将某一被检测物理量转换成随之而变化的另一物理量的器件统称为传感器。如热电偶就是利用其热电动势随温度而变化的物理效应制成的。

按传感器能量传递的方式来分,可分为有源传感器和无源传感器两类。有源传感器能直接将非电量转换成电量信号,如热电偶、光电池等,由有源传感器输出的电量信号(电压、电流等)可直接输入放大器放大。无源传感器只能将非电量转换成电路参数(电阻、电容、电感),如热敏电阻、各种电容、电感传感器等。由无源传感器输出的电路参数需经过转换电路转换成电量信号,才能输入放大器放大。

感辨机构是电子电器的第一个环节,它的频率响应特性、灵敏度、线性度以及输出阻抗与下级电路输入阻抗的匹配等等都会直接影响电子电器的体积、成本、可靠性等。

(2)转换电路

转换电路的作用是将无源传感器的输入非电量参数变换为随之变化的电流或变化的电压幅值、频率或相位,并保证输出的能量最大限度地输给放大器。常用的转换电路有各种电桥电路、差分电路以及各种振荡电路。

(3)放大器

放大器的作用是将微弱的电信号进行放大,来提高电器的灵敏度、精度和可靠性。一般电子电器都需有某种形式的放大器,有的采用独立的放大器,较多的是由其他环节兼起放大作用。常用的如触发器(如光电继电器电路原理图的射极耦合触发器)和振荡器等。

(4)解调器

解调器的作用是将放大器输出的调制波中的缓变信号解调出来,输送给鉴别器。所谓解调就是从调制波中把原来的信号恢复出来的过程。对调幅波的解调,简称检波,它是调制的逆过程,完成这种解调作用的电路称为检波器。从物理过程来看,检波器实际就是一个具有平滑滤波的整流电路。常用的有半波、全波和倍压检波电路。另外,还有一种相敏解调器。调幅波经过相敏解调后,除了能恢复出原来信号幅值之外,还能恢复原来信号的极性,从而反映被检测量的大小和被检测量的变化方向。

(5)鉴别器

鉴别器的作用是向被检测量提供一个用以比较的门限值,来判别被检测量是否已达到或超过预定值,由该门限值与被检测量共同决定鉴别器的输出状态。当被检测量小于门限值时,鉴别器则"无"输出;当被检测量大于门限值时,鉴别器则"有"输出。确切地说,鉴别器输出的是被鉴信号与预先给定的门限值的差值,并将此差值转换为跳变的开关信号或逻辑电平并输送给出口电路。被鉴信号可能是电压的幅值、频率、相位或脉冲的宽度,因此相应地有鉴幅器、鉴频器、鉴相器或鉴宽器。在电子电器中最常用的是鉴幅器。

鉴别器是电子电器电路中必设环节之一,对其主要要求是和前级电路应有较好的配合;提供稳定的门限值,通常还要求门限值可调;有较高的灵敏度,即当被鉴信号达到门限值时,鉴别器仅取用很小的信号电流;输出信号有较好的开关特性和所需的回差。

(6)延时电路

延时电路的作用是延缓电器的动作时间。在电气控制装置或系统中,根据工作原理往往要求控制回路带有延时特性,如以时间原则的自动控制或用于过载的保护等,用以获得延时性的电路称为延时电路。

在一些具有延时特性的电器中,就需要设置延时电路以实现所需的延时。延时时间可以是恒定的,也可以是与被检测量大小有关,前者可构成时间继电器,后者可实现具有反时限保护特性的保护电器。

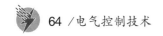

（7）逻辑门电路

逻辑门电路的作用是对电器的动作进行逻辑控制。更确切地说，加设逻辑门电路的目的是给电器的动作附加了条件。如加设与门电路，使电器的动作条件变得严格；加设或门电路，使电器的动作条件变得放宽；而加设非门电路，则使电器原来的动作条件作一次否定。逻辑门电路在数字式电子电器中有大量应用，在非数字式电子电器中也有所应用。

（8）记忆电路

记忆电路的作用是为了使信号具有记忆功能。电器元件按能否自动复位可分为自复式和非自复式两种，对非自复式电器来说，其动作与输入信号几乎同时出现，当输入信号消失后对其所产生的动作具有自保持或记忆功能。由此可见，在非自复式电器的电路中必须加设某种记忆电路。保护用电器常为非自复式；某些控制用电器如非自复式接近开关等也需要加设记忆电路。常用的记忆电路有双稳态触发器和晶闸管电路等。

（9）出口电路

出口电路的作用是功率放大和执行由前级电路发出的命令。出口电路是电子电器中最后一级电路，对其主要要求是必须动作可靠，并且能提供足够大的输出功率和电平；具有良好的开关特性或继电特性等。出口电路的组成形式有两种：一种采用晶体管或晶闸管输出，称为无触点；另一种采用小型继电器输出，称为有触点。

无触点出口电路的优点是动作速度快，不会出现机械故障，缺点是电路较复杂、成本高和抗干扰性能差；有触点出口电路的优点是电路较简单、成本低和抗干扰性能强，但有触点出口电路容量较小，且动作时间长。应当根据实际需要，权衡利弊加以选用。

（10）电源

电源的作用是为电子电路提供稳定的直流供电。一般工厂供电都是交流电，因此需要将交流电变换成直流电。简单方法是采用电源变压器（或直接交流供电），利用二极管将交流电加以整流，再通过电容或电感组成的滤波电路，得到比较平滑的直流电。对用继电器输出的出口电路可以用此供电。但对电子电器中的信号转换电路、放大器和鉴别器等电路，为了保证电子电器的精度和可靠性，还要求提供稳定的直流电源，即直流电压受交流电网电压变化和负载的变动影响必须很小。因此，必须在整流和滤波电路之后加稳压电路，以获得较稳定的直流电。

2.1.4　电子电器的主要技术参数

1. 动作值和释放值

电子电器是在输入量（激励）的作用下，得到某种输出量（响应），以执行某种控制功能的电器元件。以函数式表示如下：

$$y = f(x) \tag{2-1}$$

对应的输入/输出特性又称继电特性，如图 2-4 所示。

当 x 增大时，使其输出量从 y_0 突跳到 y_1 或输出状态由"0"态突跳到"1"态的最小输入量的数值，即为电子电器的动作值 x_B，如图 2-4 所示的 B 点，电子电器的动作值如果是可调的，还应给出动作值的上、下限范围，用户可以通过设在外壳或面板上的调节旋钮，根据所需的动作值自行整定。

反之，当 x 减小时，使其输出量从 y_1 突跳到 y_0 或输出状态由"1"态突跳到"0"态的最大输入量的数值，即为电子电器的释放值 x_A，如图 2-4 所示的 A 点。

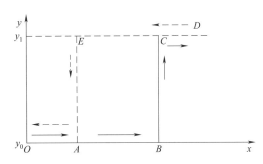

图 2-4　输入/输出特性

2. 回差和返回系数

在图 2-4 所示的输入/输出特性中,实线箭头所示的是电器动作时的途径;虚线箭头所示的是电器释放时的途径。对应 A 点是电器的释放值,B 点是电器的动作值。由于动作值大于释放值,在特性曲线中出现了 $A-B-C-E-A$ 滞环,滞环的宽度 AB 就称为电器的回差,即

$$回差 = 动作值 - 释放值 = OB - OA \tag{2-2}$$

电器的释放值与动作值之比称为电器的返回系数 K_r,即

$$K_r = \frac{释放值}{动作值} = \frac{OA}{OB} \tag{2-3}$$

可见,电器的回差不可能小于零,K_r 则不可能大于 1;回差越小,则 K_r 越接近于 1。不同用途类别电器 K_r 值的要求也不同,保护类电器 K_r 要求较小,甚至要求不自复;控制类电器 K_r 则要求接近于 1。

3. 动作误差

电子电器的动作误差分为单项误差和综合误差两类。其中,单项误差又分为重复误差、电压误差和温度误差三种。

(1)重复误差

重复误差是指在常温和额定电压下,试验五次时的动作误差。

(2)电压误差

电压误差是由于电源电压变动而引起的动作误差;指在常温下,以 85%、100% 及 105% 额定电压时,各试验五次时的动作误差。

(3)温度误差

温度误差是由于温度变化而引起的动作误差;指在额定电压下,以常温、上极限温度和下极限温度三种情况时,各试验五次时的动作误差。

(4)综合误差

综合误差是指除电源电压在其极限范围内变动外(如电源电压规定偏差范围为 ±10%),同时环境温度也在其极限范围内变化时(如环境温度规定在 ±40 ℃)使电器可能产生的最大动作误差。

多数电器采用误差的相对值,而一些检测电器则采用误差的绝对值来表示其动作误差,即其重复精度。如接近开关的上述单项误差是规定在 10 次试验中,取最大动作值与最小动作值之差为其动作误差。

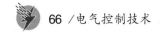

4. 输出电压

电子电器的电压输出有"1"输出(高电平输出)和"0"输出(低电平输出)两种状态。输出电压指标是指高电平输出时,输出电压的最低允许值;低电平输出时,输出电压的最高允许值。

5. 最大输出电流

最大输出电流实际就是指电子电器带负载的能力。所带负载一般有两种情况,凡是负载电流流进出口电路的称为灌流负载;负载电流从出口电路流出的称为拉流负载。所谓带负载能力是指出口电路正常工作条件下,"0"输出电压不高于规定值时的最大允许灌电流;或"1"输出电压不低于规定值时的最大允许拉电流。

如果是采用继电器作出口电路,则带负载的能力就由所用继电器的触点容量来决定。

6. 频率响应

频率响应即反映了电子电器的操作频率。从输入量作用于电子电器的感辨机构到电子电器的出口电路输出端做出应有的状态反应所需的时间称为电子电器的动作时间。如输入量按某一频率重复作用于电子电器且频率过高时,电器则来不及做出反应。表现在出口电路输出端的输出电平不能在"0"与"1"之间正常地转换;如采用继电器触点作输出端,则来不及执行正常通断,甚至根本不能动作而"静止"下来,失去了控制作用。因此,把电器的输出状态能正常地跟随输入量转换的最高频率称为电器的频率响应。

7. 电源电压

电源电压是指电子电器工作时需要的电源电压。除了给出电子电器所需的电源电压之外,还给出电压的允许变动范围,在此范围内保证电器以规定的精度可靠地工作。

8. 环境温度

电子电器中的半导体器件和某些电子元件受环境温度的影响很大。要保证电子电器能正常工作,在设计或使用时必须特别注意其使用环境温度的要求。一般产品为满足不同的使用环境,将产品设计为不同的温度范围,有偏于高温的,也有偏于低温的,以适应于不同环境温度。

9. 其他

除上述技术参数之外,还有海拔、耐燃性能、外壳防护性能、防爆等级、绝缘性能、抗干扰性能等,这里不再一一详述。

2.1.5 电子电器的抗干扰

抗干扰是对电子电器的基本要求之一,其目的也是为提高电子电器工作的可靠性。由于电子电器是以半导体器件为主体的电子电路所构成的电器单元,与电磁式电器相比较,其具有灵敏度高等优点。但同样对干扰的感受也呈高灵敏度,因而很容易受外来干扰信号的影响,使电子电器产生误动作。当然,只要掌握干扰的特点和规律,采取相应的合理措施,电子电器的抗干扰能力及可靠性是完全可以提高的。电子电器的干扰来自各个方面,有电气干扰、环境温度变化以及气压、振动等等,其中电气干扰是各类干扰因素中的主要因素。

可以将"电气干扰"明确地分为几个部分:干扰源、传播途径、电子电器、抗干扰措施。电气干扰的本质并不复杂,但它无所不在、形式各异、随机性很强;而且由于长期缺乏对这方面的研究和系统的学习,要确切加以分析比较困难。在实际使用中,只能根据电子电器的工作环境,估计可能出现的干扰,采取一些相应措施。下面仅简述几种常见的电气干扰及相应抗干扰措施。

1. 干扰源

（1）放电干扰源

由各种放电现象所引起电磁波的发射称为放电干扰源。在放电现象中属于持续放电的有电晕放电、辉光放电、弧光放电；属于过渡放电的有火花放电。火花放电干扰占据放电干扰的大部分，如各种整流子旋转电动机、电焊机、电力机车；开关的合闸与分断、触点接触不良产生的火花放电以及天电。天电是在大气层中由于自然现象引起的火花放电所产生的干扰源，并以雷电为其典型代表。

放电干扰源的特点是干扰信号的频率较高，且电压幅度很大。

（2）工频及其谐波干扰

大功率输电线是工业频率的干扰源。当强大的电流流过导线时，在其周围空间产生磁场并干扰电子设备；另外，在电子设备内部，由于工频感应（如电源变压器的漏磁等）也会直接干扰电子设备。

（3）工作信号互为干扰源

在电子设备中，各种工作信号往往具有比较宽的频谱范围。当电子设备内部有两种以上信号同时工作时，由于感应，载流导线以及各元件之间均可能互相干扰而影响电子设备的正常工作。特别是脉冲电压，由于含有丰富的高频分量，影响就更大。

2. 干扰波的传播途径

由于干扰源的形式是多样的，故传播的途径也有所不同，它有下述几种传播途径：

（1）静电耦合

对电子电器来说，在其传输线之间，即便是电子元器件的引脚之间等皆存在着无形的分布电容，干扰信号也可以通过分布电容在被感应的线路上形成干扰电压，干扰电子电器的正常工作。

（2）电磁耦合

对电子电器来说，特别是小信号的输入接线，在靠近电流变化率很大的载流导体时，会产生明显的电磁干扰。

（3）共阻抗耦合

共阻抗干扰的产生条件是至少存在两个互相耦合的电流回路，其电流全部或部分地在公共阻抗流过。对电子电器来说，电路的各个环节之间常用公共导线相连接（如接地线等）；或者有几个电子电器由同一个交流电源供电时，如电子电器 A 产生的信号电流流过公共电源的阻抗，而被变换成对其他电子电器的干扰电压，并通过电源线传输到其他电子电器 B、C。在印制电路板中，接地线及电源引线上存在电阻和电感，如一段 10 cm 长的导线，其电感量约为 0.1 μH，当有高频电流流过时将产生一定的电压降，这一电压降耦合到其他电路上就形成了共阻干扰。

（4）漏电耦合

由于相邻电气部分之间的绝缘电阻因受潮、污染或其他因素影响而降低，形成漏电阻。如干扰源和干扰对象之间因绝缘电阻下降，干扰就会通过漏电阻构成传播途径，对干扰对象产生影响。对电子电器来说，如印制电路板受潮等因素影响，使导体之间的绝缘电阻降低而形成漏电阻，干扰就会通过漏电阻耦合到信号线上而造成干扰。

3. 干扰信号的抑制

为了提高电子电器的可靠性，必须采取抗干扰措施。从干扰信号的产生和传播途径，可以

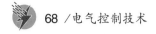

采取下述一些措施：

（1）抑制干扰源

为了将电场或磁场的影响限定在某个范围内或在某个给定的空间内防止外部的静电感应或电磁感应的影响，采取铜或铝等低电阻材料制成的罩或用磁性材料制成的罩，将所需隔离的部分全部罩隔起来。这种用于防止静电感应或电磁感应所采取的方法称为屏蔽。在电子电器中要求屏蔽的地方很多，如电源变压器的屏蔽、检测信号输入线的屏蔽、执行信号输出线的屏蔽、电子电器整体外壳的屏蔽等。

例如，电源变压器的屏蔽。为了抑制干扰信号从电源侵入电子电器，在电源变压器中加屏蔽层，是十分有效的办法。对于特别灵敏和快速动作的电子电器，可以采用双屏蔽层，第一屏蔽层接地，第二屏蔽层接电子电器的零电位。

为了进一步抑制干扰信号的侵入，在电源进线端可设置低通滤波器，以滤去由电网侵入的干扰信号。

电源的输出阻抗和传输线阻抗是构成共阻抗干扰的主要原因。抑制共阻抗干扰的主要措施是减小电源的输出阻抗和采用去耦电路。减小电源的输出阻抗可采用加大滤波电容器容量，同时在电子电器电源线的各部分分别与中性线之间跨接高频特性好的瓷介电容器。为减小电源输出阻抗上所产生的干扰电压的影响，可在电路的电源端接上电阻器或电感器和电容器组成RC 或 LC 的 Π 形去耦电路。

在电子电器中，如采用继电器作出口电路，当继电器电感线圈断电时，会在电感线圈上产生很大的感应电动势。此感应电动势不仅形成干扰源，还有可能使出口电路的晶体管被击穿。为此可在直流电路中电感线圈两端反向并联二极管起续流作用；或电阻器和电容器串联后再并联在电感线圈两端起吸收作用，从而达到抑制此种干扰的目的。在控制系统中，由于交直流电源线、继电器、接触器、电磁铁等的控制线都可能成为干扰源，以及电子电器的输入、输出回路往往比较长，较易受到外界的干扰。为避免外界干扰的影响，往往采用双绞线或同轴电缆作为信号传输线，同时要注意长信号传输线的匹配，防止信号波的反射造成干扰。

（2）阻断干扰途径

为了有效地防止干扰信号从输入、输出引线窜入电子电器，电子电器与强电系统、操作开关、现场检测信号等均应进行隔离。

继电器隔离是利用电气-机械原理的隔离方法。因继电器是惰性元件，其线圈必须接受一定的功率并经过一定的时间才能动作，用它可以使易受干扰的信号输入回路得到强化和纯化，同时还能起到电子电器内的弱电与被控强电回路有效隔离，避免二者之间的直接联系，从而阻断干扰途径。

光电耦合转换电路是一种利用光电原理的隔离方法，主要由光耦合器组成。当光耦合器的输入端输入电信号时，二极管导通发光使光电晶体管受光而导通，再从输出端输出电信号，实现了输入与输出电路的隔离。

低通滤波器和积分电路里的干扰信号一般呈脉冲状且脉冲的宽度窄、幅度大。因此可利用电容的储能作用将宽度窄的干扰信号和宽度大的有用信号分开，以保证有用信号的正常传输。信号输入端使用低通滤波器和积分电路都是很有效的，当脉冲电压通过低通滤波器和积分电路时，脉冲宽度窄的信号输出小，脉冲宽度大的信号输出大，最终干扰脉冲被抑制。

由于使用低通滤波器和积分电路使有用信号延时一定的时间，所以这种抗干扰方法适用于工作速度不很高的电子电路。

上述是一些常用的抗干扰措施,当然还有其他的措施,如适当降低电子电器的灵敏度;在使用集成电路时,集成电路的空引脚处理等等。电子电器常要受到多方面的干扰,因此应当针对每一种情况分别采取有效的措施,应当考虑到在现场使用时所可能遇到的最坏情况,当然也要避免过多的抗干扰措施使电路复杂化,反而降低其可靠性。

⚡2.2　电子式时间继电器

2.2.1　电子式时间继电器的特点与分类

电子式时间继电器和传统的时间继电器一样是自动化技术中的重要元件之一,也用于电力传动、自动顺序控制以及各种生产过程的自动控制等系统中起时间控制作用。它具有延时范围广、精度高、体积小、耐冲击、耐振动、控制功率小、调节方便、寿命长等许多优点。所以发展很快,使用也日益广泛。

电子式时间继电器的品种规格较多,构成原理各异。按构成原理分类,可分为阻容式和数字式两类;按延时的方式分类,可分为通电延时型、断电延时型、带瞬动触点的通电延时型等。

2.2.2　阻容式晶体管时间继电器

1. 基本工作原理

阻容式晶体管时间继电器是利用电的阻尼,即电容对电压变化的阻尼作用作为延时的基础。图 2-5 所示为阻容式晶体管时间继电器的原理框图。

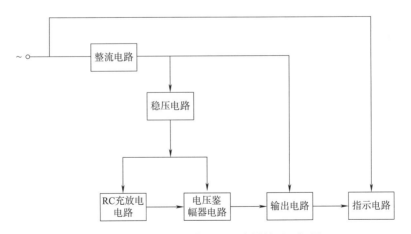

图 2-5　阻容式晶体管时间继电器的原理框图

根据电压鉴幅器电路的不同,阻容式晶体管延时继电器大致可以分为三类:一类是采用单结晶体管的延时继电器;另一类是采用不对称双稳态电路的延时继电器;还有一类是采用 MOS 型场效应晶体管的延时继电器。下面以具有代表性的 JS20 系列阻容式晶体管时间继电器为例,介绍其结构与工作原理。

2. JS20 系列阻容式晶体管时间继电器的结构

JS20 系列阻容式晶体管时间继电器采用插座式结构,所有元器件都装在印制电路板上,然后用螺钉将其与插座紧固,再装入塑料罩壳固定,组成本体部分。在罩壳顶面装有铭牌、整定电位器旋钮和指示灯。铭牌上有该时间继电器最大延时时间的十等分刻度。使用时旋转旋钮即可调整延时时间,当延时动作后指示灯亮。外接式的整定电位器不装在继电器的本体内,而用导线引接到所需的控制板上。

3. JS20 单结晶体管时间继电器

JS20 单结晶体管时间继电器的电路由延时环节、鉴幅器、出口电路、指示灯和电源等组成。图 2-6 所示为 JS20 单结晶体管时间继电器的电路原理图,图 2-7 为其原理框图。电源的稳压环节由电阻 R_1 和稳压管 V_3 组成,只给延时环节和鉴幅器供电,出口电路中的 V_4 和 K 则由整流电源直接供电。电容器 C_2 的充电回路有两条:一条是通过主充电电路的电阻 $RP_1 + R_2$;另一条是通过由低电阻值电阻 RP_2、R_4、R_5 组成的分压器经二极管 V_2 向电容器 C_2 提供的预充电电路。

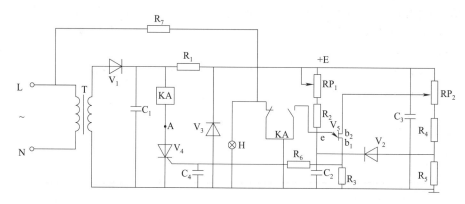

图 2-6 JS20 单结晶体管时间继电器的电路原理图

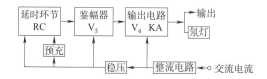

图 2-7 JS20 单结晶体管时间继电器的电路原理框图

JS20 单结晶体管时间继电器电路工作原理如下:当接通电源后(L 接相线,N 接中性线),交流电由变压器 T 变压,由二极管 V_1 整流,经电容器 C_1 滤波平滑以及经稳压管 V_3 稳压后给电路提供直流电压。通过 RP_2、R_4、V_2 预充电电路向电容器 C_2 以极小的时间常数快速预充电。预充电的幅度是一个高于电容器 C_2 上残存电压 U_{Co} 的较低值为 U_o,其值取决于 RP_2、R_4、R_5 的分压值。预充电的作用是使主充电电路每次都能从一个较低的恒定电压 U_o 开始,以消除电容器 C_2 上无规律的残存电压引起的延时误差;与此同时,通过主充电电路 RP_1、R_2 也向电容器 C_2 充电,但其充电时间常数要比预充电电路充电时间常数大很多,RP_1 是可变电阻,调节其大小,即改变了延时时间。电容器 C_2 上的电压 U_C 在预充电压 U_o 的基础上按指数规律逐渐上升。当此电压大于单结晶体管 V_5 的发射极峰点电压 U_p 时,单结晶体管 V_5 导通,输出脉冲电压提供给晶闸管 V_4 控制极一个触发脉冲,使晶闸管 V_4 导通。使执行继电器 KA 线圈通电,衔铁吸合,其触点将接通或分断外电路,执行延时控制。在电路中,利用其一对并联在氖灯 H 两端的常闭触点断开,使氖灯 H 起辉,以指示延时已动作,同时其另一对常开触点闭合;将 C_2 短接,使之迅速放电,为下一次工作做好准备,同时使 C_2 不再充电,V_5 也停止了工作,因而也提高了 C_2 和 V_5 的使用寿命。当切断电源时,继电器 KA 线圈断电,衔铁释放,触点复位,电路恢复原来状态,等待下次工作。

4. JS20 场效应晶体管时间继电器

JS20 场效应晶体管时间继电器的电路原理图如图 2-8 所示。通电延时型,整个电路中也由延时环节、鉴幅器、出口电路、电源和指示灯等五部分组成。电源的稳压环节由 R_1 和稳压管 V_5 组成,只给延时环节和鉴幅器供电;出口电路中的 K 和 V_8 则由整流电源直接供电,电路中的鉴幅器由 R_3、R_4、R_5、RP_1 和 V_6 组成,V_6 为 3DJ6 N 沟道结型场效应晶体管,场效应晶体管是一种电压控制的器件,它具有极高的输入阻抗,导通时从控制端输入的电流几乎可以忽略。因此允许采用很大的充电电阻 R,一方面可以直接加大延时时间;另一方面又可以在同样的延时下大大减小电容器 C 的容量。采用场效应晶体管的时间继电器,充电电阻 R 可用到数十兆欧以上,但是不可能制造这样大阻值的电阻器。所以实际延时环节由 R_{10}、RP_1、R_2 和 C_2 组成,其中 R_{10} 由九个兆欧级固定电阻串联而成,延时范围通过波段开关加以选择。

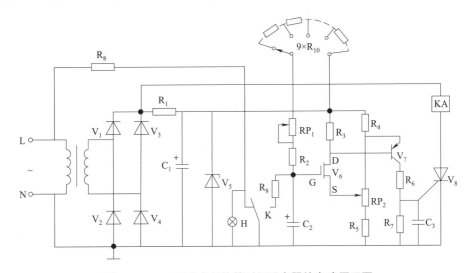

图 2-8　JS20 场效应晶体管时间继电器的电路原理图

JS20 带瞬动触点的时间继电器的电路工作原理与 JS20 场效应晶体管时间继电器基本相似,只是增加了一个瞬时动作的继电器 K_2,为了使本时间继电器的体积不增大,故在电路中采用电阻降压法取代原来的电源变压器降压。

传统的时间继电器有些虽然能很方便地构成断电延时型时间继电器,如气囊式时间继电器,但延时时间短,精度也差;有些还不能构成断电延时型时间继电器,如电动机式时间继电器。至于采用 RC 电气阻尼原理的时间继电器,虽然可以构成断电延时型时间继电器,但一般只能有数秒的延时;而采用场效应晶体管的断电延时型时间继电器能有数分钟的延时。

5. JS20 系列时间继电器的主要参数和主要技术数据

(1)JS20 系列时间继电器的主要参数

JS20 系列时间继电器的主要参数见表 2-1。

表 2-1　JS20 系列时间继电器的主要参数

类　型	额定工作电压/V		延时等级/s
	交流	直流	
通电延时型继电器	36,10,127,220,380	24	1,10,30,60,120,180,240,300,600,900
瞬动延时型继电器	36,10,127,220	48	1,5,10,30,60,120,180,240,300,600
断电延时型继电器	36,10,127,220,380	110	1,5,10,30,60,120,180

（2）JS20 系列时间继电器的主要技术数据

①延时范围。每种延时等级的最大延时值应大于其标称延时值,但小于标称延时值的110%;最小延时值应小于该等级标称延时值的10%。如一个 180 s 的时间继电器,它的最大延时时间,即将调节电位器旋至最大值,不应小于180 s,但也不应大于198 s;其最小延时时间,即将调节电位器旋至零,不应大于18 s。

②延时重复误差范围为 ±3%。

③当电源电压在额定电压的 85% ~ 105% 范围内变动时,延时误差范围为 ±5%。

④当周围空气温度在 10 ~ 50 ℃ 范围内变化时,其延时误差范围为 ±10%。

⑤当继电器动作 12 万次后,其延时的精度稳定误差范围为 ±10%。

⑥通电延时型继电器的重复动作时间间隙不小于 2 s。

⑦断电延时型继电器的最小通电时间应不小于 2 s。

6. 常见故障及处理

（1）JS20 系列时间继电器的常见故障及原因

①不延时。造成不延时的主要原因有:延时环节的钽电容器严重漏电;或鉴幅器电路中单结晶体管、场效应晶体管也可能是其他晶体管损坏;或出口电路中晶闸管或继电器等损坏。

②只有短延时而无长延时。造成此故障的主要原因是延时环节的钽电容器漏电流大等。

③只有长延时而无短延时。造成此故障的主要原因是延时环节的电阻器阻值过大等。

④实际延时值比标称值长或短。造成此故障的主要原因是延时环节的钽电容器的电容值或电阻器的电阻值的实际值比标称值大或小;鉴幅器电路中单结晶体管的分压比 η 值偏大或偏小等。

⑤延时不稳定。造成延时不稳定的主要原因有稳压管损坏;或延时环节的钽电容器的电容值不稳定、电位器的接触不良;或单结晶体管的分压比 η 值不稳定等。

（2）处理方法

根据故障现象,对照各部分电路的作用,经认真分析,逻辑推断,就能得知哪一部分工作是正常的,哪一部分工作不正常,从而确定故障范围或故障元件。一经查实,只需更换同一型号和规格的元器件即可。

2.2.3　数字式时间继电器

阻容式晶体管时间继电器的延时原理,使它具有许多自身难以克服的不足之处,如延时时间不可能太长;延时精度易受电压、温度的影响,造成其延时精度较低,延时过程的时间变化不能显示等。随着半导体集成电路技术的高速发展和应用领域的渗透,为解决这一矛盾,带来了新思路,引发了对延时原理的革新,出现了数字式时间继电器。数字式时间继电器延时的基本原理就是采用对标准频率脉冲进行分频和计数的延时环节来取代 RC 充、放电的延时环节,从而使时间继电器的各种性能指标得以大幅度地提高。

数字式时间继电器是从二十世纪七十年代初开始发展起来的,目前最先进的数字式时间继电器中应用了微处理器,使其除了具有延时长、精度高、延时过程有数字显示外,还具有其他许多功能,如延时方法可以选择多达 11 种,包括延时闭合、延时断开、间隔计时、通电循环延时、通电延时闭合,再延时断开等,再如状态指示,其除了可显示延时过程,还可指示无激励、延时和响应三种状态等。下面仅就数字式时间继电器基本电路组成和主要电路的工作原理进行简单分析。

1. 数字式时间继电器的电路组成

数字式时间继电器的电路组成如图 2-9 所示,其基本工作原理为:首先整定所需的延时时间,再接通电源,电源指示灯点亮,指示继电器处于受激励状态;交流电源经整流稳压后给各级电路提供一个稳定的工作电源;同时开机清零电路将时基分频器和所有计数器全部清零,于是标准时基电路输出标准频率的脉冲给时基分频器,由时基分频器再分出一系列标准的倍率时基的脉冲,如周期为 0.1 s、1 s、10 s 等脉冲,按实际延时要求,通过时基转换开关,将其中一个时基脉冲送到计数器进行计数,如果计数器的输出带有数字显示器,还可以显示延时过程中每一瞬间的剩余时间;当所计脉冲数与延时时间的整定数相符合时,符合电路输出信号给输出放大器再驱动执行机构动作,同时也驱动状态指示灯点亮以指示延时动作的结束。

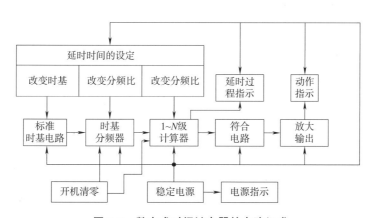

图 2-9　数字式时间继电器的电路组成

各主要电路的作用如下:

(1)延时时间的设定

数字式时间继电器的延时时间 t,取决于分频比 n 和标准时基脉冲的周期 T,即

$$t = nT \tag{2-4}$$

当改变 n 或 T,就可达到对延时时间 t 的整定。由图 2-9 和式(2-4)可知,延时时间的整定方法有很多,但较为普遍的是通过改变标准时基脉冲的周期,经时基分频器产生各种倍率周期的时基脉冲,再通过转换开关来选择所需的时基脉冲,以达到延时时间的整定值。这种方法称

为电位器调节模拟整定加时基转换开关的整定方法,用于 RC 振荡数字式时间继电器。

(2)自动清零和快速清零

为了保证延时的准确性,要求开机后的瞬间各计数器都处于"0"状态,就要求设置自动清零电路。许多新型数字式时间继电器都设有快速清零电路,以保证时间继电器在短延时情况下有较高的精度。在快速清零电路断开时,计数器清零,全都被置在"0"状态;当快速清零电路闭合时,计数器立即开始计数,时间继电器投入工作。

(3)标准时基电路和时基分频器

标准时基电路的作用是产生某一固定频率的脉冲,提供给数字式时间继电器作为标准时基,其电路的稳定性,直接影响到延时精度。其脉冲频率越高,相对误差越小。时基分频器的用途是将标准时基电路产生某一固定频率的脉冲分频成各种所需倍率的时基脉冲,再根据整定要求通过转换开关来选用。

(4)计数器

计数器的作用就是统计标准时基脉冲的个数,作为时间继电器的延时时间。数字式时间继电器多采用十进制计数器。由于计数器的分频比一旦整定,就不会因电压、温度等的变化而变化,所以数字式时间继电器的精度只与标准时基电路的精度有关。这为提高整机精度带来了方便。

(5)动作指示和延时过程指示

数字式时间继电器大多带有 LED,即发光二极管状态指示灯,其具有微功耗,寿命长,颜色多样,易被集成电路直接驱动等优点,用于指示无激励、延时和响应三种状态。有些还带有液晶显示器进行延时过程显示,可显示延时每一瞬间的剩余时间值,给使用带来了方便。

2. 数字式时间继电器的工作原理

目前,国内外数字式时间继电器按标准时基电路构成原理的不同可分为三种类型,即电源分频型、RC 振荡型、晶体振荡分频型。

(1)电源分频型数字式时间继电器

电源分频型数字式时间继电器的标准时基电路是利用交流市电的 50 Hz 频率的电压,经降压、半波整流和波形整形后得到一列周期为 0.02 s 的脉冲,作为标准时基脉冲。再经时基分频器产生 0.1 s、1 s、10 s 的标准时基脉冲,供实际使用选用。

(2)RC 振荡型数字式时间继电器

RC 振荡型数字式时间继电器是以 RC 振荡器产生的振荡信号作时基信号。其延时时间范围宽,典型产品的延时动作整定值可从 0.1 s 至几十小时。从理论上来讲,这种类型的时间继电器,只要增加计数器的位数,其长延时的上限是无限的。其特点是电路结构新颖,延时精度高,重复误差小,无触点输出,可靠性高,适用电压范围广,同一种电路经接点切换,可获得四种不同的延时范围,延时调节方便,适用范围广泛。

(3)晶体振荡分频型数字式时间继电器

晶体振荡分频型数字式时间继电器与电源分频型数字式时间继电器相比较,二者的最大区别是标准时基信号的获取不同,前者是由石英晶体所组成的振荡器产生高频振荡信号经分频电路分频,而获得一个或数个标准的时基信号。由于晶体振荡器选择的振荡频率较高,且其本身的频率稳定度又很高,因此由其所组成的时间继电器具有很高的延时精度和整定精度。

2.3 无触点开关

无触点开关是一种非接触式检测或控制装置。它的种类较多,这里主要介绍接近开关、光电开关和晶闸管开关的结构、分类和工作原理,同时对一种新颖的无触点开关——固体继电器进行简单介绍。

2.3.1 接近开关

1. 接近开关的用途与分类

接近开关又称无触点行程开关。其功能是当有某种物体与之接近到一定距离时就发出"动作"信号,而不像机械式行程开关那样需要施加机械力。接近开关是通过其感辨头与被测物体间介质能量的变化来取得信号的。

与有触点的行程开关相比,接近开关的优点是动作可靠,反应速度快,灵敏度高,没有机械噪声和机械损耗,功耗小,能在恶劣环境条件下工作,寿命长,应用范围广。它不但有行程开关控制方式,还可用于计数、测速、零件尺寸的检查,金属与非金属的检测,无触点按钮,液面控制等电与非电量的自动检测系统中,还可与微机、逻辑元件配合使用,组成无触点控制系统。

接近开关的种类很多,按其感测机构工作原理不同,可分为以下几种类型:①高频振荡型;②电容型;③电磁感应型(包括差动变压器型);④永磁及磁敏元件型;⑤光电型;⑥舌簧型;⑦超声波型。不同类型的接近开关其检测的对象也有所不同。对光电型接近开关,主要用于不透光的物质;而超声波型接近开关,主要用于检测不透过超声波的物质。

2. 接近开关的电路组成

接近开关有很多种类,但各种电路的结构均可归纳为由振荡器、检波器、鉴幅器、输出电路等组成,其电路框图如图 2-10 所示。

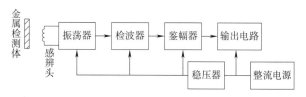

图 2-10 接近开关电路框图

3. 常用接近信号发生机构

接近信号发生机构是接近开关的重要组成部分,不同工作原理的接近开关有不同的接近信号发生机构,现仅介绍当前应用较多的信号发生机构。

(1)高频振荡型接近信号发生机构

高频振荡型接近信号发生机构实际就是一个 LC 振荡器,其中 L 是电感式感辨头。当金属检测体与感辨头接近时,在金属检测体中产生涡流效应,此涡流产生的去磁作用使感辨头的等效参数发生变化,从而改变振荡回路的谐振阻抗和谐振频率,驱动后级电路"动作"。

高频振荡型接近开关的感辨头可有多种类型,其设计的原则是使漏磁通最少。通用型可按实际情况设计或选用其他专用型感辨头。各类型的感辨头,如果加一层合适的磁屏蔽,都会对提高开关的动作距离或改善振荡器的瞬动特性有利。

（2）电磁感应型接近信号发生机构

电磁感应型接近信号发生机构是应用电磁感应原理获得接近信号的,它基本上可以分成两种形式:直流磁场(或永磁磁场)式和交变磁场感应式。前者以磁场源与感应线圈的相对运动为条件,因此只能检测运动的金属体;后者则对静止和运动的金属体均可检测,但对金属体运动速度有所限制。目前应用较多的电磁感应型接近信号发生机构是交变磁场感应式。

此外,晶体管停振型接近开关、CMOS 停振型接近开关、差动变压器型接近开关、电容型接近开关都是后来出现的接近开关。

4. 常用接近开关的主要参数和主要技术数据

这里仅介绍接近开关所特有的主要技术参数:

（1）动作距离

对于不同的接近开关,动作距离的含义不同。大多数接近开关是以开关刚好动作时感辨头与检测体之间的距离作为动作距离。以能量束为原理(光和超声波)的接近开关则是以发送器与接收器之间的距离作为动作距离。在接近开关产品说明书中,一般将动作距离规定为它的标称值。在常温和额定电压下,开关的实际动作值不应小于其标称值,但也不应大于其标称值的20%。

（2）重复精度

重复精度是指在常温和额定电压下连续进行 10 次试验,取其中最大或最小值与 10 次试验的平均值之差作为开关的重复精度。

（3）操作频率

操作频率是指接近开关每秒最高操作数。操作频率与接近开关信号发生机构的原理和出口元件的种类有关。采用无触点输出形式的接近开关,其操作频率主要决定于信号发生机构及电路中的其他储能元件;若为有触点输出形式的接近开关,其操作频率则主要决定于所用继电器的操作频率。

（4）复位行程

复位行程是指开关从"动作"到"复位"所位移的距离。

5. 选用、安装和维修的原则

接近开关的种类和型号很多,目前市场上常见的国产接近开关主要有 LJ 系列、JK 系列和E2 系列。使用时应根据检测体的材料、尺寸、动作距离、检测精度、使用环境等方面进行综合考虑,同时还应注意合理的性能价格比。

影响接近开关的动作距离、误差的因素很多,主要有电源电压、电磁干扰、振荡器的反馈深度、感辨头的尺寸、检测体的尺寸、环境温度及检测体的运动方向等。故在安装使用时,应注意使感辨头远离电磁场和周围其他的金属体,感辨头与检测体的距离、运动方向的调整等,使之达到最佳的检测效果。

接近开关的电路比较简单,维修起来较为容易。常见的故障有开关不动作或开关误动作等。

2.3.2 光电开关

光电开关又称无接触检测和控制开关。它是利用物质对光源的遮蔽、吸收或反射等作用,对物体的位置、形状、标志、符号等进行检测。

光电开关是一种新型的控制开关,二十世纪八十年代初期,我国开始设计和制造光电继电器。它采用白炽灯作投光光源,体积大,寿命短,抗干扰能力差,耐冲击和振动差,功耗大。随着我国半导体技术迅猛发展,用红外发光二极管取代了白炽灯作为发光光源,并采用集成电路,且光电头与放大管内装一体化,使光电开关的性能提高,体积减小,寿命延长。光电开关作为高精度的传感器产品,日益朝着精密化、智能化、网络化的方向发展,并被广泛应用于物位检测、液位控制、产品计数、宽度判别、速度检测、定长剪切、孔洞识别、信号延时、自动门传感、色标检出、冲床和剪切机以及安全防护等诸多领域。国产光电开关的型号有 GKF 系列、JG 系列、QE 系列、GKG 系列。

1. 光电开关的用途与分类

由于光电开关能实现非接触、无损伤检测,同时具有体积小,功能多,寿命长,功耗低,精度高,响应速度快,检测距离远和抗光、电、磁干扰能力强等优点,故广泛应用于微机控制系统和各种生产设备中作为物体检测、液位检测、尺寸控制、信号延时、色斑与标记识别、自动门、人体接近开关和防盗报警等,成为自动控制系统和各生产线中不可缺少的重要元件。

光电开关的种类很多,按其检测方式的不同,大致可分为对射式和反射式两种。对射式又有扩散型、狭视角型、细束型等多种形式。对射式和反射式如图 2-11 所示。

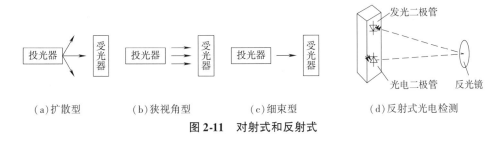

(a)扩散型　　　　(b)狭视角型　　　　(c)细束型　　　　(d)反射式光电检测

图 2-11　对射式和反射式

光电开关也有的利用光导纤维组成投光器和受光器。它也具有对射式和反射式,利用它可以检测微小物体。它的优点是抗光、磁、电等干扰性能好。

在光电开关中,最主要的是光电器件,它是把光信号转换成电信号的传感元件。光电器件主要有光敏电阻、光电池、光电晶体管和光耦合器等,它们构成了光电开关的传感系统。由于它们各自的结构不同,因而其作用也不同。

2. 光电器件

光电器件的理论基础是光电效应。光可以认为由一定能量粒子(光子)所构成,每个光子具有的能量 $E = h\nu$ 正比于光的频率 ν(h 为普朗克常数)。用光照射某一物体,可以看作物体受到一连串能量为 $h\nu$ 的光子所轰击,而光电效应就是该物体吸收到光子能量的结果。光电效应通常分为三类:

①在光线作用下,能使电子逸出物体表面的现象称为外光电效应。基于外光电效应的光电器件有光电管、光电倍增管等。

②在光线作用下,能使物体的电阻率改变的现象称为内光电效应。基于内光电效应的光电器件有光敏电阻、光电晶体管等。

③在光线作用下,物体产生一定方向电动势的现象称为光生伏特效应。基于光生伏特效应的光电器件有光电池等。

（1）光敏电阻

光敏电阻工作原理基于内光电效应。在半导体光敏材料两端装上电极引线，将其封装在带有透明窗的管壳里即可，如图 2-12（a）所示。

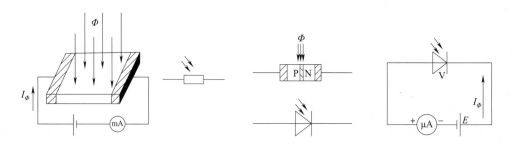

（a）光敏电阻结构及图形符号　　（b）光电二极管结构及图形符号　　（c）光电二极管基本应用电路

图 2-12　光电器件

构成光敏电阻的材料有金属硫化物、硒化物、碲化物等半导体。半导体导电能力完全取决于半导体内载流子数目的多少。当光敏电阻受到光照时，若光子能量大于该半导体材料的禁带宽度，则价带中的电子吸收一个光子能量后跃迁到导带，产生电子-空穴对，使电阻率变小。光照越强，阻值越低。入射光消失，电子-空穴对逐渐复合，电阻也渐渐恢复原值。

（2）光电晶体管

光电二极管、光敏三极管、光电晶闸管统称光电晶体管，其工作原理基于内光电效应。光敏三极管的灵敏度比光电二极管高，但频率性较差。光电晶体管主要用于光控开关电路。

光电二极管的结构与一般的二极管不同之处在于它的 PN 结装在透明管壳的顶部，可以直接受到光的照射。图 2-12（b）是其结构示意图。它在电路中处于反偏状态，其基本应用电路如图 2-12（c）所示。

在没有光照时，由于反向偏置，所以反向电流很小，这时的电流称为暗电流。当光照射在二极管 PN 结上时，在 PN 结附近产生电子-空穴对，并越过 PN 结产生光电流。光的照度越大，光电流越大。故光电二极管不受光照时处于截止状态，受光照时处于导通状态。光敏三极管有两个 PN 结，从而可以获得电流增益。

（3）光耦合器

光耦合器是由一个发光二极管和一个光敏元件同时封装在一个金属或塑料壳中，并各引两根或三根引线，如图 2-13 所示。

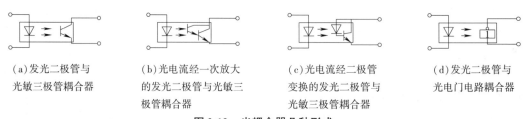

（a）发光二极管与　　（b）光电流经一次放大　　（c）光电流经二极管　　（d）发光二极管与
光敏三极管耦合器　　　的发光二极管与光敏三　　变换的发光二极管与　　光电门电路耦合器
　　　　　　　　　　　极管耦合器　　　　　　光敏三极管耦合器

图 2-13　光耦合器几种形式

3. 光电开关

图 2-14 是某光电开关电路原理图。当无光照射时，光电二极管 V_1 截止，电阻很大，故反相

器 CC40106 输入高电平,输出低电平,三极管 V_2 截止,开关不动作。当有光照射时,V_1 导通,反相器输入低电平,输出高电平,使 V_2 饱和导通,开关动作。图 2-14 中,二极管 V_3 起续流作用。

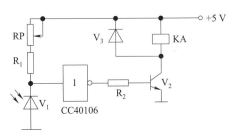

图 2-14　某光电开关电路原理图

光电开关的特点是小型、高速、非接触。用光电开关检测物体时,大部分只需其输出信号有高、低电平(1、0)之分即可。

2.3.3　晶闸管开关

1. 晶闸管开关的用途与分类

晶闸管曾称可控硅,是一种大功率半导体器件,它不仅用于电力变换与控制,而且可以作为开关元件进行无弧通断。给晶闸管控制极加上触发信号,晶闸管就导通;停止给予触发信号,电流小于维持电流时,晶闸管就自行关断。

晶闸管开关具有耐高压、容量大、动作快、寿命长、控制灵敏、无电弧、无噪声等一系列优点,特别适用于频繁操作和防爆、腐蚀性气体的场合。它的缺点是过载能力低、抗干扰性能差、控制电路比较复杂和功耗大(导通时有约 1 V 的管压降),并且关断时还残存一定的漏电流,因而它不能实现理想的电气隔离。

晶闸管开关按电路中的电源种类不同可分为直流开关和交流开关;按所实现功能的不同可分为晶闸管接触器(门极控制角始终是 $\alpha = 0°$)、相控晶闸管开关($\alpha \neq 0°$)和晶闸管自动开关。

晶闸管开关的应用十分广泛。目前,国内外都大力发展并被国际上誉为第三代电器产品的混合式开关电器,即利用接触器与晶闸管相结合取其两者优点,克服两者的弊端,达到无弧通断、节能、频繁操作的目的。随着电子技术的不断发展,固体继电器(SSR)的研究与应用也同样受到国内外的普遍重视。由于 SSR 能实现电气隔离,抗干扰性能好,因而越来越多地被应用到高新技术领域中。

2. 晶闸管直流开关

晶闸管开关用于交流电路和直流电路的主要区别是在直流电路中晶闸管没有电流自然过零的关断条件,故晶闸管直流开关必须另外附加关断电路使之强迫关断。关断电路是一个可控制的电容器放电回路。依靠电容器的放电向导通的晶闸管施以反向电压,强迫其正向电流降至零而使之关断。

(1)晶闸管直流开关基本电路

图 2-15 所示为晶闸管直流开关基本电路。电容器 C 和换向晶闸管 V_1 构成了关断电路的主要部分,当主晶闸管 V_2 触发导通后,电流 I_f 流过负载 R_f,并由电源电压 E 经电阻 R 向电容

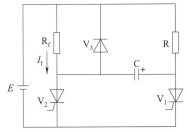

图 2-15　晶闸管直流开关基本电路

C 充电,经历一定时间后电容器两端电压达到电源电压 E。如果使换向晶闸管 V_1 触发导通,则电容 C 通过 $E \to R_f \to C \to V_1 \to E$ 回路放电。

(2)常见的晶闸管直流开关——快速限流开关

快速限流开关的特点是当通过开关的电流达到某一整定值时,开关即自动关断。

3. 晶闸管自动开关

晶闸管自动开关是一种带有各种保护环节,有时还附有换向电路的晶闸管开关。晶闸管自动开关按分断过程的不同分为两种:一种是非限流式,当电路发生故障时,它的保护环节就瞬时或经一定延时后撤除晶闸管的门极信号,使它在半个周期内电流自然过零时自行关断;另一种是限流式,其关断方式是不等到电流自然过零,而对晶闸管施加反向电压将其阳极电压迅速降到小于晶闸管的维持电流,实行强迫关断。非限流式晶闸管自动开关所用的晶闸管容量按短路电流确定;限流式晶闸管自动开关所用的晶闸管容量按最大负载电流的幅值来选择。

晶闸管自动开关一般采用限流式的方法来关断线路的主回路,这样可以减小晶闸管的容量。而限流式关断电路的主要环节是换向电路,利用换向电路强迫负载线路在电流未过零时关断。换向电路有两种方式:一种是电容换向式,即利用一个预先充电至终值电压的电容器,在保护环节的命令下反向地加到晶闸管的两端,使它承受反向电压而关断;另一种是振荡式,在其电路中除储能电容外还包括与电容产生振荡的电感。

2.3.4 固体继电器

固体继电器简称 SSR。它是一种新颖的电子电器,是一种无触点开关器件,器件的输入端仅需要输入少量的电压和电流,就能切断几安甚至上百安的大电流,输入端与晶体管、TTL、HTL、CMOS、PMOS 电子电路有较好的兼容性。输出电路采用大功率晶体管或晶闸管来接通和关断负载。由于接通和断开都无有触点部件,故工作可靠、寿命长、体积小、无噪声,并且由于是固体封装,所以可用于防爆、防湿场合。目前已在许多自动化控制装置中代替常规的继电器,并且在其他各个领域也获得了广泛的应用。如计算机接口电路、终端装置、大屏幕广告显示、数字程控装置、低压电动机的过热保护等。

固体继电器是一种四端器件,其中两个接线端为输入端,另两个接线端为输出端,中间采用隔离器件,以实现输入与输出间的电隔离。固体继电器可以按以下方式进行分类:

①以负载电源类型分类,可分为直流型和交流型两种。直流型固体继电器以功率晶体管作为开关元件;交流型固体继电器以晶闸管作为开关元件,分别用来接通和断开直流或交流负载。

②以开关触点类型分类,可分为动合式和动断式。动合式固体继电器的功能是当输入端施加信号时,固体继电器输出端才接通;而动断式固体继电器是仅当输入端施加信号时,固体继电器输出端才被关断,而输入端没有信号时,固体继电器输出端始终处于接通状态。目前市场中以动合式最多。

⚡ 2.4 软起动器

软起动器是一种集软起动、软停车、轻载节能和多功能保护于一体的电机控制装备。实现在整个起动过程中无冲击而平滑地起动电动机,而且可根据电动机负载的特性来调节起动过程中的各种参数,如限流值、起动时间等。

2.4.1　概　　述

软起动器于二十世纪七十年代末和八十年代初投入市场,填补了星—三角起动器和变频器在功能实用性和价格之间的鸿沟。采用软起动器,可以控制电动机电压,使其在起动过程中逐渐升高,很自然地控制起动电流,这就意味着电动机可以平稳起动,机械和电应力降至最小。因此,软起动器在市场上得到广泛应用。

三相异步电动机以其优良的性能及无须维护的特点,在各行各业中得到广泛的应用。然而由于其起动时要产生较大冲击电流(一般为额定电流的 5～8 倍),同时由于起动应力较大,使负载设备的使用寿命降低。国家有关部门对电动机起动有明确规定,即电动机起动时的电网电压波动不能超过额定电压的15%。解决办法是:增大配电容量,采用限制电动机起动电流的起动设备。如果仅仅为起动电动机而增大配电容量,从经济角度上来说,显然不可取。为此,人们往往需要配备限制电动机起动电流的起动设备,过去多采用Y-△转换、自耦减压、磁控减压等方式来实现。这些方法虽然可以起到一定的限流作用,但没有从根本上解决问题。

伴随传动控制对自动化要求的不断提高,采用晶闸管为主要器件、单片机为控制核心的智能型电动机起动设备——软起动器(见图 2-16),已在各行各业得到越来越多的应用。由于软起动器性能优良、体积小、质量小,并且具有智能控制及多种保护功能,而且各项起动参数可根据不同负载进行调整,其负载适应性很强。因此软起动器将逐步取代Y-△转换、自耦降压和磁控降压等传统的降压起动设备。

图 2-16　软起动器的外形

软起动器主要解决电动机起动时对电网的冲击和起动后旁路接触器工作的问题,对电动机有较好的保护作用,在轻载情况下可以实现一定程度的节能(约5%)。软起动器产品的应用涉及国民经济较多领域,如电力、冶金、建材、机床、石化和化工、市政、煤炭等行业。

2.4.2　工作原理

软起动器的起动方式有许多种,下面介绍常用的几种:

1. 限流起动

限流起动是在电动机起动过程中,限制其起动电流不超过某一设定值(一般为额定电流的3～4 倍)的起动方式,其特性曲线如图 2-17(a)所示,主要用于轻载减压起动,其输出电压从零开始迅速增加,直到其输出电流达到预先设定的电流值,然后在保持输出电流不变的前提下逐

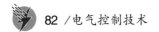
渐升高电压,直到达到额定电压,电动机起动结束。限流起动方式的优点是起动电流较小,缺点是起动时间较长,此种起动方式应用较多,主要用于风机、泵类负载。

2. 电压斜坡起动

在起动过程中,起动器的输出电压由低到高斜坡线性上升,其特性曲线如图 2-17(b)所示。将传统的有级减压起动变为无级减压起动。随着输出电压的上升(斜率可调),电动机不断加速。当输出电压达到额定电压时,电动机也基本达到额定转速。此种起动方式的缺点是起动转矩较小,起动时间较长,主要用于重载起动。

3. 转矩控制起动

转矩控制起动用于重载起动,它是用电动机的起动转矩由小到大线性上升的规律来控制输出电压的,其特性曲线如图 2-17(c)所示。它的优点是起动平滑,柔性好,对拖动系统有更好的保护,对电网的冲击小。它的缺点是起动时间较长。

软起动器还提供以下保护功能:电动机过载保护、转子堵转保护、电动机欠载保护、三相失衡保护、过电流保护、逆相保护、电动机温度保护。

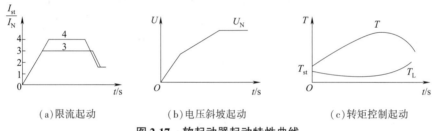

(a)限流起动　　　　　(b)电压斜坡起动　　　　　(c)转矩控制起动

图 2-17　软起动器起动特性曲线

软起动器电动机属感性负载,电流滞后电压,大多数用电器都属于此类。为了提高功率因数须用容性负载来补偿,并电容器或用同步电动机补偿。降低电动机的励磁电流也可提高功率因数,例如 HPS2 经济型软起动器节能功能,在轻载时降低电压,使励磁电流降低,使功率因数提高。

2.4.3　运行模式

当电动机负载轻时,软起动器在选择节能功能的状态下,在电流反馈的作用下,软起动器自动降低电动机电压,减少了电动机电流的励磁分量,从而提高了电动机的功率因数,在接触器旁路状态下无法实现此功能。软起动开关提供了节能功能的两种反应时间:正常和慢速。

2.4.4　功能特点

1. 过载保护功能

软起动器引进了电流控制环,因而随时跟踪检测电动机电流的变化状况。通过增加过载电流的设定和反时限控制模式,实现了过载保护功能,使电动机过载时,关断晶闸管并发出报警信号。

2. 缺相保护功能

工作时,软起动器随时检测三相线电流的变化,一旦发生断流,即可做出缺相保护反应。

3. 过热保护功能

通过软起动器内部热继电器检测晶闸管散热器的温度。一旦散热器温度超过允许值后,自动关断晶闸管,并发出报警信号。

4. 测量回路参数功能

电动机工作时,软起动器内的检测器一直监视着电动机运行状态,并将监测到的参数送给 CPU 进行处理,CPU 将监测参数进行分析、存储、显示。因此电动机软起动器还具有测量回路参数的功能。

5. 其他功能

通过电子电路的组合,软起动器还可在系统中实现其他种种联锁保护。

2.4.5　软起动器起动(智能电动机控制器 SMC)

软起动器采用三相反并联晶闸管作为调压器,将其接入电源和电动机定子之间,这种电路如三相全控桥式整流电路。使用软起动器起动电动机时,晶闸管的输出电压逐渐增加,电动机逐渐加速,直到晶闸管全导通,电动机工作在额定电压的机械特性上,实现平滑起动,降低起动电流,避免起动过电流跳闸。待电动机达到额定转速时,起动过程结束,软起动器自动用旁路接触器 KM 的主触点取代已完成任务的晶闸管,为电动机正常运转提供额定电压,以降低晶闸管的热损耗,延长软起动器的使用寿命,提高其工作效率,又使电网避免了谐波污染。晶闸管软起动器电路图如图 2-18 所示。软起动器同时还提供软停车功能,软停车与软起动过程相反,电压逐渐降低,转速逐渐下降到零,避免自由停车引起的转矩冲击。

晶闸管软起动一般有斜坡恒压软起动、斜坡恒流软起动、阶跃起动、脉冲冲击起动等多种方式,其中以斜坡恒流软起动使用最多,这种起动方式是在电动机起动的初始阶段起动电流逐渐增加,当电流达到预先设定值后保持恒定,为 3 ~ 4 倍的额定电流,直至起动完毕。起动过程中,电流上升变化的速率可以根据电动机负载调整设定。电流上升速率大,则起动转矩大,起动时间短。该起动方式尤其适用于风机、泵类负载的起动。在我国国民经济中应用该方式较多的领域有电力、冶金、建材、机床、石化、市政、煤炭等。

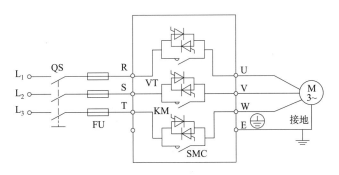

晶闸管软起动器电路图

图 2-18　软起动器起动

2.4.6　维修检查

平时注意检查软起动器的环境条件,防止在超过其允许的环境条件下运行。注意检查软起动器周围是否有妨碍其通风散热的物体,确保软起动器四周有足够的空间(大于150 mm)。

定期检查配电线端子是否松动,柜内元器件有否过热、变色、焦臭味等异常现象。

定期清扫灰尘,以免影响散热,防止晶闸管因温升过高而损坏,同时也可避免因积尘引起的漏电和短路事故。清扫灰尘可用干燥的毛刷进行,也可用吸尘器吸。对于大块污垢,可用绝缘棒去除。若有条件,可用0.6 MPa左右的压缩空气吹除。

平时注意观察风机的运行情况,一旦发现风机转速慢或异常,应及时修理(如清除油垢、积尘,加润滑油,更换损坏或变质的电容器)。对损坏的风机要及时更换。如果在没有风机的情况下使用软起动器,将会损坏晶闸管。

如果软起动器使用环境较潮湿或易结露,应经常用红外灯泡或电吹风烘干,驱除潮气,以避免漏电或短路事故的发生。

小　结

本章是对第1章内容的补充。目前电子电器的种类很多,用途各异,本章着重从一般电子电器的组成、参数入手,了解各种电子式时间继电器、接近开关、光电开关和晶闸管开关的工作原理、了解软起动器的结构、特点和工作原理。

习题与职业技能考核模拟

一、选择题

1. 下列属于电子电器的是(　　　)。
　　A. 接触器　　　　　　　　　　　　B. 按钮
　　C. 晶体管式时间继电器　　　　　　D. 热继电器

2. 阻容式晶体管时间继电器是利用电的阻尼,即(　　　)对电压变化的阻尼作用作为延时的基础。
　　A. 电阻　　　　　B. 电感　　　　　C. 电容　　　　　D. 电动机

3. 数字式时间继电器采用对标准频率的(　　　)进行分频和计数的延时环节来取代RC充、放电的延时环节。从而使时间继电器的各种性能指标得以大幅度提高。
　　A. 电源　　　　　B. 脉冲　　　　　C. 电流　　　　　D. 电动势

4. 接近开关的功能是当有某种物体与之接近到一定距离时就发出"动作"信号,接近开关是通过其(　　　)与被测物体间介质能量的变化来取得信号的。
　　A. 触点　　　　　B. 电感线圈　　　C. 机械结构　　　D. 感辨头

5. 光电开关又称无接触检测和控制开关。它是利用物质对(　　　)的遮蔽、吸收或反射等作用,对物体的位置、形状、标志、符号等进行检测。
　　A. 触点　　　　　B. 电感线圈　　　C. 光源　　　　　D. 感辨头

6. 晶闸管曾称可控硅,是一种(　　　)半导体器件,它不仅用于电力变换与控制,而且可以作为开关元件进行无弧通断。
　　A. 小功率　　　　B. 平滑通断　　　C. 大功率　　　　D. 大能量

二、判断题

1. 电子式时间继电器按延时方式分类,分为通电延时型、断电延时型两种。(　　　)

2. JS20单结晶体管时间继电器的电路由延时环节、鉴幅器、出口电路、指示灯和电源等组

成。(　　)

3. 超声波型开关主要用于检测能透过超声波的物质。(　　)

4. 光电开关能实现非接触、无损伤检测。(　　)

5. 软起动器是一种集软起动、硬停车、轻载节能和多功能保护于一体的电机控制装备。
(　　)

三、简答题

1. 电子电器有哪些优点和缺点？

2. 电子电器的主要技术参数有哪些？

3. 电子电器的干扰源有几种？干扰途径有哪些？

4. 抑制干扰的基本原则是什么？常用措施有哪些？

5. 何谓电子电器？

6. 阻容式晶体管时间继电器由哪些基本环节组成？各基本环节的作用是什么？

7. 电子式时间继电器与传统的时间继电器相比较有哪些优点？

8. JS20 系列时间继电器主要技术数据有哪些？

9. 数字式时间继电器由哪些基本环节组成？各基本环节的作用是什么？

10. 常见的数字式时间继电器有几种类型？各种类型的特征是什么？

11. 数字式时间继电器主要技术数据有哪些？

12. 接近开关按工作原理分有哪几种形式？

13. 接近开关的电路由哪几部分组成？各有何作用？

14. 简述光电效应的几种形式，并指出其对应元件。

15. 简述晶闸管开关的用途与分类。

第2篇

电气控制线路

导　入 >>>>>>

　　在广泛使用的生产机械中，大多数是由电动机拖动的，也就是说生产机械的各种运动都是通过电动机的各种运动实现的。因此，控制电动机就间接地实现了对生产机械的控制。虽然各种生产机械的电气控制线路不同，但一般遵循一定的原则和规律，只要对基本控制线路进行分析研究，掌握其规律，就能够阅读控制线路和设计控制线路。因此，掌握基本电气控制线路，对整个电气控制系统工作原理的分析以及系统维修有着重要的意义。

第3章 电气控制线路的基本环节(一)

 学习目标

知识目标

掌握三相异步电动机全压起动相关电气控制线路的原理和线路图。

技能目标

能够实际动手完成三相异步电动机正转、正反转、两地控制、顺序控制等电气控制线路的接线和排故。

素养目标

鼓励学生独立思考,培养学生坚定、踏实、严谨、专注、坚持、认真的大国工匠精神。

本章综述

本章主要介绍电气控制系统的基本控制线路。首先介绍电气控制系统图的类型、画法及电气控制原理图的绘制原则,然后介绍组成电气控制线路的基本规律以及交流电动机全压起动相关控制线路。

3.1 电气控制系统图图形、文字符号和绘图原则

3.1.1 电气控制线路的绘制原则及标准

电气控制线路是由各种电气元件按一定要求连接而成的,从而实现对某种设备的电气自动化控制。为了表示电气控制线路的组成、工作原理及安装、调试、维修等技术要求,需要用统一的工程语言即用工程图的形式来表示,这种图就是电气控制系统图。

电气控制系统图(简称"电气图")一般有三种:电气原理图、电气元件布置图、电气安装接线图。下面对各种电气图的特点、作用、绘图原则和标准进行简单介绍。

1. 电气图的主要表达方式

电气图的主要表达方式是一种简图,它并不是严格按几何尺寸和绝对位置测绘的,而是用规定的标准符号和文字表示系统或设备的组成及相互关系。

2. 电气图的主要描述对象

电气图的主要描述对象是电气元件和连接线。连接线可用单线法和多线法表示,两种表示方法在同一张图上可以混用。电气元件在图中可以采用集中表示法、半集中表示法、分开表示法来表示。集中表示法是把一个元件的各组成部分的图形符号绘在一起的方法;分开表示法是将同一元件的各组成部分分开布置,有些可以画在主回路,有些画在控制回路;半集中表示法介于上述两种方法之间,在图中将一个元件的某些部分的图形符号分开绘制,并用虚线表示其相互关系。

在绘制电气图时,一般采用的线条有实线、虚线、点画线和双点画线。线宽的规格有:0.18 mm、0.25 mm、0.35 mm、0.5 mm、0.7 mm、1.0 mm、1.4 mm、2.0 mm。

绘制图线时还要注意:图线如果采用两种宽度,粗和细之间的比值应不小于2∶1,平行线之间的最小距离不小于粗线宽度的2倍,建议不小于0.7 mm。

3. 电气图的主要组成部分

一个电气控制系统是由各种元器件组成的,在表示元器件的构成、功能或电气接线时,没有必要也不可能一一画出各种元器件的外形结构,通常是用一种简单的图形符号表示的。同时,为区分作用不同的同一类型电器,还必须在符号旁标注不同的文字符号以区别其名称、功能、状态、特征及安装位置等。因此,通过图形符号和文字符号,就能知道它是不同用途的电器。

3.1.2　图形、文字符号

电力拖动控制系统由拖动机器的电动机和电气控制线路等组成。为了表达电气控制系统的设计意图,便于分析其工作原理、安装、调试和检修控制系统,必须采用统一的图形符号和文字符号来表达。目前,我国已发布实施了电气图形和文字符号的有关国家标准,例如:

GB/T 4728《电气简图用图形符号》

GB/T 6988《电气技术用文件的编制》

GB/T 5226《机械电气安全　机械电气设备》

GB/T 6988《电气技术用文件的编制》

GB/T 5094《工业系统、装置与设备以及工业产品　结构原则与参照代号》

电气图示符号有图形符号、文字符号及接点标号等。

1. 图形符号

图形符号通常用于图样或其他文件以表示一个设备或概念的图形、标记或字符。

电气控制系统图中的图形符号必须按国家标准绘制。图形符号含有符号要素、一般符号和限定符号。

①符号要素。一种具有确定意义的简单图形,必须同其他图形组合才能构成一个设备或概念的完整符号。如接触器常开主触点的符号就是由接触器触点功能和常开触点符号组合而成。

②一般符号。用以表示一类产品和此类产品特征的一种简单的符号。如电动机可用一个圆圈表示。

③限定符号。用于提供附加信息的一种加在其他符号上的符号。

运用图形符号绘制电气系统图时应注意:

①符号尺寸大小、线条粗细依国家标准可放大与缩小,但在同一张图样中,同一符号的尺寸应保持一致,各符号间及符号本身比例应保持不变。

②标准中示出的符号方位,在不改变符号含义的前提下,可根据图面布置的需要旋转,或成镜像位置,但文字和指示方向不得倒置。

③大多数符号都可以加上补充说明标记。

④有些具体器件的符号由设计者根据国家标准的符号要素、一般符号和限定符号组合而成。

⑤国家标准未规定的图形符号,可根据实际需要,按突出特征、结构简单、便于识别的原则进行设计,但需要报国家标准局备案。当采用其他来源的符号或代号时,必须在图解和文件上说明其含义。

2. 文字符号

文字符号分为基本文字符号和辅助文字符号。文字符号适用于电气技术领域中技术文件的编制,也可表示在电气设备、装置和元件上或其近旁以标明它们的名称、功能、状态和特征。

(1)基本文字符号

基本文字符号有单字母与双字母两种:

单字母符号按拉丁字母顺序将各元件电气设备、装置和元器件划分成为 23 大类,每一大类用一个专用单字母符号表示,如"C"表示电容器类,"R"表示电阻器类。双字母符号由一个表示种类的单字母符号与另一个字母组成,且以单字母符号在前,另一个字母在后的次序列出,如"F"表示保护器类,"FU"则表示熔断器,"FR"表示具有延时动作的限流保护器。

(2)辅助文字符号

辅助文字符号是用以表示电气设备、装置和元器件以及电路的功能、状态和特征的,如"RD"表示红色,"SYN"表示限制等。辅助文字符号也可以放在表示种类的单字母后面组成双字母符号,如"SP"表示压力传感器,"YB"表示电磁制动器等。为简化文字符号起见,若辅助文字符号由两个以上字母组成时,允许只采用其第一位字母进行组合,如"MS"表示同步电动机。辅助文字符号还可以单独使用,如"ON"表示接通,"PE"表示接地,"N"表示中性线等。

(3)补充文字符号的原则

当规定的基本文字符号和辅助文字符号如不敷使用,可按国家标准中文字符号组成规律和下述原则予以补充。

①在不违背国家标准文字符号编制的条件下,可采用国际标准中规定的电气技术文字符号。

②在优先采用基本和辅助文字符号的前提下,可补充未列出的双字母文字符号和辅助文字符号。

③文字符号应按电气名词术语国家标准或专业技术标准中规定的英文术语缩写而成。基本文字符号不得超过两个字母,辅助文字符号一般不超过三个字母。

④文字符号采用拉丁字母大写正体字。

⑤因拉丁字母中大写正体字"I"和"O"易同阿拉伯数字"1"和"0"混淆,因此不允许单独作为文字符号使用。

3. 电路各接点标记

①三相交流电源引入线采用 L_1、L_2、L_3 标记。

②电源开关之后的三相交流电源主电路分别按 U、V、W 顺序标记。

③分级三相交流电源主电路采用三相文字代号 U、V、W 的前边加上阿拉伯数字 1、2、3 等来标记,如 1U、1V、1W;2U、2V、2W 等。

④各电动机分支电路各接点标记采用三相文字代号后面加数字来表示,数字中的个位数表示电动机代号,十位数表示该支路各接点的代号,U_{21} 为第一相的第二个接点代号,以此类推。

⑤电动机绕组首端分别用 U、V、W 标记,尾端分别用 U′、V′、W′标记,双绕组的中点则用 U″、V″、W″标记。

⑥控制线路采用阿拉伯数字编号,一般由三位或三位以下的数字组成。标注方法按"等电位"原则进行,在垂直绘制的电路中,标号顺序一般由上而下编号,凡是被线圈、绕组、触点或电阻、电容等元件所间隔的线段,都应标以不同的电路标号。

3.1.3 电气控制系统图

电气控制系统图包括电气原理图、电气设备安装图、电气元件布置图、电气安装接线图等。

1. 电气原理图

电气原理图是根据电路工作原理绘制的,具有结构简单、层次分明、便于研究和分析线路工作原理的特征。图 3-1 为 CW6132 型车床电气原理图。在电气原理图中只包括所有电气元件的导电部件和接线端点之间的相互关系,并不按照电气元件的实际位置来绘制,也不反应电气元件的大小。其作用是便于详细了解控制系统的工作原理,指导系统或设备的安装、调试与维修。电气原理图是电气控制系统图中最重要的图形之一,也是识图的重点和难点。

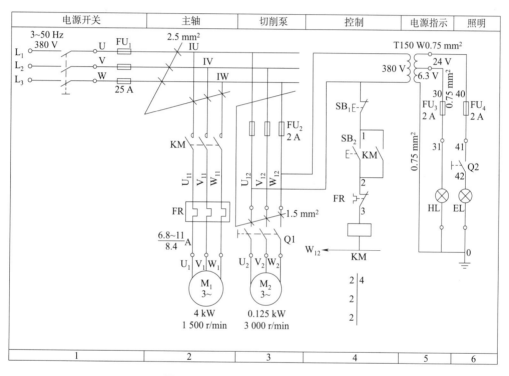

图 3-1　CW6132 型车床电气原理图

在绘制电气原理图时,一般应遵循下列规则:

①电气控制线路原理图按所规定的图形符号、文字符号和回路标号进行绘制。

②动力电路的电源电路一般绘成水平线;受电的动力装置电动机主电路用垂直线绘制在图面的左侧,控制电路用垂直线绘制在图面的右侧,主电路与控制电路一般应分开绘制。各电路元件采用平行展开画法,但同一电器的各元件采用同一文字符号标明。

③所有电路元件的图形符号,均按电器未接通电源和没有受外力作用时的状态绘制。促使触点动作的外力方向必须是:当图形垂直放置时为从左向右,即在垂直线左侧的触点为常开触点,在垂直线右侧的触点为常闭触点;当图形水平放置时为从上向下,即在水平线下方的触点为常开触点,在水平线上方的触点为常闭触点。

④具有循环运动的机械设备,应在电气控制线路原理图上绘出工作循环图。

⑤转换开关、行程开关等应绘出动作程序及动作位置示意图表。

⑥由若干元件组成的具有特定功能的环节,可用虚线框括起来,并标注出环节的主要作用,如速度调节器、电流继电器等。对于电路和元件完全相同并重复出现的环节,可以只绘出其中一个环节的完整电路,其余相同环节可用虚线框表示,并标明该环节的文字符号或环节的名称。该环节与其他环节之间的连线可在虚线框外面绘出。

⑦对于外购的成套电气装置,如稳压电源、电子放大器、晶体管时间继电器等,应将其详细电路与参数绘在电气原理图上。

⑧电气控制线路原理图的全部电机、电器元件的型号、文字符号、用途、数量、额定技术数据,如果有需要应单独列在原理图下方。

2. 电气设备安装图和电气元件布置图

电气设备安装图表示各种电气设备在机床机械设备和电气控制柜的实际安装位置。各电气元件的安装位置是由机床的结构和工作要求决定的,如电动机要和被拖动的机械部件在一起,行程开关放在要取得信号的地方,操作元件放在操作方便的地方,一般电气元件应放在控制柜内。图 3-2 为 CW6132 型车床电气设备安装位置图。

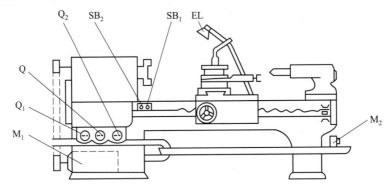

图 3-2　CW6132 型车床电气设备安装位置图

电气元件布置图主要由机床电气设备布置图、控制柜及控制板电气设备布置图、操作台及悬挂操纵箱电气设备布置图等组成。图 3-3 为 CW6132 型车床电气元件布置图。

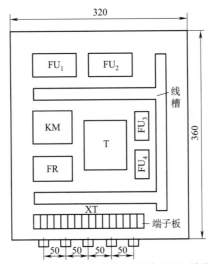

图 3-3　CW6132 型车床电气元件布置图(单位:mm)

3. 电气安装接线图

电气安装接线图表示电气设备之间实际接线情况。绘制电气安装接线图时应把各电气元件的各个部分(如触点与线圈)画在一起,文字符号、元件连接顺序、电路号码编制都必须与电气原理图一致。电气安装接线图是为安装电气设备和对电气元件进行配线或检修电器故障服务的。为了进行装置、设备或成套装置的安装或布线,必须提供其中各个项目(包括元件、器件、组件、设备等)之间电气连接的详细信息,包括连接关系、线缆种类和敷设路线等。

电气安装接线图是检查电路和维修电路不可缺少的技术文件。根据表达对象和用途不同,接线图有单元接线图、互连接线图和端子接线图等。国家有关标准规定的安装接线图的编制规则主要包括以下内容:

①在安装接线图中,一个元件的所有带电部件均画在一起,并用点画线框起来。

②在安装接线图中,各电气元件的图形符号与文字符号均应以电气原理图为准,并应与国家标准保持一致。

③在安装接线图中,一般都应标出项目的相对位置、项目代号、端子间的电气连接关系、端子号、导线号、导线类型、截面积等。

④同一控制底板内的电气元件可直接连接,而底板内元器件与外部元器件连接时必须通过接线端子板进行。

⑤互连接线图中的互连关系可用连续线、中断线或线束表示,连接导线应注明导线根数、导线截面积等。一般不表示导线实际走线途径,施工时由操作者根据实际情况选择最佳走线方式。图 3-4 为 CW6132 型车床电气安装接线图。

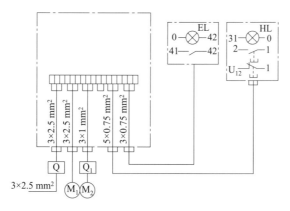

图 3-4 CW6132 型车床电气安装接线图

3.2 三相异步电动机的单向旋转控制线路

电动机接通电源后由静止状态逐渐加速到稳定运行状态的过程,称为电动机的起动。若将额定电压直接加到电动机的定子绕组上,使电动机起动旋转,称为直接起动或全压起动。这种方法的优点是所用电器设备少,电路简单;缺点是起动电流大(起动电流为额定电流的 5 ~7 倍),会使电网电压降低而影响其他电气设备的稳定运行。

判断一台交流电动机能否采用直接起动可按下面条件来确定:

$$\frac{起动电流}{额定电流} \leqslant \frac{3}{4} + \frac{电源变压器容量(kV \cdot A)}{4 \times 电动机容量(kW)} \tag{3-1}$$

满足此条件可直接起动,否则应减压起动。通常电动机容量不超过电源变压器容量的15% ~ 20% 时,或电动机容量较小时,都允许直接起动。

3.2.1 单向手动控制线路

一般小型台钻和砂轮机等直接用开关起动,如图 3-5 所示。

1. 线路的工作原理

合上电源开关 Q,电动机 M 通电旋转;断开电源开关 Q,电动机 M 断电停止。

2. 线路的保护

如电路中发生短路,熔断器 FU 断开电路从而保护电动机 M。

3.2.2 单向点动控制线路

一些电路在设计时需要考虑到操作者时刻注意设备状态,避免因为疏忽造成安全事故,要有点动控制,如机床在调整状态时、塔吊在调整状态时,使用的都是点动控制,如图 3-6(b)所示。

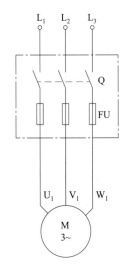

图 3-5 铁壳开关起动控制线路

1. 线路的工作原理

当电动机 M 需要点动时,先合上电源开关 Q,按下点动按钮 SB,接触器 KM 线圈通电,衔铁吸合,带动接触器 KM 的常开主触点闭合,电动机 M 便接通电源旋转;松开按钮 SB,接触器线圈 KM 断电,衔铁受弹簧力的作用而复位,带动接触器 KM 的常开主触点断开,电动机 M 便断电停止。这种只有按下按钮 SB 时,电动机才旋转,松开按钮 SB 时电动机就停转的线路,称为点动控制线路。

2. 线路的保护

如电路中发生短路,熔断器 FU 断开电路从而保护电动机 M。

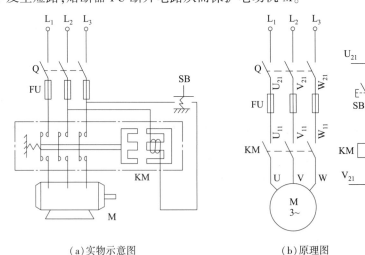

(a)实物示意图　　　　　　　　　(b)原理图

图 3-6 电动机单向点动控制线路

电动机单向
自锁控制线路
运行过程

3.2.3　自锁控制线路

图 3-7 是电动机采用接触器直接起动、自由停车的电路。许多中小型普通车床的主电动机都是采用这种起动方式。

1. 线路的工作原理

合上电源开关 Q，起动时，按下起动按钮 SB$_2$，接触器 KM 线圈得电吸合，接触器 KM 主触点闭合，电动机 M 通电旋转，同时接触器 KM 常开辅助触点闭合，当松开起动按钮 SB$_2$ 后，仍可保证接触器 KM 线圈持续得电，电动机运行；停止时，按下停止按钮 SB$_1$，接触器 KM 线圈断电释放，接触器 KM 主触点、常开辅助触点断开，电动机 M 停转。通常将这种用接触器自身的触点来使其线圈保持通电的环节称为"自锁"环节。与起动按钮 SB$_2$ 并联的这种 KM 的常开辅助触点称为自锁触点。

2. 线路的保护

具有按钮和接触器并能自锁的控制线路，还具有欠电压保护和失电压(零电压)保护的功能。

（1）欠电压保护

电动机运行时当电源电压下降，电动机的电流就会上升，电压下降严重，可能烧坏电动机，在具有自锁的控制线路中，当电动机旋转时，电源电压降低到较低(一般在工作电压

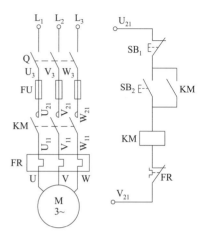

图 3-7　电动机单向自锁控制线路

的 85% 以下)，接触器线圈的磁通则变得很弱，电磁吸力不足，动铁芯在反作用弹簧的作用下释放，自锁触点断开，失去自锁，同时主触点也断开，电动机停转，得到了保护。

（2）失电压保护

电动机运行时，遇到电源临时停电，在恢复供电时，如果未加防范措施让电动机自行起动，很容易造成设备或人身事故。采用自锁控制的电路，由于自锁触点和主触点在停电时已经一起断开，所以在恢复供电时，控制线路和主电路都不会自行接通，如果没有按下按钮，电动机就不会自行起动。这种在突然断电时能自动切断电动机电源的保护作用称为失电压(或零电压)保护。

此外，本电路具有过载保护和短路保护环节。

（3）过载保护

电动机在运行过程中，如果由于过载或其他原因使电流超过额定值时，这将引起电动机过热。如果温度超过允许温升，就会使绝缘材料变脆，寿命缩短，严重时电动机会损坏。因此，必须对电动机进行过载保护。常用的过载保护元件是热继电器。当电动机为额定电流时，电动机为额定温升，热继电器不动作。过载时，经过一定时间，串联在主电路中继电器 FR 的热元件因受热弯曲，能使串联在控制线路中的 FR 常闭触点断开，切断控制线路，接触器 KM 的线圈断电，主触点断开，电动机 M 停转。

（4）短路保护

由于热继电器的发热元件有热惯性，热继电器不会因电动机短时过载冲击电流和短路电流的影响而瞬时动作，所以在使用热继电器作过载保护的同时，还必须设有短路保护，并且选作短路保护的熔断器熔体的额定电流不应超过 4 倍热继电器发热元件的额定电流。

3.2.4 点动与连续旋转控制线路

在实际工作中,机床既要点动调整,也需要连续旋转工作(又称长动控制),如图3-8(a)所示。

1. 线路的工作原理

点动时,按下按钮SB$_3$,其常闭触点首先断开自锁电路,常开触点闭合使接触器线圈KM通电,KM主触点闭合,电动机便开始旋转。当松开SB$_3$时,按钮常开触点首先断开,接触器线圈KM断电,电动机就停止转动。而后SB$_3$常闭触点恢复闭合,这时接触器KM的常开辅助触点已断开。

长动时,按下按钮SB$_2$,接触器KM线圈通电,KM主触点吸合,KM常开辅助触点闭合从而实现自锁,电动机连续旋转。

停止时,按下停止按钮SB$_1$,接触器KM线圈断电,接触器主触点断开,电动机停转。必须指出,这种电路中,要求点动按钮的常闭触点恢复闭合的时间应大于接触器的释放时间,否则将使自锁回路接通而不能实现点动控制。通常接触器的释放时间很短,约几十毫秒,故上述电路一般是可以用的。但是在接触器遇到故障而使其释放时间大于点动按钮的恢复时间时,将产生误动作。

2. 线路的保护

熔断器FU起短路保护作用,热继电器FR起过载保护作用。

图3-8(b)所示为一种改进的既可点动又可长动的控制线路。

1. 线路的工作原理

这种电路的自锁触点支路串有旋转开关SC。当开关SC断开时,切断了自锁电路,便成了点动电路,可进行机床的调整。当机床调整完毕后,应闭合旋转开关SC,自锁触点就可以起作用,起动后电动机便可连续旋转。

2. 线路的保护

熔断器FU起短路保护作用,热继电器FR起过载保护作用。

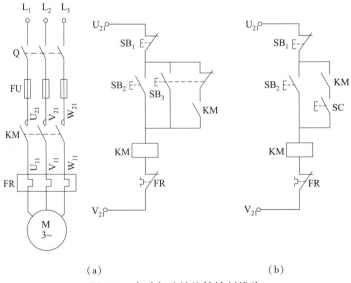

(a)　　　　　　　　　　(b)

图 3-8　点动与连续旋转控制线路

3.3 三相异步电动机异地控制线路

能在两地或者多地控制同一台电动机的控制方式称为电动机的多地控制。例如,X62W 型万能铣床在操作台的正面及侧面均能对铣床的工作状态进行操作控制。在一些厂房中,有的设备如蓄水池水泵电动机距离主操作室有一定距离,为了操作方便同时遇到突发情况能让工人在现场立即停止电动机,要求能在水泵电动机旁边和主操作室两个地点都能对水泵电动机进行控制,如图 3-9 所示。把起动按钮并联起来,停止按钮串联起来,分别装在操作侧和就地侧两个地方,即可两地操作。

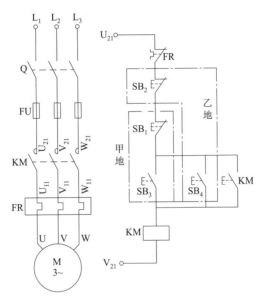

图 3-9 两地控制线路图

1. 线路的工作原理

起动时,按下按钮 SB_3 或者按钮 SB_4,接触器 KM 线圈通电,接触器 KM 主触点吸合,接触器 KM 常开辅助触点闭合,电动机起动。停止时,按下按钮 SB_1 或者按钮 SB_2,接触器 KM 线圈断电,接触器 KM 主触点断开,电动机停止。

2. 线路的保护

熔断器 FU 起短路保护作用,热继电器 FR 起过载保护作用。

3.4 三相异步电动机多点控制线路

在一些大型机床上,为了保证操作安全,要求设备压下时,几个操作者都发出主令信号(按起动按钮),设备才能工作,如图 3-10 所示。

1. 线路的工作原理

起动时,需同时按下按钮 SB_3 和按钮 SB_4,接触器 KM 线圈通电,接触器 KM 主触点吸合,接触器 KM 常开辅助触点闭合,电动机起动。停止时,按下按钮 SB_1 或者按钮 SB_2,接触器 KM 线圈断电,接触器 KM 主触点断开,电动机停止。

2. 线路的保护

熔断器 FU 起短路保护作用,热继电器 FR 起过载保护作用。

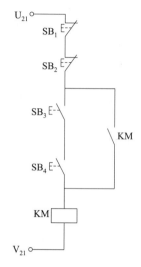

图 3-10　多点控制线路

注意:多地控制线路和多点控制线路的最直观区别就是多地控制的起动按钮为并联方式,多点控制的起动按钮为串联方式。

3.5　三相异步电动机顺序控制线路

在装有多台电动机的生产机械上,各电动机所起的作用不同,有时需要按一定的顺序起动才能保证操作过程的合理和工作的安全可靠。例如,在铣床上就要求先起动主轴电动机,然后才能起动进给电动机。又如,带有液压系统的机床,一般都要先起动液压泵电动机,以后才能起动其他电动机。这种要求一台电动机起动后,另一台电动机才能起动的控制方式,称为顺序控制。

3.5.1　多台电动机顺序起、停控制线路(一)

1. 线路的工作原理

图 3-11 所示电路为两台电动机 M_1 和 M_2 的顺序起动、同时停止的控制线路。起动时,按下电动机 M_1 起动按钮 SB_2,接触器 KM_1 线圈通电,接触器 KM_1 主触点吸合,接触器 KM_1 常开辅助触点闭合,电动机 M_1 起动。接着再按动电动机 M_2 起动按钮 SB_3,接触器 KM_2 线圈通电,接触器 KM_2 主触点吸合,接触器 KM_2 常开辅助触点闭合,电动机 M_2 起动。停止时,按下按钮 SB_1,接触器 KM_1 和 KM_2 线圈同时断电,接触器 KM_1 和 KM_2 主触点断开,电动机 M_1 和 M_2 停止。

该电路的特点是,电动机 M_2 的控制线路是接在接触器 KM_1 的常开辅助触点之后。这就保证了只有当接触器 KM_1 常开辅助触点闭合后,M_1 启动后,M_2 才能启动,在 KM_1 常开辅助触点闭合前,按下按钮 SB_3,KM_2 线圈不能通电。而且,如果由于某种原因(如过载或失电压等)使 KM_1 断电,M_1 停转,那么 M_2 也立即停转。

图 3-12 所示是另外两种顺序控制线路(主电路未画出)。

图 3-12(a)所示电路为两台电动机 M_1 和 M_2 的顺序起动、单独停止的控制线路。在电动机 M_2 的控制线路中串联了接触器 KM_1 的常开辅助触点。只要 KM_1 线圈不通电，M_1 不起动，即使按下 SB_4，由于 KM_1 的常开辅助触点未闭合，KM_2 线圈不能通电，这样就保证 M_1 起动后，M_2 才能起动的控制要求。停止时无顺序要求，按下 SB_1，接触器 KM_1 线圈断电，KM_1 常开触点断开，接触器 KM_2 线圈断电，表现为电动机 M_1 和 M_2 同时停转，按下 SB_2 为 M_2 单独停转。

图 3-12(b)所示电路为电动机顺序起动、逆序停止的控制线路。在 SB_1 的两端并联了接触器 KM_2 的常开辅助触点，从而实现 M_1 起动后，M_2 才能起动；M_2 停转后，M_1 才能停转的控制。

接触器联锁顺序控制线路运行过程

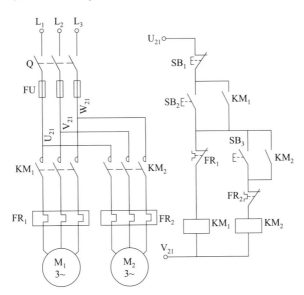

图 3-11   顺序起动控制线路

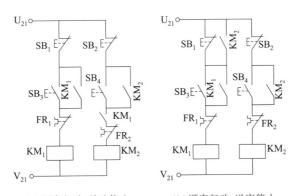

(a)顺序起动、单独停止   (b)顺序起动、逆序停止

图 3-12   另外两种顺序起动控制线路

2. 线路的保护

熔断器 FU 起整个电路的短路保护作用，热继电器 FR_1 对电动机 M_1 起过载保护作用，热继电器 FR_2 对电动机 M_2 起过载保护作用。

3.5.2 多台电动机顺序起、停控制线路(二)

在程序预选自动机床以及简易顺序装置中,工步(或程序)依次自动转换主要是利用步进控制线路(亦称步进器)完成的。常用的控制线路有中间继电器组成的步进控制线路、步进选线器组成的步进控制线路、电子器件组成的步进控制线路等。这里仅介绍前者。图 3-13 为顺序控制四个程序的步进控制线路(程序数再多时,可进行扩展)。其中 $G_1 \sim G_4$ 分别表示第一至第四程序的执行电路,可根据每一程序的具体要求另行设计,SQ_1 至 SQ_4 分别表示程序执行完成时所发出的控制信号。由图 3-13 可知,按动 SB_2,使 KA_1 线圈通电并自锁,G_1 也将持续通电,建立第一程序,同时 KA_1 另一常开触点闭合,为 KA_2 线圈通电做好准备,待第一程序结束信号 SQ_1 闭合,于是 KA_2 线圈通电并自锁 KA_2 常闭触点,切断 KA1 和 G_1,即切断第一程序。G_2 持续通电,建立第二程序,而 KA_2 的另一常开触点闭合,为 KA_3 线圈通电做好准备,直到第四程序终了信号 SQ_4 闭合,使 KA_5 线圈通电并自锁,使 KA_4 释放,切断第四程序,这时全部程序执行完毕,按下按钮 SB_1,为下一次起动做好准备。

此电路的特点是以一个继电器的通电和失电表征某一程序的开始和结束,它采用顺序控制线路,并保证只有一个程序在工作。

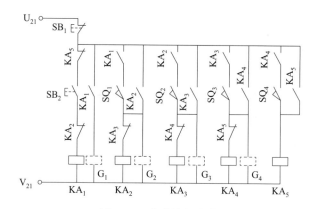

图 3-13 步进控制线路

3.6 三相异步电动机正反转控制线路

有的生产机械往往要求实现正反两个方向的运动,例如主轴的正反转和起重机吊钩的升降等,这就要求电动机可以正反转。由电工基础可知,若将接至交流电动机的三相电源进线中任意两相接线对调,电动机即可进行反转。常见的正反转控制线路有以下几种。

3.6.1 接触器互锁的电动机正反转控制线路

1. 线路的工作原理

由图 3-14 可知,在电动机停止状态下,按下按钮 SB_2,正转接触器 KM_1 线圈通电,KM_1 主触点闭合,KM_1 常开辅助触点闭合,KM_1 常闭辅助触点断开。三相电源 L_1、L_2、L_3 按 U—V—W 相序输入电动机,使电动机正转,此时下按钮 SB_3,电路没有动作。

在电动机停止状态下,按下按钮 SB_3,反转接触器 KM_2 线圈通电,KM_2 主触点闭合,KM_2 常开辅助触点闭合,KM$_2$ 常闭辅助触点断开。三相电源 L$_1$、L$_2$、L$_3$ 按 W—V—U 相序输入电动机,使电动机反转,此时按下按钮 SB$_2$,电路没有动作。

停止时,按下停止按钮 SB$_1$,电动机停止。

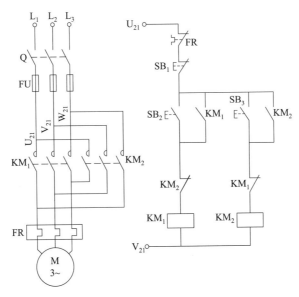

图 3-14　接触器互锁的电动机正反转控制线路

2. 线路的保护

熔断器 FU 起短路保护作用,热继电器 FR 起过载保护作用。

3. 线路的特点

从主电路看,如果 KM$_1$、KM$_2$ 同时通电动作,就会造成主电路短路。因此控制电路中把接触器的常闭辅助触点互相串联在对方的控制电路中进行互锁控制。这样当 KM$_1$ 通电时,由于 KM$_1$ 的常闭触点断开,使 KM$_2$ 线圈不能通电。此时即使按下按钮 SB$_3$,也不会造成短路;反之,也是一样。接触器辅助触点这种互相制约的关系称为"互锁"。在机床控制线路中,这种互锁关系应用极为广泛。凡是有相反动作,如工作台上下、左右移动等等,都需要有类似这种互锁控制。

3.6.2　按钮互锁的电动机正反转控制线路

图 3-14 所示电路也存在一个不便之处,如果现在电动机正在正转,如果想要反转,按照图 3-14 中的控制线路必须先按停止按钮 SB$_1$ 后,再按按钮 SB$_3$ 才能实现,即只能实现电动机的"正—停—反"动作顺序。图 3-15 中的电路利用复合按钮 SB$_2$、SB$_3$ 就可直接实现由正转变成反转,即"正—反—停"。

1. 线路的工作原理

由图 3-15 可知,按下按钮 SB$_2$,正转接触器 KM$_1$ 线圈通电,KM$_1$ 主触点闭合,KM$_1$ 常开辅助触点闭合。三相电源 L$_1$、L$_2$、L$_3$ 按 U—V—W 相序输入电动机,使电动机正转,按下按钮 SB$_3$,由于复合按钮的结构特点是按下按钮,常闭触点先断开常开触点后闭合,存在一个时间间隔,所以 SB$_3$ 的常闭触点首先切断正转接触器 KM$_1$ 线圈,然后 SB$_3$ 的常开触点闭合,使反转接触器 KM$_2$ 线圈通电,KM_2 主触点闭合,KM_2 常开辅助触点闭合。三相电源 L_1、L_2、L_3 按 W—V—U 相序输入电动机,使电动机反转。

停止时,按下停止按钮 SB_1,电动机停止。

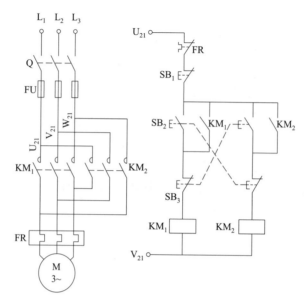

图 3-15　按钮互锁的电动机正反转控制线路

2. 线路的保护

熔断器 FU 起短路保护作用,热继电器 FR 起过载保护作用。

3. 线路的特点

采用复合按钮,还可以起到互锁作用,这是由于按下 SB_2 时,只有接触器 KM_1 通电动作,同时接触器 KM_2 回路被切断。同理,按下按钮 SB_3 时,只有接触器 KM_2 通电,接触器 KM_1 回路被切断。

3.6.3　双重互锁的电动机正反转控制线路

在实际应用中发现,只用按钮进行互锁,而不用接触器常闭触点之间的互锁,是不可靠的。由于负载短路或大电流的长期作用,接触器的主触点被强烈的电弧"烧焊"在一起,或者接触器的机构失灵,使衔铁总是卡住在吸合状态,这都可能使主触点不能断开,这时如果另一接触器动作,就会造成事故。

如果用的是接触器常闭触点进行互锁,不论什么原因,只要一个接触器是吸合状态,它的互锁常闭触点就必然将另一接触器线圈电路切断,这就能避免事故的发生,但是操作上有一定不便。

把图 3-14 和图 3-15 电路的优点结合起来就组成了图 3-16 所示的具有双重互锁的电动机正反转控制线路。这种电路操作方便、安全可靠,应用非常广泛。

1. 线路的工作原理

由图 3-16 可知,正转时,按下按钮 SB_2,SB_2 的常闭触点断开,然后 SB_2 的常开触点闭合,正转接触器 KM_1 线圈通电,KM_1 主触点闭合,KM_1 常开辅助触点闭合,KM_1 常闭辅助触点断开,三相

电源 L_1、L_2、L_3 按 U—V—W 相序输入电动机,使电动机正转;反转时,按下按钮 SB_3,SB_3 的常闭触点断开,然后 SB_3 的常开触点闭合,反转接触器 KM_2 线圈通电,KM_2 主触点闭合,KM_2 常开辅助触点闭合,KM_2 常闭辅助触点断开。三相电源 L_1、L_2、L_3 按 W—V—U 相序输入电动机,使电动机反转。

　　停止时,按下停止按钮 SB_1,电动机停止。

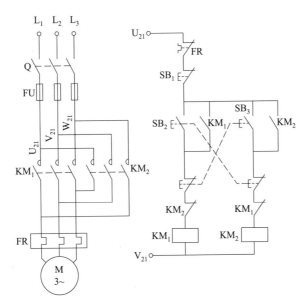

按钮和接触器双重互锁的电动机正反转控制线路运行过程

图 3-16　按钮和接触器双重互锁的电动机正反转控制线路

2. 线路的保护

　　熔断器 FU 起短路保护作用,热继电器 FR 起过载保护作用。这种既有接触器互锁又有按钮互锁的线路就被称为双重互锁。

3.6.4　电动机往复自动循环控制线路

　　机械设备中,如机床的工作台、高炉的加料设备等均需在一定的距离内能自动往复不断循环,以使工件能连续加工。图 3-17、图 3-18 是机床工作台往复循环的运动示意图和控制线路。实质上是用行程开关来自动实现电动机正反转的。组合机床、铣床的工作台常用这种电路实现往复循环。

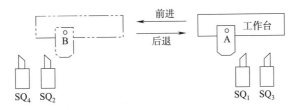

图 3-17　机床工作台往复循环的运动示意图

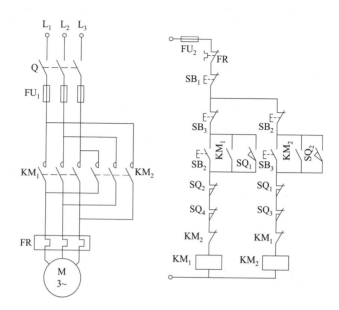

图 3-18　工作台往复循环的控制线路

SQ_1、SQ_2、SQ_3、SQ_4为行程开关,按要求安装在床身固定的位置上,反映加工终点与原位,当撞块压下行程开关时,其常开触点闭合,常闭触点断开。其实这是按一定的行程用撞块压行程开关,代替了人按按钮。

合上电源开关 Q,按下正向起动按钮 SB_2,接触器 KM_1 通电动作并自锁,电动机正转使工作台前进。当运行到 SQ_2 位置时,其常闭触点断开,KM_1 断电,电动机停转,同时,SQ_2 常开触点闭合,使 KM_2 通电,电动机反转,工作台后退。当撞块又压下 SQ_1 时,使 KM_2 断电,KM_1 又通电动作,电动机又正转使工作台前进,这样可一直循环下去。

SB_1 为停止按钮。SB_3 与 SB_2 为不同方向的复合起动按钮。之所以用复合按钮,是为了满足改变工作台方向时,不按停止按钮可直接操作。限位开关 SQ_3 与 SQ_4 安装在极限位置。当由于某种故障,工作台到达 SQ_1(或 SQ_2)位置时,未能切断 KM_2(或 KM_1)时,工作台继续移动到极限位置,压下 SQ_3(或 SQ_4),此时最终把控制线路断开,使电动机停止,避免工作台由于越出允许位置所导致的事故。因此 SQ_3、SQ_4 起限位保护作用。

上述这种用行程开关按照机床运动部件的位置或机件的位置变化所进行的控制,称为按行程原则的自动控制,或称行程控制。行程控制是机床和机床自动线应用最为广泛的控制方式。

3.7　组合机床控制线路的基本环节(选学)

3.7.1　多台电动机同时起动的控制线路

组合机床通常是多刀、多面同时对工件进行加工,这样就要求多台电动机同时起动,而且要求这些电动机能单独调整。图 3-19 为三台电动机同时起动控制线路。图中 KM_1、KM_2、KM_3 分别为三台电动机的起动接触器,SC_1、SC_2、SC_3 分别为三台电动机单独工作的调整开关。FR_1、FR_2、FR_3 分别为三台电动机的热继电器,以按钮 SB_2、SB_1 控制起停。

启动时，$SC_1 \sim SC_3$处于常开触点断开、常闭触点闭合的状态。按下SB_2，KM_1、KM_2、KM_3线圈同时得电并自锁，三台电动机同时起动。

如果要对某台电动机所控制的部件单独调整时，比如，对KM_1所控制的部件要做单独调整时。即需电动机M_1单独工作，只要扳动SC_3、SC_2使其常闭触点断开，常开触点闭合。这时按下SB_2，则只有KM_1得电并自锁，使M_1起动运行，达到单独调整的目的。

电路中$KM_1 \sim KM_3$常开辅助触点串联后形成自锁电路，当任一台电动机过载，热继电器动作时，保证其余两台电动机也不能工作，达到同时起动、同时保护的目的。由于多台电动机同时起动，将使电路起动电流过大，对电网有影响，应注意这一点。

3.7.2 两台动力头电动机同时起动、退至原位、同时与分别停止的控制线路

1. 两台动力头电动机同时起动与停止的控制线路

两台动力头加工时间相差不大、辅助时间较长时，为了装卸工件的安全和操作方便，可使两个动力头电动机同时起动、同时停止。图 3-20 为两台动力头电动机同时起动与停止的控制线路。

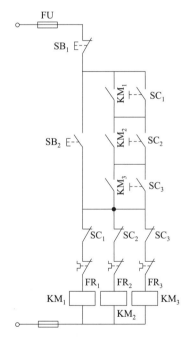

图 3-19 三台电动机同时起动的控制线路　　**图 3-20 两台电动机同时起动与停止的控制线路**

图中SQ_1、SQ_3为甲动力头在原位压动的行程开关，SQ_2、SQ_4为乙动力头在原位压动的行程开关，KA 为中间继电器，SC_1、SC_2为单调整开关。

起动时，按下SB_2，KM_1、KM_2通电并自锁，甲、乙两动力头电动机同时起动。当两个动力头离开原位后，$SQ_1 \sim SQ_4$全部复位，KA 通电并自锁，其常闭触点断开，KM_1、KM_2依靠SQ_1、SQ_2保持通电，动力头电动机继续工作。

当两个动力头加工结束，退回原位并同时压下$SQ_1 \sim SQ_4$，使KM_1、KM_2线圈断电，达到两台电动机同时停止的目的。此时KA 也断电，其常闭触点复原，为下次起动做好准备。操作SC_1或

SC_2可实现单台动力头调整工作。

2. 两台动力头电动机同时起动、分别停止的控制线路

两台动力头的加工循环周期相差悬殊、辅助时间也较长,为了节省电能,可使动力头电动机分别停止。图 3-21 为两台动力头电动机同时启动、分别停止的控制线路。图中各电气元件作用、意义与图 3-20 大体相同,电路基本原理基本相同,所不同的是采用复合按钮 SB_2 来实现两台电动机同时起动,当动力头加工结束,退回原位分别压下 $SQ_1 \sim SQ_4$ 行程开关,使 KM_1、KM_2 在不同时间断电,即两动力头可分别在不同时间停车。

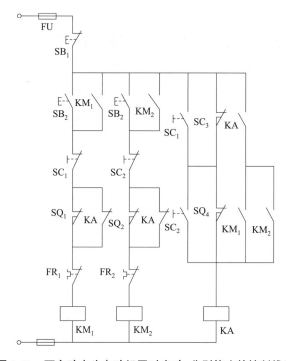

图 3-21   两台动力头电动机同时启动、分别停止的控制线路

3.7.3   主轴不转时引入和退出的控制线路

组合机床在加工中,有时要求进给电动机拖动的动力部件在主轴不旋转的状态下向前移动,当移动到接近工件加工部位时,主轴才开始起动。加工完毕,动力头退离工件时,主轴立即停转,而进给电动机在动力部件退回到位后才停止,并且在加工过程中,主轴电动机与进给电动机两者之间要互锁,以达到保护刀具、工件和设备安全的目的。

图 3-22 为主轴不转时引入和退出的控制线路。图中 KM_1、KM_2 分别为主轴电动机和进给电动机接触器。SC_1、SC_2 为单独调整开关,SQ_1、SQ_2 为限位开关,进给时,先压下 SQ_1 后压下 SQ_2,退回时先松开 SQ_2 再松开 SQ_1。起动时,按下 SB_2,KM_2 经 SQ_2 常闭触点通电并自锁,进给电动机起动,拖动部件开始进给,当进给到主轴接近工件加工部位时,挡铁压下 SQ_1,KM_1 通电,主轴电动机起动旋转,开始加工。此时 KM_1、KM_2 辅助触点分别接入对方线圈电路中。当运动部件继续前进一定位置(很小距离)后,SQ_2 被压下,使 KM_1、KM_2 线圈通过对方已闭合的常开辅助触点继续通电,构成互锁电路。在整个加工过程中,SQ_1、SQ_2 由挡铁一直压着。加

工结束,动力头退回,主轴退至一定位置时,挡铁先松开 SQ_2、KM_2 由 KM_1、KM_2 常开辅助触点并联供电,动力头继续后退。然后松开 SQ_1、KM_1 断电,主轴电动机停转,但 KM_2 仍自锁,进给系统继续退回,实现了主轴不转时的退出,直至动力头退至原位,按下 SB_1,进给电动机停转,加工过程结束。

通过操作单独调整开关 SC_1、SC_2,可以实现进给电动机和主轴电动机单独工作。

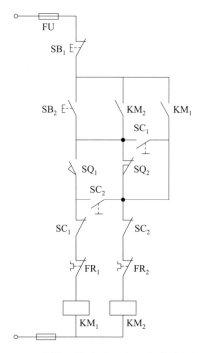

图 3-22　主轴不转时引入和退出的控制线路

3. 7. 4　危险区自动切断电动机的控制线路

组合机床加工工件时,往往对工件的不同表面以多把刀具同时进行加工,这就有可能出现刀具在工件内部发生相撞的危险,通常把刀具可能相碰的区域称为"危险区"。图 3-23 所示的电路就能使一个动力头在危险区之前停止,而让另一个动力头继续加工。待另一个动力头加工完毕后再起动预停的动力头,以完成全部加工。

图中 KM_1、KM_2 为甲、乙动力头接触器,KA_1、KA_2 为中间继电器,SQ_1、SQ_3 为甲动力头原位行程开关,SQ_2、SQ_4 为乙动力头原位行程开关,SQ_5 为甲动力头进入危险区时压动的限位开关。电路工作过程如下:按下 SB_2,中间继电器 KA_1 得电并自锁,同时 KM_1、KM_2 得电,甲、乙两动力头同时起动运行,当动力头离开原位后,$SQ_1 \sim SQ_4$ 全部复位,分别为 KA_1 和 KM_2 提供一条供电回路,同时使 KA_2 得电并自锁,其常闭触点断开,为加工结束停机做准备。当甲动力头加工进入危险区时,甲动力头压下行程开关 SQ_5,使 KM_1 断电,甲动力头停止,但乙动力头仍继续进给加工,直至加工结束,立即退回原位并压下 SQ_2、SQ_4,KM_2 断电,使乙动力头停止在原位,并使 KM_1 又再次得电,甲动力头重新起动向前进给,加工结束,快速退回原位并压下 SQ_1、SQ_3,使 KA_1、KA_2、KM_1 相继断电,整个加工循环结束。

单独调整动力头时,可分别操作 SC_1、SC_2。当需甲动力头单独工作,则操作 SC_2,使其常闭触点断开,使 KM$_2$ 无法得电,乙动力头不工作,SQ$_2$、SQ$_4$ 始终被压下,SC$_2$ 常开触点闭合,将 SQ$_4$ 短接,为 KA$_2$ 提供供电电路。此时按下 SB$_2$,KA$_1$ 得电并自锁,同时 KM$_1$ 得电,甲动力头进给,当进给到危险区,压下行程开关 SQ$_5$,但由于 SQ$_2$ 始终受压,KM$_1$ 经 SQ$_2$ 触点继续得电,直到加工结束,退到原位压下 SQ$_1$、SQ$_3$,使 KA$_1$、KA$_2$、KM$_1$ 相继断电,甲动力头单独工作结束。

当乙动力头单独工作时,操作开关 SC$_1$,其常闭触点断开,常开触点闭合,电路工作情况与自动循环和甲动力头单独工作时基本相同,不再重述。此时在 KA$_1$ 和 KM$_2$ 线圈电路之间设置的 SC$_1$ 常开触点的作用是:当单独调整乙动力头时,为了防止乙动力头离开原位而使 KA$_1$ 线圈断电,而另开辟的一条供电支路。这样,可保证乙动力头完成调整加工,直至乙动力头退回原位,压下 SQ$_2$,使 KA$_1$、KM$_2$ 断电,调整工作结束。

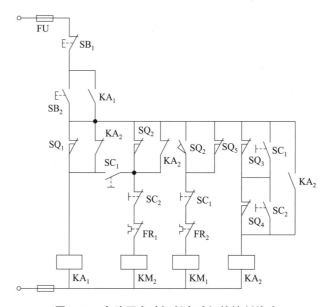

图 3-23   危险区自动切断电动机的控制线路

⚡小　结

通过对电气控制系统图的类型、画法及电气控制原理图绘制原则的学习,能够掌握电气控制原理图的识读和绘制方法;通过对电气控制线路的基本规律以及三相交流电动机全压起动相关控制线路内容的学习,能够熟练分析电动机控制线路的工作过程。

⚡习题与职业技能考核模拟

一、选择题

1. 电气测绘时,一般先测绘(　　　),最后测绘各回路。

    A. 输入端　　　　　　B. 主干线　　　　　　C. 负载端　　　　　　D. 主电路

2. 电气测绘中,发现接线错误时,首先应(　　　)。

    A. 做好记录　　　　　B. 重新接线　　　　　C. 继续测绘　　　　　D. 使故障保持原状

3. 在分析较复杂电气原理图的辅助电路时,要对照( )进行分析。

    A. 主电路   B. 控制电路

    C. 辅助电路   D. 联锁与保护环节

4. 电气测绘前,先要了解原电路的控制过程、控制顺序、控制方法和( )等。

    A. 布线规律   B. 工作原理   C. 元件特点   D. 工艺

5. 按钮联锁正反转控制线路的优点是操作方便,缺点是容易产生电源两相短路事故。在实际工作中,经常采用( )正反转控制线路。

    A. 按钮联锁   B. 接触器联锁

    C. 按钮、接触器联锁   D. 倒顺开关

6. 有甲、乙两个接触器,欲实现联锁控制,则应( )。

    A. 在甲接触器的线圈电路中串入乙接触器的常闭触点

    B. 在乙接触器的线圈电路中串入甲接触器的常闭触点

    C. 在两接触器的线圈电路中互串入对方的常闭触点

    D. 在两接触器的线圈电路中互串入对方的常开触点

7. 甲乙两个接触器,若要求甲接触器工作后才允许乙接触器工作,则应( )。

    A. 在乙接触器的线圈电路中串入甲接触器的常开触点

    B. 在乙接触器的线圈电路中串入甲接触器的常闭触点

    C. 在甲接触器的线圈电路中串入乙接触器的常闭触点

    D. 在甲接触器的线圈电路中串入乙接触器的常开触点

8. 下列电器中对电动机起过载保护的是( )。

    A. 熔断器   B. 热继电器

    C. 过电流继电器   D. 空气开关

二、判断题

1. 电气测绘一般要求严格按规定步骤进行。( )

2. 电气测绘最后绘出的是线路控制原理图。( )

3. 电气测绘最后绘出的是安装接线图。( )

4. 安装接线图只表示电气元件的安装位置、实际配线方式等,而不能明确表示电路的原理和电气元件的控制关系。( )

5. 分析控制线路时,如线路较简单,则可先排除照明、显示等与控制关系不密切的电路,集中进行主要功能分析。( )

6. 三相笼型异步电动机的电气控制线路,如果使用热继电器进行过载保护,就不必再装设熔断器进行短路保护。( )

7. 现有四个按钮,欲使它们都能控制接触器 KM 通电,则它们的常开触点应串联到 KM 的线圈电路。( )

8. 失电压保护的目的是防止电压恢复时电动机自起动。( )

三、简答题

1. 在电动机主电路中既然装熔断器,为什么还要装热继电器? 它们各有什么作用?

2. 在电动机正反转控制线路中,正反转接触器为什么要进行互锁控制? 互锁控制的方法有哪几种?

3. 画出三相交流异步电动机既能点动又能起动后连续旋转的控制线路。

4. 画出按钮和接触器双重互锁的正反转控制线路。

5. 画出自动往复循环控制线路,要求有限位保护。

6. 画出两地控制同一台电动机的起停控制线路,要求有短路保护和过载保护。

7. 画出两台三相交流异步电动机的顺序控制线路,要求其中一台电动机 M_1 起动后另一台电动机 M_2 才能起动,停止时两台电动机同时停止。

8. 画出三相交流异步电动机既能点动又能起动后连续旋转的控制线路。

第4章 电气控制线路的基本环节(二)

学习目标

知识目标

掌握三相异步电动机减压起动、变速控制、制动控制相关电气控制线路的原理和线路图。

技能目标

能够实际动手完成三相异步电动机减压起动、变速控制、制动控制相关电气控制线路的接线和排故。

素养目标

①培养学生动手操作的能力,团队协作能力与创新能力,有效实现课堂与生活相结合。

②培养学生一丝不苟、精益求精、从点滴做起的品质,追求大国工匠精神。

本章综述

本章首先介绍交直流电动机减压起动、调速、制动相关控制线路,然后介绍交流异步电动机的软起动和变频调速方法。

4.1 三相异步电动机减压起动控制线路

当电动机容量较大,或不满足式(3-1)条件时,不能进行直接起动,应采用减压起动。减压起动的目的是减少较大的起动电流,以减少对电网电压的影响。但起动转矩也将降低,因此,减压起动适用于空载或轻载下的起动。

三相异步电动机减压起动的方法有以下几种:Y-△减压、定子电路中串入电阻或电抗、使用自耦变压器、延边三角形起动和软起动器等。

4.1.1 Y-△减压起动控制线路

在正常运行时,电动机定子绕组是连成三角形的,起动时把它连接成星形,起动即将完毕时再恢复成三角形。

1. 按钮切换控制线路

图 4-1 为按钮切换Y-△减压起动控制线路。工作原理如下:

电动机Y接法起动:先合上电源开关 Q,按下 SB$_2$,KM 线圈通电,KM 自锁触点闭合,KM 主触点闭合,同时 KM$_Y$线圈通电,KM$_Y$主触点闭合,电动机Y接法起动,此时,KM$_Y$常闭联锁触点断开,使得 KM$_△$线圈不能通电,实现电气互锁。

电动机△接法运行:当电动机转速升高到一定值时,按下 SB$_3$,KM$_Y$线圈断电,KM$_Y$主触点断开,电动机暂时失电,KM$_Y$常闭联锁触点恢复闭合,使得 KM$_△$线圈通电,KM$_△$自锁触点闭合,同时,KM△主触点闭合,电动机△接法运行;KM△常闭联锁触点断开,使得 KM丫线圈不能通电,实现电气互锁。

这种起动电路由起动到全压运行,需要两次按动按钮不太方便,并且切换时间也不易准确掌握。为了克服上述缺点,也可采用时间继电器自动切换控制线路。

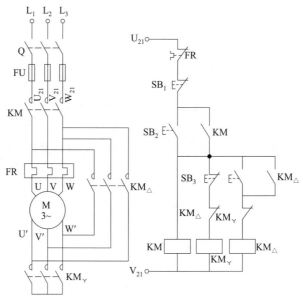

图 4-1   按钮切换丫-△减压起动控制线路

2. 时间继电器自动切换控制线路

图 4-2 是采用时间控制环节,合上 Q,按下 SB₂,接触器 KM 线圈通电,其常开主触点和辅助触点闭合并自锁。同时丫接触器 KM丫和时间继电器 KT 的线圈都通电,KM丫主触点闭合,电动机作丫连接起动。KM丫的常闭互锁触点断开,使△接触器 KM△线圈不能得电,实现电气互锁。

丫-△控制
线路运行过程

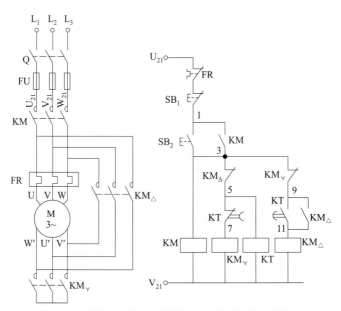

图 4-2   时间继电器自动切换丫-△减压起动控制线路

经过一定时间后,时间继电器的常闭延时触点打开,常开延时触点闭合,使得 KM$_\curlyvee$ 线圈断电,其常开主触点断开,常闭互锁触点闭合,使 KM$_\triangle$ 线圈通电,KM$_\triangle$ 常开触点闭合并自锁,电动机恢复△连接全压运行。KM$_\triangle$ 的常闭互锁触点断开,切断 KT 线圈电路,并使 KM$_\curlyvee$ 不能通电,实现电气互锁。

SB$_1$ 为停止按钮。必须指出,KM$_\curlyvee$ 和 KM$_\triangle$ 实行电气互锁的目的是为避免 KM$_\curlyvee$ 和 KM$_\triangle$ 同时通电吸合而造成严重的短路事故。另外,在△连接的电动机中,过载保护热继电器热元件与相绕组串联使用较为可靠。目前有 GC4 系列丫-△减压起动器等专用产品。

4.1.2　其他减压起动控制线路

1. 延边三角形减压起动控制线路

丫-△减压起动方法虽然简单方便,但由于启动转矩较小,应用受到一定的限制。为了克服丫-△减压起动时转矩小的缺点,可采用延边三角形起动方法。这种起动方法适用于定子绕组为特殊设计的异步电动机,例如 JO$_3$ 系列,它的定子绕组有九个接线头(通常的电动机定子绕组为六个接线头),如图 4-3(a)所示。

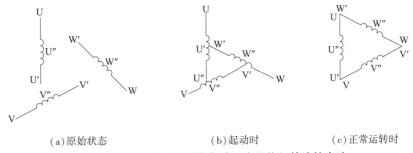

(a)原始状态　　　　　　(b)起动时　　　　　　(c)正常运转时

图 4-3　延边三角形接法的电动机定子绕组的连接方法

起动时,把定子三相绕组的一部分接成三角形,另一部分接成星形,使整个绕组接成图 4-3(b)所示电路。由于该电路像一个三角形的三边延长以后的图形,所以称为延边三角形起动电路。从图 4-3(b)中可以看出,星形接法部分的绕组既是各相定子绕组的一部分,同时又兼作另一相定子绕组的减压绕组。其优点是在 U、V、W 三相接入 380 V 电源时,每相绕组上所承受的电压比三角形接法时的相电压要低,比星形接法时的相电压要高,起动转矩也大于丫-△减压起动时的转矩。接成延边三角形时每相绕组的相电压、起动电流和起动转矩的大小,是根据每相绕组的两部分阻抗的比例(称为抽头比)的改变而变化的。在实际应用中,可根据不同的使用要求,选用不同的抽头比进行减压起动,待电动机起动旋转以后,再将绕组接成三角形,如图 4-3(c)所示,使电动机在额定电压下正常运行。

三相笼型异步电动机定子绕组接成延边三角形减压起动的控制线路如图 4-4 所示。

工作原理如下:按起动按钮 SB$_2$,接触器 KM$_1$ 和 KM$_3$ 通电吸合,电动机定子绕组接成延边三角形起动,这时时间继电器 KT 也同时通电。经过一定时间后,KT 的常闭延时触点断开,使 KM$_3$ 线圈断电,而 KT 的常开延时闭合触点闭合,KM$_2$ 通电吸合,定子绕组接成三角形正常旋转。

按下停止按钮 SB$_1$,各接触器均释放,电动机停转。

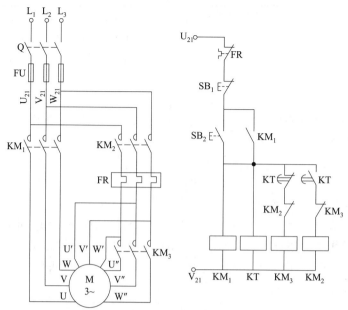

图 4-4　延边三角形减压起动控制线路

2. 定子串电阻减压起动控制线路

定子串电阻减压起动控制线路如图 4-5 所示。电动机起动时在三相定子电路中串联电阻，使电动机定子绕组电压降低，起动后再将电阻短接，电动机仍然在正常电压下运行。这种起动方式不受电动机接线形式的限制，设备简单，因而在中小型机床中也有应用。图中 KM_1 为接通电源接触器，KM_2 为短接电阻接触器，KT 为起动时间继电器，R 为减压起动电阻。

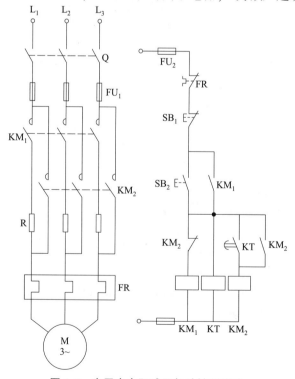

图 4-5　定子串电阻减压起动控制线路

工作原理:合上电源开关 Q,按下起动按钮 SB_2,KM_1 通电并自锁,电动机定子串入电阻 R 进行减压起动,同时,时间继电器 KT 通电,经延时后,其常开延时闭合触点闭合,KM_2 通电,将起动电阻短接,电动机进入全电压正常运行。KT 的延时长短根据电动机起动过程时间长短来确定。

电动机定子串电阻起动不受电动机绕组接法的限制,起动过程平滑,控制线路结构简单,但存在起动转矩小,电阻体积和能量消耗大等缺点。因此,对于较大容量电动机一般用串电抗器减压起动的办法来减少起动时的能量损耗。

3. 自耦变压器起动控制线路

自耦变压器减压起动(又名补偿器减压起动)是利用自耦变压器来降低起动时加在电动机定子绕组上的电压,达到限制起动电流的目的。电动机起动时,定子绕组得到的电压是自耦变压器的二次电压、一旦起动完毕,自耦变压器便被切除,额定电压或者说自耦变压器的一次电压直接加于定子绕组,这时电动机直接进入全电压正常运行。

自耦变压器减压起动常用一种叫做起动补偿器的控制设备来实现,可分手动控制与自动控制两种。

(1)手动控制起动补偿器减压起动

起动原理图如图 4-6 所示。启动时,合上电源开关 Q_1,将开关 Q_2 扳向"起动"位置,使电源加到自耦变压器 T 上,而电动机定子绕组与自耦变压器的抽头连接,电动机进入减压起动阶段。待电动机转速上升至一定值时,再将 Q_2 迅速扳向"运行"位置,使电动机直接与电源相接,在额定电压下正常运行。工厂中常用的手动控制起动补偿器的成品有 QJ_3 和 QJ_5 等。图 4-7 为 QJ_3 型手动控制起动补偿器控制线路原理图。

这种补偿器中,自耦变压器采用Y接法,各相绕组有一次电压的 65% 和 80% 两组抽头,可以根据起动时负载大小来选择。出厂时接在 65% 的抽头上。起动器的 U、V、W 的接线柱和电动机的定子绕组相连接,L_1、L_2、L_3 的接线柱和三相电源相连接。

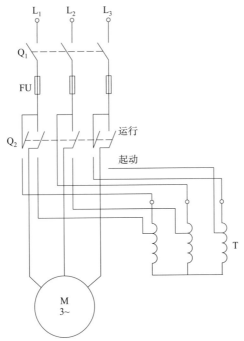

图 4-6　手动控制起动补偿器起动原理图

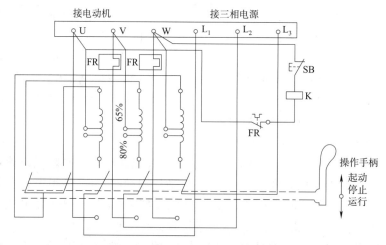

图 4-7 QJ₃型手动控制起动补偿器控制线路原理图

操作机构中,当操作手柄处在"停止"位置时,装在主轴上的动触点与两排触点都不接触,电动机不通电,处于停止状态;当操作手柄向前推到"起动"位置时,动触点与上面一排起动触点接触,电源通过动触点→起动静触点→自耦变压器→65%(或其他)抽头→电动机减压起动;当电动机转速升高到一定值时,将手柄扳到"运行"位置,此时动触点与下面一排运行静触点接触,电源通过动触点→运行静触点→热继电器→电动机,在额定电压下正常运行。若要停止,只要按下停止按钮,跨接在两相电源间的失电压脱扣线圈断电,衔铁释放,通过机械操作机构使补偿器手柄回到"停止"位置,电动机停转。

（2）自动控制起动补偿器减压起动

起动补偿器减压起动在许多需要自动控制的场合,常采用时间继电器自动控制起动补偿器减压起动。其控制线路如图4-8所示。

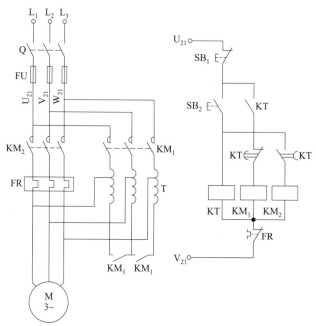

图 4-8 时间继电器自动控制起动补偿器减压起动控制线路

工作原理:起动时按下按钮 SB$_2$,接触器 KM$_1$ 和时间继电器 KT 同时通电,电动机通过自耦变压器作减压起动。当电动机转速升高到一定值时,KT 延时打开常闭触点,切断 KM$_1$ 线圈回路,KM$_1$ 释放使自耦变压器脱离电源。同时,KT 常开延时触点闭合,使 KM$_2$ 线圈通电,电动机直接接到电源,在额定电压下运行。SB$_1$ 为停止按钮。该控制线路一般只能用于 30 kW 以下电动机。

时间继电器自动控制起动补偿器也有现成产品,如 XJ$_{01}$ 型等。

4. 三相交流异步电动机软起动控制介绍

在众多生产领域中,由于三相异步电动机具有结构简单、运行可靠、维修简便、价格适宜等特点,在电力拖动机械中有 90% 以上是由三相异步电动机驱动的。按常规惯例,对较大容量的三相异步电动机的起动,一般均采用Y-△起动、串电抗器起动或者是自耦变压器减压起动。这几种起动方式由于技术比较成熟,所以目前在工农业生产中仍然在大范围应用。但是不管采用什么方式起动,由于三相异步电动机的起动电流瞬时会形成一个很高的冲击电流(直接起动电流值是电动机额定电流的 4 ~ 8 倍),这给供电设备或电网中的电源电压在一定范围内形成短暂的减压现象,而且电动机的容量越大,造成这种现象也就越严重。同时由于是硬性起动也会给供电系统和电气设备造成一定的伤害。中大功率的三相异步电动机起动问题由来已久,电气技术人员一直在试图找出一种能够彻底解决问题的办法。

随着科学技术的飞速发展和计算机控制技术的日趋成熟,近年来一种以计算机为核心,采用双向晶闸管为主控回路的智能化新型控制器"电动机软起动器"已经在工业生产领域中崭露头角,它以控制方式灵活简便,对供电系统和电气设备冲击小且控制元件不易损坏以及维护方便等诸多优点正逐步取代传统的控制装置。

(1)三相交流异步电动机软起动装置的工作原理

目前使用的软起动器,基本上是以单片机为中央控制器控制核心来完成检测及各种控制算法,用程序软件自动控制整个起动过程。它通过单片机及相应的数字电路控制晶闸管触发脉冲的导通角大小,从而改变晶闸管的导通时间,最终改变电动机三相绕组的电压大小。由于电动机转矩近似与定子电压的二次方成正比,电流又和定子电压成正比。这样,电动机的起动转矩和起动电流的限制可以通过定子电压的控制来实现,而定子电压又可通过晶闸管的导通角来控制,所以不同的初始相角可实现不同的端电压,电动机的起动转矩和起动电流的最大值可根据负载而设定,以满足不同的负载起动要求。电动机起动过程中,晶闸管的导通角逐渐增大,其输出电压也逐渐增大,电动机从零开始加速,直到晶闸管全导通,从而实现电动机的无级平滑起动,并使电动机工作在额定电压的机械特性上。

电动机在起动过程中,装置输出电压按一定规律上升,被控电动机电压由起始电压平滑地增加到全电压,其转速随控制电压变化而发生相应的软性变化,即转速由零平滑地加速至额定转速。

(2)三相交流异步电动机软起动装置的起动方式

①限流起动。限流起动就是在电动机的起动过程中限制其起动电流不超过某一设定值的软起动方式。这种起动方式的优点是起动电流小,且可按需要调整起动电流的限定值。适用于风机、泵类负载。

②电压斜坡起动。输出电压由小到大斜坡线性上升,它是将传统的减压启动从有级变成了无级。这种起动方式简单,不具备电流闭环控制,仅控制晶闸管的导通角,便使起动电压以设定的速率增加,然后再转为额定电压。其缺点是初始转矩小,转矩特性抛物线形上升,对拖动系统

不利,适用于重载起动的电动机。

③转矩控制起动。按照电动机的起动转矩线性上升的规律控制输出电压。其优点是起动平滑、柔性好、对拖动系统有利。同时,减少对电网的冲击,是最优的重载起动方式。

（3）三相交流异步电动机软起动装置的功能特点

①在起动过程和制动过程中,避免了运行电压、电流的急剧变化,有益于控制电动机和传动机械,更有益于电网的稳定运行。

②在起动和制动过程中,实施晶闸管无触点控制,装置使用寿命长,故障事故率低且免检修。

③集相序、缺相、过热、起动过电流、运行过电流和过载的检测及保护于一身,节电、安全、功能强。

④实现以最小起始电压(电流)获得最佳转矩的节电效果。

（4）三相交流异步电动机软起动装置的保护

软起动器的电动机保护功能有:相序保护、缺相保护、起动过电流保护、运行过电流保护、运行过载保护及电动机长时间不能完成起动过程保护。

软起动器的保护功能动作时,软起动器将产生停机输出,并在控制面板上直接显示其原因。

（5）三相交流异步电动机软起动装置系列产品介绍

下面以 CMC-L 型软起动器为例进行介绍。

①实物接线图。如图 4-9 所示,软起动器直接接在空气断路器与三相交流异步电动机之间。

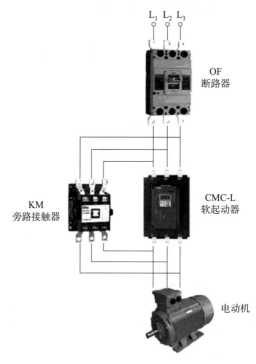

图 4-9　CMC-L 型软起动器实物接线图

②基本原理图。如图 4-10 所示,按照对应端子与外部进行连接。

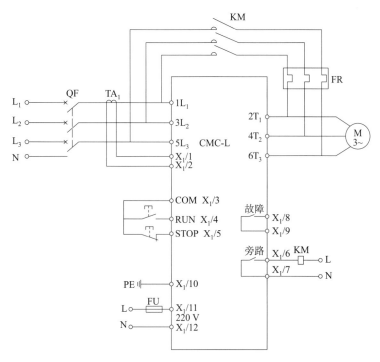

图 4-10 CMC-L 型软起动器原理图

③面板示意图。如图 4-11 所示,CMC-L 型软起动器可由控制面板进行操作。

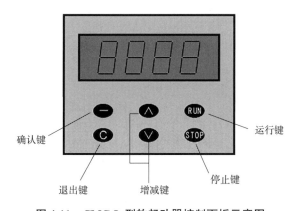

图 4-11 CMC-L 型软起动器控制面板示意图

⚡4.2 三相异步电动机变速控制线路

4.2.1 改变磁极对数调速原理

电网频率固定以后,电动机的同步转速与它的磁极对数成反比。若改变定子绕组的接法来改变定子的磁极对数,其同步转速也会随之变化。若变更一次电动机绕组的极数,可以获得两个同步转速等级的电动机,称为双速电动机,若变更二次电动机绕组的极数,获得三个速度等级,称为三速电动机。同理,可有四速、五速等多速电动机,但要受定子结构及绕组接线的限制。

当电动机定子绕组磁极对数改变以后,它的转子绕组必须相应的重新组合。而绕线转子异步电动机往往无法满足这一要求。由于笼型异步电动机转子绕组本身没有固定的极数。所以,变更绕组磁极对数的调速方法一般仅适用于这种类型的异步电动机。变更笼型异步电动机定子绕组磁极对数可采用下列两种方法:

①改变定子绕组的接法,或者变更定子绕组每相电流方向。

②在定子上设置具有不同磁极对数的两套互相独立的绕组。

有时为了使同一台电动机获得更多的速度等级,常将上述两种方法同时采用,这样,既在定子上设置了两套互相独立的绕组,又使每套绕组具有变更电流方向的能力。下面以双速异步电动机为例,说明用变更绕组接法来实现改变磁极对数的原理。

图 4-12 是 4 极/2 极定子绕组接线示意图。其中图 4-12(a)表示出了三相定子绕组接成三角形(U、V、W 接电源,U″、V″、W″接线端悬空)。此时,每相绕组中 1、2 线圈相互串联,其电流方向见图中虚线箭头。应用右手螺旋定则就可判断它的磁场方向,磁场具有 S、N、S、N 四个极(即两对磁极),如图 4-13(a)所示。同理,三相定子绕组接成双星形(U″、V″、W″接电源,U、V、W 接线短接),接线图如图 4-12(b)所示。此时每组组中 1、2 线圈相互并联,电流方向见图中实线箭头,磁场具有 S、N 两个极(即一对磁极),如图 4-13(b)所示。

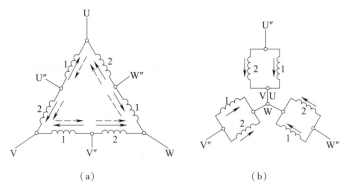

图 4-12 △/丫丫变换

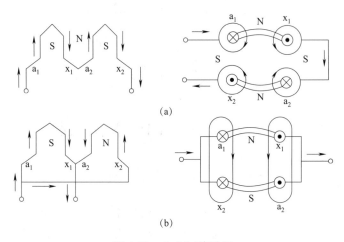

图 4-13 △/丫丫的磁场

由上述可知,变更电动机定子绕组的接线,就改变了磁极对数,也改变了速度等级,其中△接线对应低速,而丫丫接线对应高速。

4.2.2　双速异步电动机控制线路

双速异步电动机是变极调速中最常用的一种形式。

1. 双速异步电动机定子绕组的连接

定子绕组的连接方法如图 4-14 所示。其中,图 4-14(a)为电动机的三相绕组接成三角形,三个电源线连接在接线端 U、V、W,每个绕组的中性点接出的接线端 U″、V″、W″空着不接,此时电动机磁极为四极,同步转速为 1 500 r/min。

要使电动机以高速工作时,只需把电动机绕组接线端 U、V、W 短接,U″、V″、W″的三个接线端接电源,如图 4-14(b)所示。此时,电动机定子绕组为丫丫连接,磁极为两极,同步转速为3 000 r/min。必须注意,从一种接法改为另一种接法时,为了保证旋转方向不变,应把电源相序反过来,如图 4-14(b)所示。双速异步电动机旋转时的转速接近低速时的两倍。

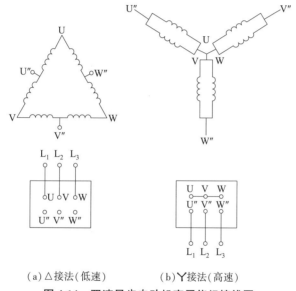

(a)△接法(低速)　　　(b)丫接法(高速)

图 4-14　双速异步电动机定子绕组接线图

2. 按钮控制线路

双速异步电动机的控制线路如图 4-15 所示。工作原理如下:先合上电源开关 Q,按下低速起动按钮 SB_2,接触器 KM_1 通电吸合并自锁,电动机作△连接,以低速运转,如需换为高速旋转,可按下高速起动按钮 SB_3,于是接触器 KM_1 线圈断电释放,同时接触器 KM_2 通电吸合并自锁,电动机定子绕组作丫丫连接并且电源相序已改变,以高速同方向旋转。

3. 时间继电器自动控制线路

有时为了减少高速运动时的能耗,起动时电动机先按△连接低速起动,然后自动地转为丫丫连接高速运行。这个过程可以用时间继电器来控制,其主电路和图 4-15 相同,控制线路如图 4-16 所示。工作原理如下:按下 SB_2 时,时间继电器 KT 通电,其延时打开常开触点(9-11)瞬时闭合,接触器 KM_1 因线圈通电而吸合,电动机定子绕组接成△起动。同时中间继电器 KA 通电吸合并自锁,使时间继电器 KT 断电,经过延时,KT(9-11)触点断开,接触器 KM₁断电,使接触器 KM₂通电,电动机便自动地从△改变成YY运行,完成了自动加速过程。

这里应注意,图4-16 中的 KM₂要选用 CJ12B 系列的带五个主触点的接触器,或将电路作适当的变动,选用两只 CJX1 系列的接触器替代。

双速异步电动机的控制线路运行过程

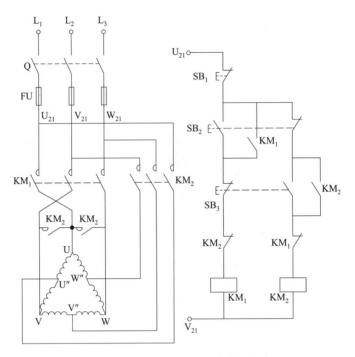

图 4-15　双速异步电动机的控制线路

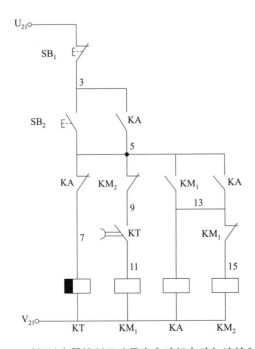

图 4-16　时间继电器控制双速异步电动机自动加速控制线路

⚡4.3　三相异步电动机制动控制线路

许多机床如万能铣床、卧式镗床、组合机床都要求迅速停车和准确定位。这就要求对电动机进行制动,使其立即停车。制动停车的方式有两大类:机械制动和电气制动。机械制动采用机械抱闸或液压装置制动,电气制动实质上是使电动机产生一个与原来转子的转动方向相反的制动转矩,机床中经常应用的电气制动是能耗制动和反接制动。

4.3.1　电磁式机械制动控制线路

在切断电源以后,利用机械装置使电动机迅速停转的方法称为机械制动。应用较普遍的机械制动装置有电磁抱闸和电磁离合器两种,这两种制动装置的制动原理基本相同。下面以电磁抱闸说明机械制动原理。

1. 电磁抱闸的结构

电磁抱闸主要包括两部分:制动电磁铁和闸瓦制动器。制动电磁铁由铁芯、衔铁和线圈三部分组成。闸瓦制动器由闸轮、闸瓦、杠杆和弹簧等部分组成,闸轮与电动机装在同一根轴上。

2. 机械制动控制线路

机械制动控制线路有断电制动和通电制动两种。

①断电制动控制线路用在电梯、起重机、卷扬机等一类升降机械上。采用制动闸平时处于"抱住"状态的制动装置,其控制线路如图4-17所示。工作原理:合上电源开关 Q,按起动按钮 SB_2,其接触器 KM 通电吸合,电磁抱闸线圈 YB 通电,使抱闸的闸瓦与闸轮分开,电动机起动,当需要制动时,按停止按钮 SB_1,接触器 KM 断电释放,电动机的电源被切断。与此同时,电磁抱闸线圈 YB 也断电,在弹簧的作用下,使闸瓦与闸轮紧紧抱住,电动机被迅速制动而停转。这种制动方法不会因中途断电或电气故障的影响而造成事故,比较安全可靠。但缺点是电源切断后,电动机轴就被制动不能转动,不便调整,而有些生产机械(如机床等),有时还需要用人工将电动机的转轴转动,这时应采用通电制动控制线路。

②通电制动控制线路用在像机床一类经常需要调整加工工件位置的机械设备。采用制动闸平时处于"松开"状态的制动装置。图4-18为电磁抱闸通电制动控制线路,该控制线路与断电制动型不同,制动的结构也有所不同。在主电路有电流流过时,电磁抱闸线圈没有电压,这时抱闸与闸轮松开。按下停止按钮 SB_1 时,主电路断电,通过复合按钮 SB_1 常开触点的闭合,使 KM_2 线圈通电,电磁抱闸 YB 的线圈通电,抱闸与闸轮抱紧进行制动。当松开按钮 SB_1 时,电磁抱闸 YB 线圈断电,抱闸松开。

这种制动方法在电动机不转动的常态下,电磁抱闸线圈无电流,抱闸与闸轮也处于松开状态。这样,如用于机床,在电动机未通电时,可以用手拨动主轴以调整和对刀。

该控制线路的另一个优点是,只有将停止按钮 SB_1 按到底,接通 KM_2 线圈电路时才有制动作用,如只要停车而不需制动时,可按 SB_1 不到底。这样就可以根据实际需要,掌握制动与否,从而延长了电磁抱闸的使用寿命。

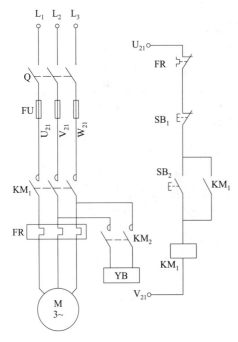

图 4-17　电磁抱闸断电制动控制线路

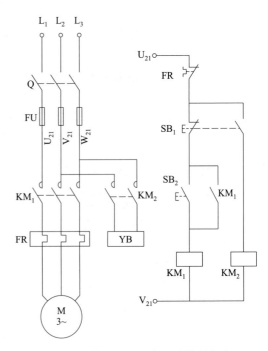

图 4-18　电磁抱闸通电制动控制线路

4.3.2　电气制动控制线路

1. 反接制动

（1）反接制动的基本原理

将电动机的三根电源线的任意两根对调称为反接。若在停车前，把电动机反接，则其定子旋转磁场便反方向旋转，在转子上产生的电磁转矩亦随之反方向，成为制动转矩，在制动转矩作用下电动机的转速便很快降到零，称为反接制动。必须指出，当电动机的转速接近于零时，应立即切断电源，否则电动机将反转。在控制线路中常用速度继电器来实现这个要求。

（2）单向起动的反接制动控制线路

图 4-19 为该控制线路的原理图。由于反接制动时制动电流比直接起动时的起动电流还要大，故在主电路中需要串入限流电阻 R。控制线路的工作原理如下：

按下启动按钮 SB_2，正接接触器 KM_1 吸合，电动机直接起动，电动机转速升高以后，速度继电器的常开触点 KS 闭合，为反接制动接触器 KM_2 接通做准备。停车时，按下停止按钮 SB_1，SB_1 的常闭触点分断，常开触点闭合，此时接触器 KM_1 断电释放，其常闭互锁触点闭合，使 KM_2 通电吸合，将电动机的电源反接，进行反接制动。电动机转速迅速降低，当转速接近于零时，速度继电器的常开触点 KS 分断，KM_1 断电释放，电动机脱离电源，制动结束。

反接制动的制动力矩较大，冲击强烈，易损坏传动零件，而且频繁的反接制动可能使电动机过热。使用时必须引起注意。

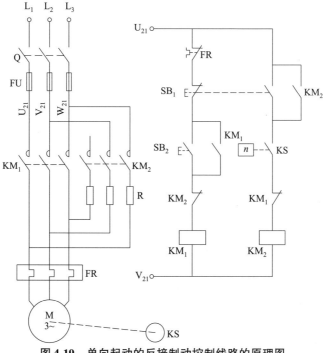

图 4-19 单向起动的反接制动控制线路的原理图

2. 能耗制动

能耗制动是三相异步电动机要停车时,在切除三相电源的同时,把定子绕组接通直流电源,在转速接近零时再切除直流电源。

图 4-20 所示控制线路就是为了实现上述的过程而设计的,这种制动方法,实质上是把转子原来"存储"的机械能,转变成电能,又消耗在转子的制动上,所以称为"能耗制动"。

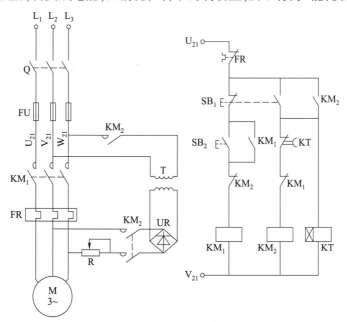

三相异步电动机能耗制动控制线路运行过程

图 4-20 三相异步电动机能耗制动控制线路

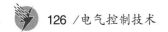

图 4-20 是用时间继电器实现能耗制动的控制线路。图中整流装置由变压器和整流元件组成，KM₂ 为制动用接触器，KT 为时间继电器。控制线路工作过程如下：

按下按钮 SB₂，接触器 KM₁ 通电，电动机 M 起动；按下按钮 SB₁，接触器 KM₁ 断电，接触器 KM₂ 通电，此时电动机处于能耗制动的过程，同时时间继电器 KT 通电，当到达 KT 的预设时间后，KT 的常闭辅助触点断开，接触器 KM₂ 断电，能耗制动过程结束。

制动作用的强弱与通入直流电流的大小和电动机转速有关。在同样的转速下，电流越大制动作用越强。一般取直流电流为电动机空载电流的 3 ~ 4 倍，过大将使定子过热。图 4-20 所示直流电源中串联的可调电阻 R，可调节制动电流的大小。

⚡ 4.4 直流电动机的控制线路（选学）

4.4.1 直流电动机起动、正、反转及制动控制线路

直流电动机具有良好的起动、制动与调速性能，容易实现直流电动机各种运行状态的自动控制。在工业生产中，直流拖动系统得到了广泛的应用。

直流电动机有串励、并励、复励和他励四种，其控制线路基本相同。

1. 直流电动机起动控制

对直流电动机起动控制的要求与交流电动机类似，即在保证足够大的起动转矩下，尽可能地减小起动电流，通常采用分级起动，起动级数不宜超过三级。他励、并励直流电动机在起动控制过程中施加电枢电压前，必须先接上额定的励磁电压，其原因之一是为了保证起动过程中产生足够大的反电动势以减小起动电流；其二是为了保证产生足够大的起动转矩，加速起动过程；其三是为了避免由于励磁磁通为零而产生的"飞车"事故。

2. 直流电动机正反转控制

改变直流电动机转向有两种方法：一是保持电动机励磁绕组端电压的极性不变，改变电枢绕组端电压的极性；二是保持电枢绕组端电压的极性不变，改变电动机励磁绕组端电压的极性。上述两种方法都可以改变电动机的旋转方向，但如果两者的电压极性同时改变，电动机的旋转方向维持不变。

在采用改变电枢绕组端电压极性的方法时，因主电路电流较大，故接触器的容量也较大，并要求采用灭弧能力强的直流接触器，这给使用带来了不方便。对于大电流系统常通过改变直流电动机励磁电流的极性来改变电动机转向，因为电动机的励磁电流仅为电枢额定电流的 2% ~ 5%，故使用的接触器容量要小得多。但为了避免在改变励磁电流方向的过程中，因励磁电流为零而产生"飞车"现象，要求改变励磁电流方向的同时要切断电枢绕组的电源。另外，考虑到励磁绕组的电感量很大，触点断开时容易产生很高的自感电动势，故需加设吸收装置。在直流电动机正、反转控制线路中，通常要设置制动和联锁电路，以确保在电动机停转后，再反向起动，以免直接反向产生过大的电流冲击。

3. 直流电动机的制动控制

直流电动机的电气制动方法有能耗制动、反接制动和再生发电制动等几种方式。

（1）能耗制动

切断电枢电源而保持其励磁为额定状态不变，这时电动机因惯性而继续旋转，成为直流

发电机。如果用一个电阻 R 使电枢绕组成为闭合回路,则在此回路中产生电流和制动转矩,使拖动系统的动能转化为电能并在转子回路中以发热形式消耗掉,故此种制动方式称为能耗制动。由于能耗制动较为平稳,所以在要求准确停机的生产机械中应用较普遍。

(2)反接制动

保持励磁为额定状态不变,将反极性的电源接到电枢绕组上,从而产生制动转矩,迫使电动机迅速停止。在进行反接制动时要注意两点:一是要限制过大的制动电流,制动时在电枢电路中串入反接制动电阻;二是在电动机不要求反转的场合,防止电动机反向再起动,通常以转速(电动势)为变化参量进行控制。

(3)再生发电制动

该制动方法存在于重物下降的过程中,如吊车下放重物或电力机车下坡时进行。此时电枢及励磁电源处于某一定值,电动机转速超过了理想空载转速,电枢的反电动势也将大于电枢的供电电压,电枢电流反向,产生制动转矩,使电动机转速限制在一个高于理想空载转速的稳定转速上,而不会无限增加。

4.4.2　并励直流电动机的起动、调速、制动线路

1. 并励直流电动机的起动

电动机工作时,转子总是从静止状态开始转动,转速逐渐上升,最后达到稳定运行状态,由静止状态到稳定运行状态的过程称为起动过程。

由于直流电动机电枢电阻阻值很小,额定电压下直接起动时,起动电流很大,可达额定电流的 10 ~ 20 倍,起动转矩也很大。过大的起动电流将引起电网电压的下跌,影响其他用电设备的正常工作,而电动机自身的换向器也将产生剧烈的火花,同时很大的起动转矩会使轴上受到强烈的机械冲击,严重时将损坏电力拖动系统中的传动装置,所以全压起动只限用于容量很小的直流电动机。并励直流电动机电枢回路串电阻起动电路如图 4-21 所示。

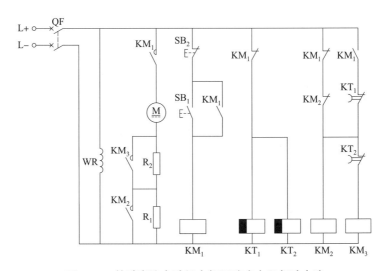

图 4-21　并励直流电动机电枢回路串电阻起动电路

2. 并励直流电动机的调速

并励直流电动机的调速有电枢回路串电阻调速、改变主磁通调速以及改变电枢电压调速三种方法。

(1)电枢回路串电阻调速

电枢回路串电阻调速是在电枢回路中串联调速变阻器来实现的(见图4-22)。这种调速方法的特点是:只能使电动机的转速在额定转速以下范围内进行调节,故其调速范围不大,一般为0.7~1倍;调速电阻RP长期通过较大的电枢电流,不但消耗大量的电能,而且使机械特性变软,转速受负载影响变化大,所以不经济,稳定性较差。这种调速方法所需设备简单、操作方便、投资少,所以,对于短期工作、功率不太大且机械特性硬度要求不太高的场合仍广泛采用。

(2)改变主磁通调速

改变主磁通调速是通过改变直流电动机励磁电流大小来实现的(见图4-23)。这种调速方法的特点是:由于调速是在励磁回路中进行,功率较小,故能量损失小,控制方便;速度变化比较平滑,但转速只能往上调,不能在额定转速以下调节,故往往只能与其他调速方法结合使用,作为辅助调速;调速范围窄,在磁通减少太多时,由于电枢磁场对主磁场的影响加大,会使电动机火花增大,换向困难,最高转速控制在1.2倍额定转速范围以内;在减少励磁电流调速时,如果负载转矩不变,电枢电流必然增大,要防止电流太大带来的问题。

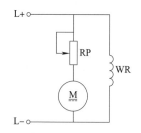

图4-22 并励直流电动机电枢回路串电阻调速　　　　　**图4-23 并励直流电动机改变主磁通调速**

(3)改变电枢电压调速

由于电网电压一般是不变的,所以这种调速方法适用于并励直流电动机的调速控制且必须配置专用的直流调压设备。

工业生产中,通常采用并励直流发电机作为并励直流电动机电枢的电源,组成直流发电机-电动机拖动系统,简称 G-M 系统。

这种调速方法的特点是:改变电枢调速时,机械特性的斜率不变,所以调速的稳定性好;电压可作连续性变化,调速的平滑性好,调速范围广;属于恒转矩调速,电动机电压不允许超过额定值,只能由额定值往下降低电压调速;电源设备投资费较大,但电能损耗小,效率高。

3. 并励直流电动机的制动

并励直流电动机的制动方法有机械制动和电力制动。机械制动常用的方法是电磁抱闸制动器制动;电力制动常用的方法有能耗制动、反接制动和回馈制动三种。

(1)能耗制动

能耗制动是维持直流电动机的励磁电源不变,只切断直流电动机电枢绕组的电源,再接入一个外加制动电阻,使电枢绕组与外加制动电阻串联构成闭合回路,将机械能变为热能消耗在电枢和制动电阻上,迫使电动机迅速停转,如图4-24所示。

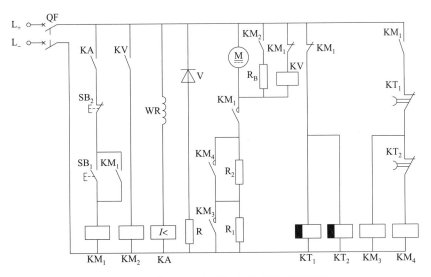

图 4-24　并励直流电动机能耗制动控制线路

（2）反接制动

反接制动是通过改变电枢电流或励磁电流的方向，来改变电磁转矩方向，形成制动力矩，迫使电动机迅速停转。并励直流电动机的反接制动通常是利用改变电枢电流的方向来实现的。图 4-25 所示为并励直流电动机双向起动反接制动控制线路，如图 4-25 所示。

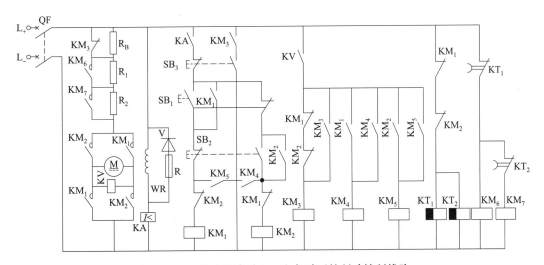

图 4-25　并励直流电动机双向起动反接制动控制线路

（3）回馈制动

回馈制动只适用于当电动机的转速大于理想空载转速 n_0 的场合。此时电动机处于发电机状态运行，将发出的电能回馈给电网，电动机处于发电制动状态。

4.4.3 串励直流电动机的起动、调速、正反转控制、制动线路

1. 串励直流电动机基本控制线路

串励直流电动机与并励直流电动机相比较,主要有以下特点:一是具有较大的起动转矩,起动性能好;二是过载能力强。因此,在要求有大的起动转矩、负载变化时,转速允许变化的恒功率负载的场合,如起重机、电力机车等,宜采用串励直流电动机。

2. 串励直流电动机的起动控制

串励直流电动机与并励直流电动机一样,常采用电枢回路串联起动电阻的方法进行起动,以限制起动电流。

3. 串励直流电动机的调速

串励直流电动机的电气调速方法与并励直流电动机的电气调速方法相同,即电枢回路串电阻调速、改变主磁通调速和改变电枢电压调速三种方法。其中,改变主磁通调速,在大型串励直流电动机上,常采用在励磁绕组两端并联可调分流电阻的方法进行调磁调速;在小型串励直流电动机上,常采用改变励磁绕组的匝数或接线方式来进行调速。

4. 串励直流电动机的正反转控制

由于串励直流电动机电枢绕组两端的电压很高,而励磁绕组两端的电压很低,反接较容易,所以串励直流电动机的反转常采用励磁绕组反接法来实现。

5. 串励直流电动机的制动控制

由于串励直流电动机的理想空载转速趋于无穷大,所以运行中不可能满足回馈电制动的条件,因此,串励直流电动机制动方法只有能耗制动和反接制动两种。

4.5 绕线转子异步电动机控制线路(选学)

三相绕线转子异步电动机可以通过滑环在转子绕组中串联外加电阻,来减少起动电流,提高转子电路的功率因数,增加起动转矩,并通过改变所串电阻大小进行调速,因此,在一般要求起动转矩较高和需要调速的场合,绕线转子异步电动机得到了广泛的应用。

4.5.1 绕线转子异步电动机转子回路串电阻起动的控制线路

图 4-26 为用电流继电器控制的绕线转子异步电动机转子回路串电阻起动的控制线路,它是根据电动机在起动过程中转子回路里电流的大小来逐步切除电阻的。图中,KM_2、KM_3 为短接电阻接触器,R_1、R_2 为转子电阻,KA_1 和 KA_2 是电流继电器,它们的线圈串联在电动机转子回路中,KA_1 和 KA_2 的选择原则是:它们的吸合电流可以相等,但 KA_1 的释放电流应大于 KA_2 的释放电流。

工作原理:合上电源开关 Q,按下起动按钮 SB_2,接触器 KM_1 通电吸合并自锁,电动机 M 开始串电阻起动,中间继电器 KA 通电吸合,其常开触点闭合。这时由于起动过程刚开始,故起动电流很大,使 KA_1 和 KA_2 吸合,KA_1 和 KA_2 的常闭触点断开,保证接触器 KM_2 与 KM_3 处于释放状态,全部起动电阻均串入转子回路。随着电动机转速的逐渐升高,转子回路中电流逐渐减小。当小到 KA_1 的释放电流值时,KA_1 便释放,其常闭触点闭合,接通接触器 KM_2,KM_2 的主触点闭合,短接了电阻 R_1,当 R_1 被切除后转子电流重新增大,但当转速又上升时转子电流又减小,当小到 KA_2 的释放电流值时,KA_2 便释放,其常闭触点闭合,使接触器 KM_3 通电吸合,短接电阻 R_2,电

流又重新增大,使电动机转速继续上升到额定值,完成整个起动过程。

　　电路中的中间继电器 KA 的作用是保证刚开始起动时,接入全部起动电阻。若无 KA,当起动电流由零上升到尚未达到吸合值时,KA_1、KA_2 未吸合,而 KM_2 和 KM_3 同时通电吸合,将电阻 R_1 和 R_2 短接,电动机直接起动。电路中采用了中间继电器 KA 以后,在 KM_1 通电动作后,才使 KA 通电,KA 的常开触点才闭合,在此之前,起动电流已达到电流继电器吸合值并已动作,KA_1、KA_2 常闭触点已将 KM_2 和 KM_3 电路切断,这就保证了起动时电阻全部接入转子回路。

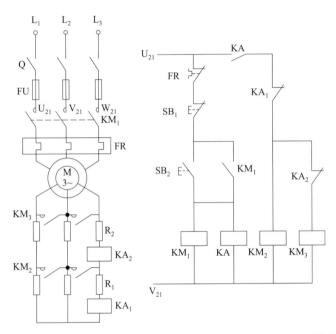

图 4-26　电流继电器控制的绕线转子异步电动机转子回路串电阻起动的控制线路

4.5.2　绕线转子异步电动机转子绕组串频敏变阻器的起动控制线路

　　绕线转子异步电动机转子回路串电阻的起动方法,由于在起动过程中逐渐切除转子电阻,在切除的瞬间电流及转矩会突然增大,产生一定的机械冲击力。如果想减小电流的冲击,必须增加电阻的级数,这将使控制线路复杂,工作性能不可靠,而且起动电阻的体积较大。频敏变阻器的阻抗能够随着电动机转速的上升、转子电流频率的下降而自动减小,所以它是绕线转子异步电动机较为理想的一种起动装置,常用于较大容量的绕线转子异步电动机的起动控制。

　　1. 频敏变阻器的工作原理

　　三相绕组通入电流后,由于铁芯是用厚钢板制成。交流磁通在铁芯中产生很大的涡流,产生很大的铁芯损耗。频率越高,涡流越大,铁损也就越大。交变的磁通在铁芯中的损耗可等效地看作电流在电阻中的损耗,因此,频率变化时相当于等效电阻的阻值在变化。

　　在电动机刚起动的瞬间,转子电流的频率最高,频敏变阻器的等效阻抗最大,限制了电动机的起动电流;随着转子转速的提高,转子电流的频率逐渐减小,频敏变阻器的等效阻值也逐渐减小,从而使电动机转速平稳地上升到额定转速。

　　优点:减少起动电流,增大起动转矩,具有等效起动电阻随转速升高自动且连续减小的优点,所以其起动的平滑性优于转子回路串电阻起动。此外,频敏变阻器还具有结构简单、价格便宜、运行可靠、维护方便等优点。

缺点：频敏变阻器具有一定的电抗，使电动机功率因数降低，在同样的起动电流下，起动转矩要减小一些。

2. 转子绕组串频敏变阻器的起动控制线路

如图 4-27 和图 4-28 所示，此电动机起动方式为自动起动型。采用时间继电器控制起动时间。操作方便、简捷。

工作原理如下：合上电源开关 QS，按 SB₁，KM₁ 自锁触点闭合自锁，KM₁ 常开触点闭合，KM₁ 主触点闭合，电动机得电，串频敏变阻器起动，同时时间继电器 KT 由 KM₂ 闭合得电吸合，KT 整定时间，时间到后 KT 延时常开触点闭合。KM₂ 线圈通电，KM₂ 接触吸合，KM₂ 自锁触点闭合，KM₂ 自锁。KM₂ 主触点闭合，频敏变阻器被短路切除。此时 KM₂ 常闭触点断开，时间继电器 KT 线圈断电，KT 延时常开触点断开，起动结束。停止时按下 SB₂ 即可。

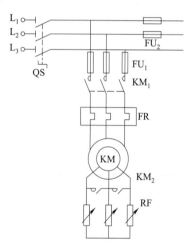

图 4-27　转子绕组串频敏变阻器
的起动控制线路主电路

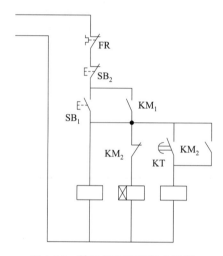

图 4-28　转子绕组串频敏变阻器
的起动控制电路

⚡小　结

通过对交直流电动机减压起动、调速、制动相关控制线路原理的学习，能够掌握控制线路原理图的绘制并能分析其工作原理；通过对交流异步电动机的软起动和变频调速方法的学习，能够掌握正确使用软起动器控制交流电动机的起动过程。

⚡习题与职业技能考核模拟

一、选择题

1. 在Y-△减压起动控制线路中起动电流是正常工作电流的(　　　)。

　　A. 1/3　　　　　　　　B. 1/√3　　　　　　　　C. 2/3　　　　　　　　D. 2/√3

2. 常用的绕线式异步电动机减压起动方法是(　　　)。

    A. 定子串电阻减压起动　　　　　　　　B. Y-△减压起动

    C. 自耦变压器减压起动　　　　　　　　D. 串频敏变阻器起动

3. 定子Y-△减压起动的指电动机起动时,把定子绕组连成Y,以(　　　)起动电压,限制起动电流。

    A. 提高　　　　　　B. 减少　　　　　　C. 降低　　　　　　D. 增加

4. 定子绕组串电阻的减压起动是指电动机起动时,把电阻串联在电动机(　　　),通过电阻的分压作用来降低定子绕组上的起动电压。

    A. 定子绕组上　　　　　　　　　　　　B. 定子绕组与电源之间

    C. 电源上　　　　　　　　　　　　　　D. 转子上

二、判断题

1. Y-△减压起动指电动机起动时,把定子绕组连成Y,以降低起动电压,限制起动电流。待电动机起动后,再把定子绕组改成△,使电动机减压运行。(　　　)

2. 定子绕组串电阻的减压起动是指电动机起动时,把电阻串联在电动机定子绕组与电源之间,通过电阻的分压作用来提高定子绕组上的起动电压。(　　　)

3. 直流电动机转速不正常的故障原因主要有励磁回路电阻过大等。(　　　)

4. 只要是笼型异步电动机就可以用Y-△方式减压起动。(　　　)

5. 自耦变压器减压起动的方法适用于频繁起动的场合。(　　　)

6. 电动机为了平稳停机应采用反接制动。(　　　)

7. 电磁滑差离合器的机械特性硬,稳定性好。(　　　)

8. 变频器有统一的产品型号。(　　　)

三、简答题

1. 三相交流异步电动机什么情况下可以全压起动? 什么情况下必须减压起动? 这两种起动方法各有什么优缺点?

2. 三相笼型异步电动机减压起动的方法有哪几种? △连接的电动机应采用哪种减压起动方法?

3. 三相笼型异步电动机的制动方法有哪几种? 它们的原理和优缺点如何?

4. 三相绕线转子异步电动机起动过程中,起动电流如何变化?

5. 双速电动机变速时,对相序有什么要求?

第5章 常用机床的电气控制线路

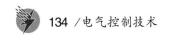

学习目标

知识目标
①掌握卧式车床的电路原理图并分析其动作过程。
②掌握平面磨床的电路控制原理并熟悉其工作过程。
③掌握摇臂钻床的电路原理图并了解其运动特点。
④掌握卧式铣床的电路控制原理并熟悉其工作过程。
⑤了解车间常见机床电气故障及维修方法。

技能目标
具备典型机床电气控制线路原理图的分析能力,初步掌握机床控制线路常见故障检查及排除方法。

素养目标
联系生产实例明晰专业发展走向与坐标,让学生加深对国情、社情、行业境况等的感性认知和了解,培养学生勇于拼搏、敢为人先、攻坚克难的勇气。

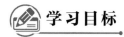
本章综述

金属切削机床是机械加工的主要设备,本章主要对几种常用机床设备的电气控制系统进行分析,进一步阐明各基本控制环节在各种控制系统中的应用及各典型控制系统的组成。应学会根据生产工艺和机械设备对电气控制的要求进行电气控制的电路分析,提高识图能力,为今后进行机械设备的电气控制电路的设计、安装、调整运行,打下一定的基础。会分析常用机床,如CM6132普通机床、M7130平面磨床、Z3040摇臂钻床、X62W万能铣床与T68卧式镗床的电气控制原理,了解常用机床控制线路的常见故障及排除方法。

5.1 卧式车床电气控制

在各种金属切削机床中,车床占的比重最大,应用也最广泛。在车床上能完成车削外圆、内孔、端面、钻孔、铰孔、切槽切断、螺纹及成形表面等加工工序。

常见卧式车床包括CA系列普通卧式车床、CF系列仿形车床、CM系列精密车床,如图5-1所示。

5.1.1 卧式车床主要结构和运动情况

为了能够直观地了解卧式车床的电气系统,便于维修,图5-2给出了卧式车床的结构示意图。其他电器,如熔断器、变压器、接触器和热继电器等,安装在电气箱内的控制板(俗称"配电板")上。车床的主运动为工件的旋转运动,它是由主轴通过卡盘带动工件旋转,主轴输出的功率为车削加工时的主要切削功率。车削加工时,应根据加工工件所需刀具的种类、工件尺寸、工艺要求等来选择不同的切削速度,普通车床一般采用机械变速。车削加工时,一般不要求反转,但在加工螺纹时,为避免乱扣,要先反转退刀,再正向进刀继续进行加工,所以要求主轴能够实现正反转。

图 5-1　CM6132 型车床实物图

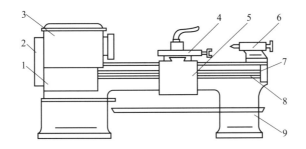

图 5-2　卧式车床的结构示意图

1—进给箱;2—交换齿轮箱;3—主轴箱;4—溜板与刀架;
5—溜板箱;6—尾架;7—丝杠;8—光杠;9—床身

车床的进给运动是溜板带动刀架的横向或纵向的直线运动,运动方式有手动和自动两种。主运动与进给运动由一台电动机驱动并通过各自的变速器来调节主轴旋转速度和进给速度。

5.1.2　CM6132 型车床对电气控制的要求

1. 电源电压及频率

本机床电源电压为三相 380 V,频率 50 Hz。

2. 控制回路电压

本机床控制电压为交流 110 V,照明电压为交流 24 V,刻度盘照明电压为交流 6 V。带数显表时,数显表电源电压为交流 220 V。

传动机构为机床各机构传动提供动力,机床装有下列电动机:

M_1:控制主轴旋转的主轴电动机。

M$_2$:控制冷却液的切削液泵电动机。

M$_3$:控制横、纵向移动的液压泵电动机。

3. 开车前的准备

①用专用工具,打开电箱门,检查电动机起动器 QF 是否接通,检查各接线端子及接地端子是否连接可靠,将有松动的端子拧紧固牢。检查完毕,关好电箱门。

②关好卡盘防护罩,前防护罩,传送带罩门。

③将操作手柄置于中间位置。

5.1.3　CM6132型车床的电气控制线路分析

1. 开机

将挂轮保护罩前侧面上开关面板(见图 5-3)上的电源开关锁  旋至 Ⅰ 位置,向上扳动

总电源开关 QF 至 ON 位置接通电源。床鞍上刻度盘照明灯亮。

2. 主电机的起动及停止

主轴制动控制采用电磁离合器机械制动方法。CM6132 型卧式车床的电气控制原理图如图 5-4 所示。主轴停机时,将 SC$_1$ 开关扳到中间位置,SC$_{1-1}$ 接通,SC$_{1-2}$、SC$_{1-3}$ 断开,同时 SC$_4$ 接通为 YC 通电实现制动做准备,当接触器 KM$_1$ 或 KM$_2$ 线圈断电,它们的常开触点断开,主轴电动机 M$_1$ 停转,同时它们的常闭触点返回,使制动电磁离合器线圈通电,此时时间继电器 KT 线圈虽也断电,但其断电延时打开的常开触点尚未断开,从而整流桥 UR 整流电路接通,对电磁离合器 YC 提供直流电实现制动,在 KT 延时断开触点打开时,切断整流桥电路,则 YC 线圈断电,制动结束。

3. 主轴的变速控制

主轴的变速是利用液压机构操纵两组拨叉进行改变速度的。变速时只需转动变速手柄,这时液压变速阀即转到相应的位置,使得两组拨叉都移到相应的位置进行位置定位,并压动微动开关 SQ$_1$ 和 SQ$_2$,HL$_2$灯亮,表示变速完成。若滑移齿尚未啮合好,则 HL$_2$ 灯不亮,此时应操作 SC$_1$,于向上或向下位置,接通 KM$_1$ 或 KM$_2$,使主轴稍微转动一点,让齿轮正常啮合,HL$_2$ 灯亮,说明变速结束,可进行正常工作起动。

图 5-3　开关面板

4. 切削液泵电动机控制

M$_2$ 是切削液泵电动机,功率为 0.125 kW,由转换开关 SC$_2$  手控操作控制,单向旋转。

操作时,将挂轮保护罩前侧面上开关面板(见图5-3)上的黑色旋钮 SC$_2$ 旋至 Ⅰ 位置,KM 得电吸合,冷却泵 M$_2$ 旋转。旋至 OFF 位置,KM$_2$ 失电释放,冷却泵 M$_2$ 停止旋转。

基本型机床(手制动机床):为防止冷却泵过载运行,电路中设置转换开关 SC$_2$,出厂前其整定值已根据冷却泵电动机铭牌所示的电流进行设定。一般情况下,不应调整,特殊情况可由经授权的专业人员进行微量调整。

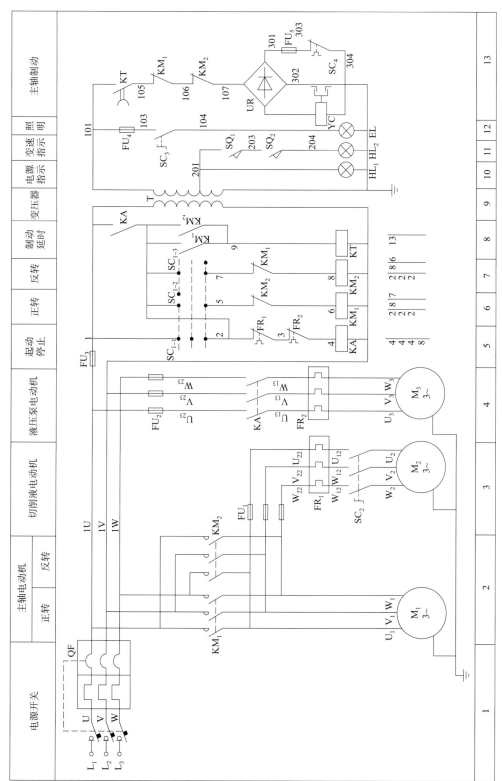

图 5-4　CM6132 型卧式车床电气控制原理图

脚踏制动机床(见图5-5):为防止冷却泵过载运行,电路中设置电动机起动器 QF$_2$,出厂前其整定值已根据冷却泵电动机铭牌所示的电流值与润滑电动机铭牌所示的电流值之和进行设定。一般情况下,不应调整,特殊情况可由经授权的专业人员进行微量调整。

M$_2$ 电动机的电源接在 KM$_1$、KM$_2$ 主触点之后,实现了切削液泵电动机应在主轴电动机起动之后起动的联锁要求。

5. 液压泵电动机控制

M$_3$ 是拖动液压泵的电动机,功率为 0.12 kW,单向旋转,提供主轴变速装置和润滑的用油。因为电动机容量小,采用转换开关 SC$_{1-1}$ 控制中间继电器 KA 实现控制。液压泵电动机的起动、停止通过断路器控制。

6. 联锁环节、保护环节、信号显示与照明电路

(1)联锁环节

接触器 KM$_1$、KM$_2$ 常闭触点实现正、反向电气互锁,同时实现起动工作与停机制动互锁。利用转换开关 SC$_1$ 机械定位,实现正、反转及工作与停机的机械联锁。

(2)保护环节

通过断路器 QF,实现主轴电动机的短路、过载保护。熔断器 FU$_1$ 实现对 M$_2$ 电动机的短路保护,熔断器 FU$_2$ 实现对 M$_3$ 电动机的短路保护,熔断器 FU$_3$ 实现对控制电路及变压器的短路保护,熔断器 FU$_4$ 实现照明电路的短路保护,熔断器 FU$_5$ 实现直流电路的短路保护。热继电器 FR$_1$ 实现 M$_2$ 电动机的过载保护,热继电器 FR$_2$ 实现 M$_3$ 电动机的过载保护。转换开关 SC$_1$ 与继电器 KA 实现零位、零电压保护。

(3)信号显示电路

信号灯 HL$_1$ 为电源显示,HL$_2$ 为主轴变速显示,变速完成 SQ$_1$、SQ$_2$ 压合,HL$_2$ 灯亮。

(4)照明电路

通过转换开关 SC$_3$ 控制 EL 照明灯电路。按挂轮保护罩前侧面上开关面板(见图5-3)上的白色按钮 SC$_3$,照明灯亮;再按一下,照明灯灭。

7. 控制回路及变压器 TC 的保护

控制变压器 TC 一次侧的短路保护由总电源开关 QF 实现,二次侧控制电路的短路保护由空气开关 QF$_5$ 实现。

8. 关机

如机床停止使用,为人身和设备安全,需断开总电源开关 QF,并将挂轮保护罩前侧面上开关面板(见图5-3)上的电源开关锁 SA$_4$ 旋至 0 处,将钥匙拔出收好。

5.1.4 机床电气设备的维修与调整

1. 调整

时间继电器 KT 时间应调到 4 s。

2. 预防性检查

为保证人身和设备安全,该设备电气部分每年应检查一次,并做好检测记录,如发现问题应立即采取措施。

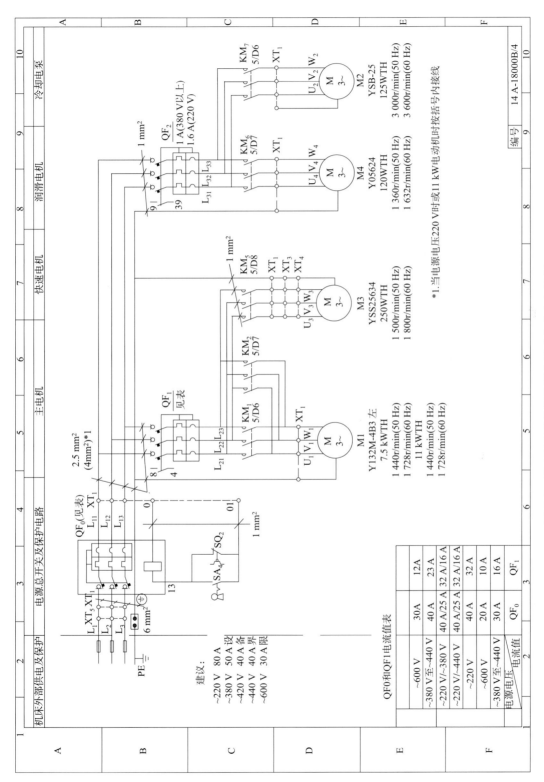

图 5-5 CM6132 型带脚踏刹车卧式车床电气控制

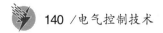

3. 绝缘电阻的测量

用 500 V 兆欧表,对主回路和控制回路进行测量,其绝缘电阻应大于 1 MΩ。

4. 接地保护的检查

本设备各个电动机、挂轮保护罩的前侧面上开关面板、床鞍上按钮板、XT$_3$ 接线板、XT$_4$ 接线板处均采用了接地保护,检查时应检查接地线是否连续,接地螺钉是否拧紧。

5. 电气常见故障的维修

查找故障时应参照:电路原理图、机床电气安装图、接线图。

(1)主轴不旋转

主轴不旋转可参考下列顺序进行故障排除:

①电源是否缺相。

②卡盘防护罩是否关好。

③挂轮防护门是否关好。

④前防护罩是否关好。

⑤操作手柄是否在中间位置。基本型机床(手动制动),互锁行程开关常闭触点是否正常。脚踏制动机床的正、反、停组合开关 SQ$_3$、SQ$_4$、SQ$_5$ 常开触点是否正常。

⑥起动按钮常开触点是否正常,接线是否正确。停止按钮常闭触点是否正常,接线是否正确。

⑦接触器触点吸合和断开是否正常。

⑧电路中接线端子是否有松动。

(2)切削液泵电动机不旋转

切削液泵电动机不旋转可参考下列顺序进行故障排除:

①电源是否缺相。

②电动机起动器 QF 是否断开。

③旋钮开关 SC$_2$ 触点是否正常,接线是否正确。

④接触器触点吸合和断开是否正常。

⑤电路中接线端子是否有松动。

(3)切削液泵电动机烧毁

除电气方面的原因外,切削液泵电动机烧毁的原因很可能是负荷过重。当车床切削液中金属屑等杂质较多时,杂质的沉积常常会阻碍切削液泵电动机叶片的转动,造成切削液泵电动机负载过重甚至出现堵塞现象,叶片可能完全不能转动导致电动机堵转,如不及时发现,就会烧毁电动机。此外,在车床加工零件时,切削液飞溅,可能会有切削液从接线盒或电动机的端盖等处进入电动机内部,造成定子绕组出现短路,从而烧毁电动机。这类故障应着重于防范,注意检查切削液电动机的密封性能,同时要求车床的操作者使用合格的切削液,并及时更换切削液。

(4)液压泵电动机不旋转

液压泵电动机不旋转可参考下列顺序进行故障排除:

①电源是否缺相。

②电动机起动器 QF 是否断开。

③KA 触点是否正常,接线是否正确。

④接触器触点吸合和断开是否正常。

⑤电路中接线端子是否有松动。

5.2　平面磨床的电气控制

　　磨床是用砂轮对工件的表面进行磨削加工的一种精密机床。通过磨削,使工件表面的形状、精度和光洁度等达到预期的要求。磨床的种类很多,有平面磨床(见图 5-6)、外圆磨床、内圆磨床、无心磨床、螺纹磨床等,其中以平面磨床应用最为普遍。

　　平面磨床是一种磨削平面的机床,下面以 M7140 型平面磨床为例进行分析。

　　M7140 符号的含义:M 表示磨床;7 表示平面;1 表示卧轴矩形工作台式;40 表示工作台面宽度为 40 cm。M7140 平面磨床主要由电磁吸盘、磨头等组成。电磁吸盘依靠电磁吸力固定金属工件,磨头上夹持切削砂轮,通过砂轮的转动来磨削加工金属工件。

图 5-6　M7140 型平面磨床实物图

5.2.1　平面磨床主要结构和运动情况

　　M7140 型平面磨床是卧轴矩形工作台式,结构示意图如图 5-7 所示,主要由床身、工作台、电磁吸盘、砂轮箱(又称磨头)、滑座和立柱等部分组成。

　　其运动情况分析如下:

1. 主运动

　　M7140 型平面磨床的主运动是砂轮的快速旋转。砂轮箱内由一电动机带动砂轮做旋转运动。砂轮的旋转一般不需要调速,所以可以用一台三相交流异步电动机来拖动。有些磨床考虑到砂轮磨钝以后要用较高转速将砂轮工作表面上削去一层磨料,使砂轮表面露出新的锋利磨粒,以恢复砂轮的切削力,称之为对砂轮进行修正。所以,对这些磨床,砂轮用双速电动机带动。为了做到体积小、结构简单和提高加工精度,采用装入式的电动机,将砂轮直接装在电动机轴上。

2. 进给运动

(1)工作台的纵向往复运动

长方形的工作台装在床身的水平纵向导轨上做往复直线运动。为了运动时换向平稳和容易调整运动速度,采用了液压传动。液压电动机拖动液压泵,工作台在液压作用下做纵向运动。在工作台的前侧装有两个可调整位置的换向撞块。在每个撞块碰击床身上的液压换向开关后,工作台的运动方向就改变,这样来回换向就可使工作台往复运动。

(2)砂轮的横向进给运动

砂轮箱的上部有燕尾形导轨,可沿着滑座上的水平导轨做横向(向前或向后)移动。在磨削中,工作台换向时横向进给一次。在修正砂轮或调整砂轮的前后位置时,可连续横向移动。这一进给运动可由液压传动,也可用手轮来操作。

(3)砂轮的垂直于工作台的进给运动(又称吃刀运动)

当整个平面磨完一遍后,砂轮在垂直于工作表面的方向移动一次,称为吃刀运动。通过吃刀运动,可将工件磨到所需的尺寸。

滑座可沿着立柱的导轨垂直上下移动,以调整砂轮箱的上下位置,或使砂轮磨入工件,以控制磨平面时工件的尺寸。这一垂直进给运动可通过操作手轮由机械传动装置来实现。

为了在磨削加工过程中对工件进行冷却,磨床上设有冷却泵电动机拖动冷却泵旋转,以提供冷却液。

3. 工件固定方式

根据工件的尺寸大小和结构形状,可以采用两种方法固定工件。

①用螺钉和压板直接固定在工作台上(大的工件)。

②在工作台上装电磁吸盘,将工件放在电磁吸盘上吸住。当工件加工完毕后,将吸盘开关先扳到退磁位置,进行退磁,最后再扳到工件放松位置,工件就可以取下来。

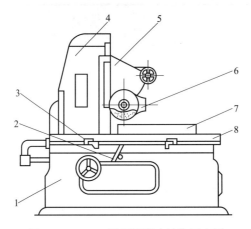

图 5-7　M7140 型平面磨床结构示意图

1—床身;2—工作台往复运动换向手柄;3—工作台换向撞块;
4—立柱;5—滑座;6—砂轮架;7—电磁吸盘;8—工作台

5.2.2　平面磨床电气控制电路分析

M7140 型平面磨床的电气控制原理图如图 5-8 所示。

1. 主电路分析

电源由总开关 QF 引入,整个电气线路由熔断器 FU_1 作短路保护。

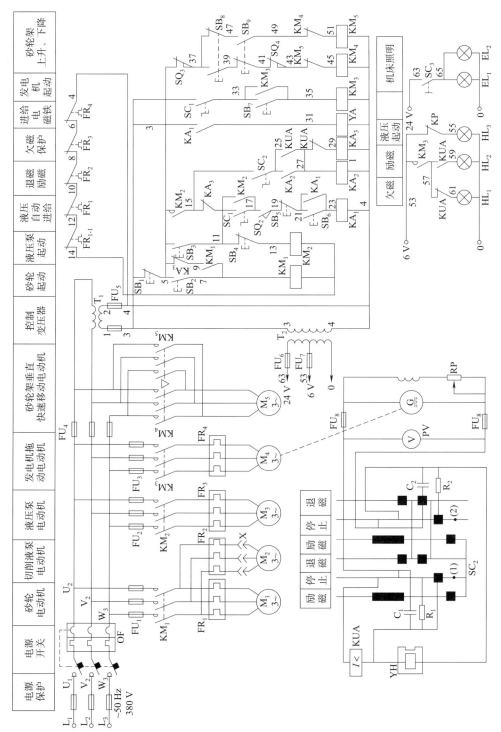

图 5-8 M7140 平面磨床电气控制线路

（1）砂轮电动机 M_1

M_1 为砂轮电动机,用热继电器 FR_1 作过载保护。

M_1 的控制线路是一个典型的具有过载保护的正转自锁控制线路,SB_2 是起动按钮,SB_1 是停止按钮,该线路具有欠电压和零电压保护功能,并且利用 FR_1 作过载保护。

（2）切削液泵电动机 M_2

M_2 为切削液泵电动机,由于切削液泵箱和床身是分开安装的,所以切削液泵电动机用插头插座 X 和电源接通。当需要冷却液时,可将插头插入插座。由原理图可以看到,切削液泵电动机和砂轮电动机同时工作,同时停止,共同由接触器 KM_1 的主触点来控制。切削液泵电动机的容量较小,没有单独设置过载保护。

（3）液压泵电动机 M_3

M_3 为液压泵电动机,由接触器 KM_2 的主触点控制其运转和停止,用热继电器 FR_2 作过载保护。按钮 SB_3 和 SB_4 分别控制液压泵电动机 M_3 的单向旋转起动和停止。

2. 电磁吸盘电路的分析

（1）电磁吸盘的原理

电磁吸盘就是一块电磁铁,它用来吸住工件以便进行磨削。它比机械夹紧有着操作快速简便、不损伤工件、一次能吸许多个小工件,以及磨削中工件发热可自由伸缩、不会变形等优点。不足之处是,只能对导磁性材料,如钢、铁等的工件才能吸住。对非导磁性材料,如铝和铜的工件没有吸力。电磁吸盘的线圈通的是直流电,不能用交流电,因为通交流电会使工件振动和铁芯发热。

（2）电磁吸盘的结构

电磁吸盘的结构如图 5-9 所示。整个吸盘体是钢制的箱体,内部凸起的芯体上绕有线圈 2。钢制盖板 3 被绝缘层材料 4 隔成许多小条。而绝磁层材料由铅、铜及巴氏合金等非磁性材料制成。它的作用是使绝大多数磁力线都通过工件再回到吸盘体,而不致通过盖板直接回去,以便吸牢工件。线圈通电时,这许多条钢条磁化为 N 极和 S 极相间的一个个磁极。当工件放在电磁吸盘上时,磁力线形成闭合磁路(见图 5-9 中的虚线)而将工件牢牢吸住。

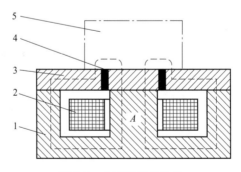

图 5-9　电磁吸盘的结构

1—钢制吸盘体;2—线圈;3—钢制盖板;4—绝缘层材料;5—工件

（3）电磁吸盘电路

电磁吸盘电路包括降压整流电路、转换开关和欠电流保护电路。变压器 T_1 将 220 V 的交流电压降为 110 V。电磁吸盘线圈 YH,由并励发电机 G 提供直流电源。转换开关 SC_2 有"励磁"、"停止"和"退磁"三个位置。加工过程分析如下：

①当 SC$_2$ 扳到励磁位置时，电磁吸盘 YH 就加有 110 V 的直流电压，将工件牢牢吸住，并且欠电流继电器吸合。

②待加工完毕，先把 SC$_2$ 扳到停止位置，使电磁吸盘的线圈断电。但由于剩磁关系，一方面取下工件较困难，另一方面工艺上也不允许工件有剩磁。因此，需要将 SC$_2$ 扳到退磁位置，电磁吸盘中通过反向的较小电流(因串入了电阻 R$_2$)进行去磁。

SC$_2$ 处于退磁位置时，YH 线圈流过反向电流，工件就被反向励磁(退磁)，使工件容易取下。SC$_2$ 处于断开位置时，YH 线圈处于断电状态，便于取下工件。加工结束要取下工件时，操作 SC$_2$ 要迅速从励磁位置拨到退磁位置后，再马上转到停止位置，这样就使电磁吸盘从正向磁化到反向励磁，瞬间打乱了磁分子的排列，使剩磁减少到最低程度，否则被反向励磁，工件也不容易取下。

③去磁结束，将 SC$_2$ 扳回到停止位置，就能够取下工件。如果不需要电磁吸盘，而将工件夹在工作台上，则应将插头插座 X 上的插头拔掉，同时将转换开关 SC$_2$ 扳到退磁位置，这时 SC$_2$ 在控制电路中的触点接通，各电动机就可以正常起动。

若工件的去磁要求较高时，则取下工件，再在附加的交流去磁器(又称退磁器)上进一步去磁。这时，将交流去磁器的插头插在床身的主要电气设备上。交流去磁器构造如图 5-10 所示。

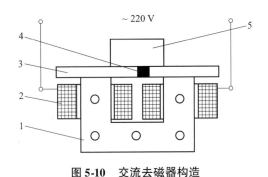

图 5-10　交流去磁器构造

1—铁芯；2—线圈；3—极靴；4—隔磁层；5—工件

KUA 为欠电流继电器，与 YH 串联，PV 为电压表。在平面磨床上加工的零件可能存在剩磁，若零件对剩磁有严格要求时，应对工件进行去磁处理，工件从吸盘上取下后，可将它们放在交流去磁器上处理一下即可。交流去磁器是平面磨床的一个附件，使用时将其接上交流电源。交流去磁器铁芯由硅钢片制成，其上套有线圈，铁芯柱上装有软钢制成的极靴，两极之间隔有非磁性材料制成的隔磁层。去磁时，线圈通入交流电，在铁芯和极靴上产生交变磁通，工件放在极靴上面往复移动若干次，工件上磁分子就打乱了，当工件离开去磁器时，就完成了去磁。交流去磁器有平面式和斜面式，斜面式适用于大批量生产中工件的去磁，将工件从斜面上方的桥架上滑下，即可达到去磁目的。

3. 照明电路分析

照明电路由照明变压器 T$_2$ 提供电压(36 V)，EL 为照明灯，一端接地，由开关 SA$_1$ 控制。熔断器 FU$_3$ 为照明电路的短路保护。

5.2.3 机床电气设备的维修与调整(见表5-1)

查找故障时应参照:原理图、电气元件布置图、电路说明。

表5-1 机床电气设备的维修与调整

故障现象	原因分析	排除方法	备 注
磨床中各电动机都不能起动	①转换开关SA$_2$的触点接触不良、接线松动脱落或有油垢。 ②欠电流继电器KI上的触点接触不良、接线松动脱落或有油垢	①将转换开关SA$_2$转到退磁位置,拔掉电磁吸盘插头,检查SA$_2$。 ②将转换开关SA$_2$转到吸合位置,检查欠电流继电器KI的常开触点是否接通	
砂轮电动机的热继电器FR$_1$脱扣	①砂轮进刀量太大,电动机堵转电流很大。 ②砂轮电动机前轴承磨损,电动机发生堵转,电流增大很多。 ③更换后的热继电器FR$_1$规格不对或未调整好	①进刀量的选择要合适。 ②修理或更换轴承。 ③根据砂轮电动机的额定电流选择和调整热继电器	
冷却泵电动机不能起动	①冷却泵电动机已损坏。 ②冷却泵的插座已损坏	①更换冷却泵电动机。 ②修复插座	
电磁吸盘没有吸力	①插头插座X$_3$接触不良。 ②桥式整流装置两个相邻的二极管都烧成短路。 ③熔断器FU$_1$、FU$_2$或FU$_4$熔丝烧断。 ④电磁吸盘线圈断开	①修理插头插座。 ②更换整流二极管。 ③更换熔丝。 ④修理电磁吸盘线圈	
电磁吸盘退磁后工件仍很难取下	①退磁电压过高。 ②退磁时间太长或太短。 ③退磁电路开路,结果没有退磁	①应调整电阻R$_2$,使退磁电压为5~10 V。 ②掌握好退磁时间。 ③检查转换开关SA$_2$接触是否良好	

5.3 摇臂钻床的电气控制

钻床是一种专门进行孔加工的机床,可以对工件进行钻孔、扩孔、铰孔、镗孔和攻螺纹等加工。钻床的主要类型有台式钻床、立式钻床、卧式钻床、深孔钻床和多轴钻床等,摇臂钻床是立式钻床的一种,其特点是操作灵活、方便、应用范围广泛,可用于加工大中型工件。本节主要介绍Z3040型摇臂钻床(见图5-11)的电气控制线路。

5.3.1 摇臂钻床主要结构和运动情况

1. 主要结构

Z3040型摇臂钻床结构示意图如图5-12所示,其主要结构包括:底座、内外立柱、摇臂、主轴箱和工作台等。

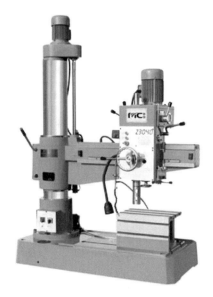

图 5-11　Z3040 型摇臂钻床实物图

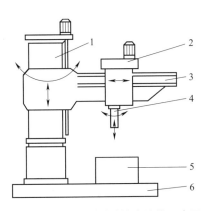

钻床简介

图 5-12　Z3040 型摇臂钻床结构示意图

1—内外立柱;2—主轴箱;3—摇臂;
4—主轴;5—工作台;6—底座

2. 运动情况

加工时,工件可装在工作台上,如工件体积较大,也可直接装在底座上。钻头装在主轴上并由主轴驱动旋转,由于其加工的特点,要求主轴有较宽的调速范围。主轴箱装在摇臂上,可沿摇臂的水平导轨做径向移动。摇臂的一端为套筒,套在外立柱上,由摇臂升降电动机驱动,沿外立柱上下移动,而外立柱则套在内立柱上,可绕内立柱做 360°回转。因此,摇臂钻床钻头的位置很容易在三维空间的各个方向上进行调整,以方便加工各种大中型工件。由此可见,摇臂钻床的主运动是主轴的旋转运动,进给运动为主轴的纵向(垂直)进给运动,而辅助运动包括:

①主轴箱沿摇臂导轨的径向移动。

②摇臂沿外立柱的垂直移动。

③摇臂和外立柱一起绕内立柱的回转运动。

5.3.2　摇臂钻床对电气控制的要求

①电压:3/PE/AC 380 V。

②电压允许波动范围:稳态电压值为 0.9 ~ 1.1 倍额定电压。

③频率:50 Hz。

④频率允许波动范围:0.99 ~ 1.01 倍额定频率(连续的);0.98 ~ 1.02 倍额定频率(短时工作)。

⑤谐波:2 ~ 5 次畸变谐波总和不超过线电压方均根值的 10%;对于 6 ~ 30 次畸变谐波的总和允许最多附加线电压方均根值的 2%。

⑥不平衡电压:三相电源电压负序和零序成分都不超过正序成分的 2%。

⑦电压中断:在电源周期的任意时间,电源中断或零电压持续时间不超过 3 ms,相距间隔时间应大于 1 s。

⑧电压降：电压降不应超过大于1周期的电源峰值电压的20%，相距降落间隔时间应大于1 s。

⑨摇臂钻床最高起动电流见表5-2。

表5-2　摇臂钻床最高起动电流

Z3040×16/1.2 Z3040×12/1.2	Z3050×16/1.2 Z3050×12/1.2
53.62 A	67.62 A

⑩控制回路电压：AC 110 V。照明回路电压：AC 24 V。

⑪为了传动，各机构机床上装有下列电动机：

M_1：主轴电动机。

M_2：摇臂升降电动机。

M_3：液压泵电动机。

M_4：切削液泵电动机。

注意：由于本机床立柱顶上没有汇流环，故在使用过程中，不要总是沿着一个方向连续转动摇臂，以免穿过内立柱的电源线拧断造成机床电气短路，危及人身安全。

5.3.3　Z3040型摇臂钻床的电气控制电路分析

1. 安装

①引入电源线过电流保护器件：15 A断路器。

②机床相序的检查。机床安装完后，接通电源，按主轴箱松开按钮SB_6，若主轴箱松开，则表示电源相序正确；否则，须将电源线路中任意两根相线对换位置。电源的相序正确后再调整M_2的相序。

2. 工作原理

（1）开车前的准备

图5-13为Z3040型摇臂钻床电气控制线路。打开横臂上电器箱，合上空气断路器QF_2、QF_3、QF_4，然后关好电器箱。

（2）开机

合上立柱下面的总电源开关QS_1，这时电源指示灯HL_1亮，表明设备已经通电。

（3）主轴电动机的旋转

按起动按钮SB_2，交流接触器KM_1通电吸合并自锁，主轴电动机M_1旋转；按停止按钮SB_2，交流接触器KM_1断电释放，主轴电动机M_1停止旋转。

为防止主轴电动机长时间过载运行，电路中设置热继电器FR_1，其整定值应根据主轴电动机M_1电气铭牌所示的额定电流值进行调整。

（4）摇臂升降

按上升（或下降）按钮SB_3（或SB_4），通过PLC使交流接触器KM_4通电吸合，液压泵电动机M_3正向旋转，压力油经分配阀进入摇臂松夹油缸的松开油腔，推动活塞和菱形块，使摇臂松开。同时，活塞杆通过弹簧片压限位开关SQ_2，通过PLC使交流接触器KM_4断电释放，交流接触器KM_2（或KM_3）通电吸合，液压泵电动机M_3停止旋转，摇臂升降电动机M_2旋转带动摇臂上升（或下降）。

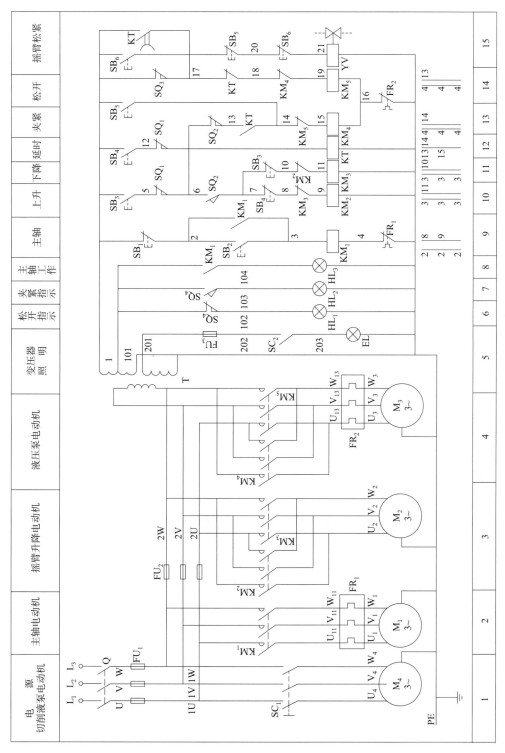

图 5-13 Z3040 型摇臂钻床电气控制线路

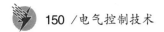

如果摇臂没松开,限位开关 SQ_2 常开触点不能闭合;交流接触器 KM_2(或 KM_3)就不能通电吸合,摇臂不能升降。

当摇臂上升或下降到所需位置时,松开按钮 SB_3(或 SB_4),通过 PLC 使交流接触器 KM_2(或 KM_3)断电释放,摇臂升降电动机 M_2 停止旋转,摇臂停止上升(或下降)。

然后,经 1.5 s 交流接触器 KM_5 通电吸合,液压泵电动机 M_3 反向旋转,供给压力油。压力油经分配阀进入摇臂松夹油缸的夹紧油腔,使摇臂夹紧;同时活塞杆通过弹簧片压限位开关 SQ_3,通过 PLC 使交流接触器 KM_5 断电释放,液压泵电动机 M_3 停止旋转。

行程开关 SQ_1(SQ_{1a}、SQ_{1b})用来限制摇臂的升降行程,当摇臂升降到极限位置时,SQ_1(SQ_{1a}、SQ_{1b})动作,交流接触器 KM_2(或 KM_3)断电,摇臂升降电动机 M_2 停止旋转,摇臂停止升降。

摇臂的自动夹紧动作是由限位开关 SQ_3 来控制的,如果液压夹紧系统出现故障,不能自动夹紧摇臂,或者由于 SQ_3 调整不当,在摇臂夹紧后不能使 SQ_3 常闭触点断开,都会使液压泵电动机处于长时间过载运行状态;为防止因过载运行损坏液压泵电动机,电路中使用热继电器 FR_2 对液压泵电动机进行过载保护,其整定值应根据液压泵电动机 M_3 的额定电流进行调整。

(5)立柱和主轴箱的松开或夹紧(既可单独进行又可同时进行)

主轴箱和立柱的松开或夹紧是同时进行的。若要使它松开,可按下松开按钮 SB_5,接触器 KM_4 吸合,液压泵电动机 M_3 正转。这时与摇臂升降不同,电磁阀 YV 并不吸合,压力油进入主轴箱松开油缸和立柱松开油缸,推动松紧机构使主轴箱和立柱松开。同时行程开关 SQ_4 松开,其常闭触点闭合,松开指示灯 HL_1 亮。

若要使主轴箱和立柱都夹紧,可按下夹紧按钮 SB_6,接触器 KM_5 吸合,液压泵电动机 M_3 反转,这时由于 SB_6 的常闭触点是断开的,所以电磁阀 YV 并不吸合,压力油进入主轴箱夹紧油缸和立柱夹紧油缸,推动松紧机构,使主轴箱和立柱都夹紧。同时,行程开关 SQ_4 被压下,其常闭触点断开而常开触点闭合,因而松开指示灯 HL_1 熄灭而夹紧指示灯 HL_2 点亮。主轴电动机 M_1 工作时,接触器 KM_1 的常开辅助触点闭合,主轴电动机旋转指示灯 HL_3 点亮。指示灯 HL_1、HL_2 和 HL_3 的电源由变压器 T 一个二次绕组的抽头(101)和端点 1 提供。

(6)照明电路分析

变压器 T 的另一个二次绕组,提供 36 V 交流照明电源电压。照明灯 EL 由装在灯头上的开关 SC_2 控制,为了安全起见,灯的一端接地。照明电路由熔断器 FU_3 作短路保护。

5.3.4 机床电气设备的维修与调整

(1)主轴电动机不能起动的故障原因

① 熔断器 FU_1 的熔体烧断,应更换熔体。

② 钻头被铁屑卡死,应修复或更换。

③ 接触器 KM_1 的主触点接触不良或接线松脱。

④ 电源电压太低。

(2)主轴电动机不能停止

一般是由于接触器的常开主触点熔焊造成,应更换接触器 KM_1 的主触点。

(3)摇臂升降以后不能完全夹紧的故障原因

① 组合开关 SQ_2 动触点位置发生偏移。当摇臂升降完毕尚未完全夹紧时,触点 SQ_{2-1}(原摇

臂下降)或触点 SQ_{2-2}(原摇臂上升)过早地断开,所以不能完全夹紧。将 SQ_2 的动触点 SQ_{2-1} 和 SQ_{2-2} 调到适当位置,故障便可排除。

②机床经检修后转动组合开关 SQ_2 的齿轮与拨叉上的扇形齿轮的啮合位置发生了偏移,当摇臂尚未完全夹紧时,触点 SQ_{2-1} 或触点 SQ_{2-2} 就过早地断开了,未到夹紧位置电动机 M_2 就停转了。

(4)摇臂升降方向与十字开关标志的扳动方向相反

这一故障的原因是摇臂升降电动机的电源相序接反了。发生这一故障是危险的,应立即断开电源开关。因为这时十字开关的触点和终端限位开关的触点都被组合开关 SQ_2 的触点短路,失去控制作用和终端保护作用。以十字开关扳到摇臂下降的位置为例,摇臂升降电动机 M_2 起动后摇臂不下降而往上升方向移动,这时 SQ_{2-2} 闭合,将十字开关扳回零位,触点 SQ_{1-4} 断开,接触器 KM_3 不会释放,摇臂还是继续上升,直到将上升终端限位开关撞开,SQ_{2-2} 仍不断开,摇臂仍然上升,应立即断开电源。

(5)摇臂升降不能停止

摇臂升降到所需的位置时,将十字开关扳回中间位置,摇臂却继续升降,到终端限位开关触点断开也无济于事。这时,应及时断开电源,以免发生事故。这是因为检修时误将触点 SQ_{2-1} 和 SQ_{2-2} 的接线互换了。以十字开关扳到下降位置为例,KM_3 吸合,电动机 M_2 反转,摇臂先升后降,摇臂松开后应该是触点 SQ_{2-1} 闭合,为夹紧做准备,接线接错后变为 SQ_{2-2} 闭合,往后将十字开关扳回中间位置及终端限位开关触点 SQ_{1-2} 断开也不会停止。

(6)摇臂升降电动机正反转交替运转不停

当摇臂升降完毕以后,摇臂升降电动机 M_2 应反向旋转将摇臂夹紧,夹紧完毕 M_2 应停止。但是如果组合开关 SQ_2 的两个触点 SQ_{2-1} 和 SQ_{2-2} 调得太近,当上升(或下降)到所需位置时,将十字开关扳回零位,接触器 KM_2(下降为 KM_3)已释放,触点 SQ_{2-2}(下降为 SQ_{2-1})已闭合,KM_3(下降为 KM_2)吸合,电动机反转(下降为正转)将摇臂夹紧,夹紧完毕,SQ_{2-2}(下降为 SQ_{2-1})断开,KM_3(下降为 KM_2)释放。但由于电动机等的机械惯性,电动机及传动部分仍再转动一小段距离,使组合开关触点 SQ_{2-1}(下降为 SQ_{2-2})因太近而被接通,接触器 KM_2(下降为 KM_3)又吸合,电动机又正转(下降为反转)起来,经过很短距离电动机 M_3 因触点 SQ_{2-1}(下降为 SQ_{2-2})断开而减速,由于机械惯性再转过一小段距离,使组合开关触点 SQ_{2-2}(下降为 SQ_{2-1})因太近而被接通,接触器 KM_3(下降为 KM_2)又吸合,电动机又反转(下降为正转),接着循环下去,使夹紧与放松的动作重复不停。应仔细调整组合开关的两个触点 SQ_{2-1} 和 SQ_{2-2} 之间的距离,使它们不要太近,故障便可排除。

(7)立柱夹紧或松开时电动机不能起动的故障原因

① 熔断器 FU_2 熔体已断,应更换熔体。

② 按钮 SB_1 或 SB_2 的触点接触不良。

③ 接触器 KM_4 或 KM_5 的触点接触不良。

(8)立柱夹紧或松开时电动机不能停止

这一故障一般是因为接触器 KM_4 或 KM_5 的主触点熔焊,应立即断开电源,更换主触点。

5.4 铣床的电气控制

铣削是一种高效率的加工方式。在一般机械加工厂中铣床的数量仅次于车床,在金属切削机床中占第二位。它可用来加工各种表面,如平面、台阶面、各种沟槽、成形面等。铣床按结构形式和加工性能分为立式铣床、卧式铣床、龙门铣床、仿形铣床、数控铣床及各种专用铣床。常用的万能铣床有 X6132 型卧式铣床和 X52K 型立式铣床(见图 5-14)。其中,卧式的主轴是水平的,而立式的主轴是竖直的,它们的电气控制原理类似。现以 X52K 型立式铣床为例进行分析。

5.4.1 铣床主要结构和运动情况

1. 主要结构

X6132 型卧式铣床结构示意图如图 5-15 所示。主要由床身、悬梁、刀杆挂脚、滑座、立铣头、主轴、工作台、升降工作台、变速机构、底座等组成。

(1)床身

固定和支撑铣床各部件。

图 5-14 X52K 型立式铣床实物图

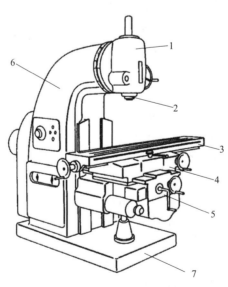

图 5-15 X52K 型立式铣床结构示意图

1—铣头;2—主轴;3—工作台;4—滑座;5—升降台;6—床身;7—底座

（2）立铣头

支撑主轴,可左右倾斜一定角度。

（3）主轴

为空心轴,前端为精密锥孔,用于安装铣刀并带动铣刀旋转。

（4）工作台

承载、装夹工件,可纵向和横向移动,还可水平转动。

（5）升降工作台

通过升降丝杠支撑工作台,可以使工作台垂直移动。

（6）变速机构

主轴变速机构在床身内,使主轴有 18 种转速,进给变速机构,可提供 18 种进给速度。

（7）底座

支撑床身和升降台,底部可存储切削液。

2. 运动情况

铣床的主运动是铣刀的旋转运动,进给运动是工件相对于铣刀的移动。随着铣刀直径、工件材料和加工精度的不同,要求主轴的转速也不同。主轴电动机用的是笼型异步电动机,没有电气调速,而是通过变换齿轮来实现变速。为了适应顺铣和逆铣两种铣削方式的需要,主轴应能正反转。X6132 型卧式铣床中是由电动机的正反转来改变主轴的转向。为了铣削时平稳一些,速度不因多刃不连续的切削而波动。铣床主轴装有飞轮,因此,主轴传动系统的惯性较大。为了缩短停车时间,主轴停车时采用电气制动。

为了使进给时可以上下、左右或前后移动,进给电动机应能正反转。从安全角度考虑,同一时间内只允许有一个方向的进给运动。

为了使变速时变换后的齿轮能顺利地啮合好,主轴变速时主轴电动机应能点动一下,进给变速时进给电动机也应能点动一下。这种变速时电动机稍微转动一下,称为变速冲动。

5.4.2　X52K 型立式铣床的电气控制电路分析

图 5-16 所示为 X52K 型立式铣床的电气控制原理图,表 5-3 为 X52K 型立式铣床主要电气元件。

表 5-3　**X52K 型立式铣床主要电气元件表**

符号	名称及用途	符号	名称及用途
M_1	主轴电动机	M_2	冷却液泵电动机
M_3	进给电动机	U	桥式整流器
KM_1	M_1 起停接触器	KM_2、KM_3	M_2 正反转接触器
KM_4	快速移动接触器	SA_{11}、SA_{12}、SA_{13}	圆工作台转换开关
SA_{21}、SA_{22}	主轴换刀制动开关	SA_3、SA_4	转换开关
SA_5	主轴电动机转换开关	SB_1、SB_2	停止按钮
SB_3、SB_4	主轴电动机起动按钮	SB_5、SB_6	工作台快速移动按钮
YB	电磁制动器	YC_1、YC_2	进给与快速电磁离合器

符号	名称及用途	符号	名称及用途
SQ_1、SQ_2	工作台纵向进给行程开关	SQ_3、SQ_4	工作台横向及升降进给行程开关
SQ_5	进给变速点动开关	SQ_6	主轴变速点动开关
QF	断路器	T	控制变压器
FU_1～FU_6	熔断器	FR_1～FR_3	热继电器
HL	指示灯	EL	照明灯
XB	连接片		

主电路中有三台电动机,主轴电动机 M_1,冷却液泵电动机 M_2 和进给电动机 M_3。

主轴电动机 M_1 能正反转,由转换开关 SC_5 控制,停车时有全波整流能耗制动,主轴通过机械调速可获 18 种速度。主轴电动机起动时,为了避免产生过大的起动电流,故在起动方式上采用Y-△起动。主轴电动机制动方式为能耗制动。

冷却液泵电动机 M_2 通过传动机构将冷却液输送到切割处,进行冷却。

工作台进给电动机 M_3 的正反转由接触器 KM_3 和 KM_4 控制。通过机械传动可使工作台在横向、纵向和垂直方向做手动进给、机动进给和快速移动。主轴和工作台都采用调速盘选择速度,在切换齿轮以改变速度时,主轴电动机 M_1 和工作台进给电动机 M_3 应当做短时的低速转动,使齿轮易于啮合。

1. 铣床主轴电动机控制电路分析

图 5-16 中主轴电动机 M_1 运转由接触器 KM_1 控制,M_1 的旋转方向由换相开关 SA_5 在 M_1 起动前选择。M_1 运转过程中不能操作 SA_5。

（1）主轴起动

主轴起动前,先选择好需要的主轴转速,主轴变速完成后,常闭触点 SQ_6 接通;在主轴换刀制动开关旋置 SA_{2-1}(1-31)闭合位置,换相开关 SA_5 转到需要的方向位置,断路器 QF 接上电源,按下 SB_3（或 SB_4）按钮,KM_1 线圈通电并自锁,M_1 电动机起动运转。

（2）主轴停止

停止按钮 SB_1、SB_2 为复合按钮。按下 SB_1（或 SB_2）,其常闭触点断开,线圈 KM_1 断电,SB_1 常开触点闭合,制动离合器 YB 通电,M_1 被制动,主轴停止旋转。

（3）主轴变速时的瞬时点动

X52K 型立式铣床的主轴变速,采用孔盘机构集中操纵。当变速锁紧手柄使孔盘退出变速操纵杆时,锁紧杆上所连的凸轮压动行程开关,使 SQ_6(7-31)断开,KM_1 不能自锁,SQ_6(9-31)闭合,KM_1 接触器瞬时接通,M_1 瞬时点动,因此有利于滑移齿轮的啮合。当变速手柄完全推回原位时,行程开关 SQ_6 复位,切断瞬时点动线路。需注意的是,凸轮压动行程开关的时间不能长,否则电动机转速过高,不利于滑移齿轮的啮合。

2. 铣床进给运动的电气控制

从电气控制原理图可以看出,主运动和进给运动有联锁关系。当主轴电动机起动后,即 KM_1 线圈通电后,KM_1(17-10)触点闭合,进给运动才能进行。但工作台的快速移动可在主轴电动机不起动的情况下进行。

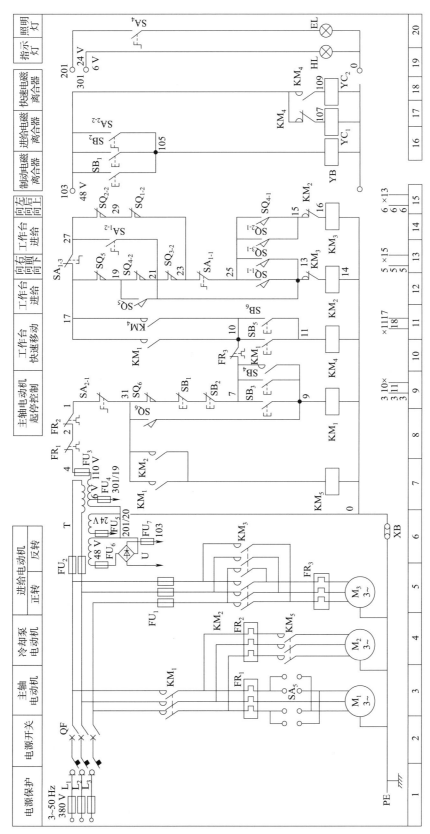

图 5-16 X52K 型立式铣床的电气控制原理图

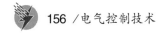

（1）工作台纵向进给运动控制

工作台纵向进给由纵向操作手柄操纵，手柄有向左、向右、中间（停止）三个位置，分别操纵离合器及行程开关 SQ_1、SQ_2 动作。要使工作台向右运动，将工作台纵向手柄扳向右，则纵向进给离合器接上进给传动链，并压动行程开关 SQ_1，其两触点 SQ_{1-1} 闭合，SQ_{1-2} 断开，KM_2 线圈通电动作，进给电动机 M_2 正向转动，工作台向右运动。

要使工作台向左运动，将工作台纵向手柄扳向左，使纵向进给离合器接上进给传动链，并压动行程开关 SQ_2，其触点 SQ_{2-1} 闭合，SQ_{2-2} 断开，KM_3 通电动作，M_2 反向运转，工作台向左运动。

此机床工作台左右运动除有机械（离合器）互锁外，还用 KM_2 和 KM_3 触点作电气互锁，用挡铁作限位保护。

（2）工作台横向进给运动控制

工作台横向和升降运动由升降台上的十字操作手柄控制。该手柄有五个位置：上、下、前、后和中位（停止）。

要使工作台向前运动，将十字手柄扳向"前"位置，横向进给离合器接上进给传动链，并压动行程开关 SQ_3，其触点 SQ_{3-1} 闭合，SQ_{3-2} 断开，KM_2 通电动作，M_2 电动机正转，工作台向前运动。

要使工作台向后运动，将十字手柄扳向"后"位置，横向进给离合器接上进给传动链，并压动行程开关 SQ_4，其触点 SQ_{4-1} 闭合，SQ_{4-2} 断开，KM_3 通电动作，M_2 电动机反转，工作台向后运动。十字手柄扳在中间位置时，工作台横向运动停止。

（3）工作台升降运动控制

要使工作台向上运动，将十字手柄扳向"上"位置，垂直进给离合器接上进给传动链，并压动行程开关 SQ_4，其触点 SQ_{4-1} 闭合，SQ_{4-2} 断开，KM_3 通电动作，M_2 电动机反转，工作台向上运动。

要使工作台向下运动，将十字手柄扳向"下"位置，接上垂直进给离合器，并压动行程开关 SQ_3，其触点 SQ_{3-1} 闭合，SQ_{3-2} 断开，KM_2 通电动作，M_2 电动机正转，工作台向下运动。十字手柄扳在中间位置时，工作台垂直运动停止。

（4）工作台快速移动控制

工作台六个方向的快速移动，是用两个操作手柄和快速移动按钮 SB_5（或 SB_6）的配合来实现的。例如，当主轴旋转，进给正在工作时，按下快速移动按钮 SB_5（或 SB_6），进给离合器 YC_1 断电脱开，快速离合器 YC_2 通电合上，使原来方向上的进给运动变成快速运动。当松开快速移动按钮时，YC_2 断电，YC_1 通电，重新恢复原来的进给状态。工作台调整时，主轴不旋转同样可以进行快速移动。

（5）进给变速时的瞬时点动控制

为了使进给变速时滑移齿轮易于啮合，本机床进给变速设有点动控制。当变速手柄拉出时，压合行程开关 SQ_5，其常开触点闭合，点动控制线路为 SA_{1-3}、SQ_{2-2}、SQ_{1-2}、SQ_{3-2}、SQ_{4-2}、KM_3 的常闭触点和 SQ_5 的常开触点，KM_2 通电动作，M_2 电动机正向瞬时点动。当变速手柄推回原位后，SQ_5 复位，M_2 停止。

X52K 型立式铣床开关说明见表 5-4。

表 5-4　X52K 型立式铣床开关说明

主轴换向开关	触点位置		左转	停止	右转	工作台横向及升降开关	触点位置		向前向下	停止	向后向上
	$SA_{5\text{-}1}$	W_{13}-U_{14}	+	−	−		$SQ_{3\text{-}1}$	13-25	+	−	−
	$SA_{5\text{-}2}$	W_{13}-U_{14}	−	−	+		$SQ_{3\text{-}2}$	21-23	−	+	+
	$SA_{5\text{-}3}$	U_{13}-U_{14}	−	−	+		$SQ_{4\text{-}1}$	15-25	−	−	+
	$SA_{5\text{-}4}$	U_{13}-U_{14}	+	−	−		$SQ_{4\text{-}2}$	19-21	+	+	−

工作台纵向进给开关	触点位置		左转	停止	右转	工作台转换开关	触点位置		接通	断开
	$SQ_{1\text{-}1}$	13-25	−	−	+		$SA_{1\text{-}1}$	23-25	−	+
	$SQ_{1\text{-}2}$	23-29	+	+	−		$SA_{1\text{-}2}$	13-27	+	−
	$SQ_{2\text{-}1}$	15-25	+	−	−		$SA_{1\text{-}3}$	17-27	+	−
	$SQ_{2\text{-}2}$	27-29	−	+	+	换刀　主轴	$SA_{2\text{-}1}$	1-31	−	+
							$SA_{2\text{-}2}$	103-105	+	−

注:" + "表示闭合," − "表示断开。

(6)机床进给和快速移动的限位

工作台正向进给限位开关:SQ_1、SQ_2。

工作台横向及升降进给限位开关:SQ_3、SQ_4。

进给变速电动开关:SQ_5。

主轴变速电动开关:SQ_6。

当其中一项移动部件达到极限位置时,相应的限位开关断开,切断进给及快速移动电路,可以按相反方向的快速移动按钮,使其复位。

(7)线路保护

主电路设有三极自动空气开关,当产生过载或短路时均能自动断开主回路。控制电路中各不同电压均设有单极自动开关保护。

(8)运动说明

当主轴切削进给时,到达极限开关,这时主轴在旋转,极限开关切断分配离合器,进给停止;当要返回运动时,首先停止主运动,进给手柄处于中间位置,按相反方向快速按钮返回。

(9)双电压说明

机床为双电压三相交流电时,改变出厂电压的方法:机床为双电压 220 V/440 V 时,其出厂电压写在壁龛电门盖的标牌上,若用户需要改变与出厂电压不符的另一电压时,切记将电动机的电源线及变压器的电源线分别按电动机标牌的接线及变压器标牌的接线图改变接线方法,并按装箱单规定的保护器件的容量,更换随机备件。

3. 立式铣床部件位置图(见图 5-17)

立式铣床部件位置代号索引(见表 5-5)。

表 5-5　立式铣床部件位置代号索引

设备名称	位置代号	设备名称	位置代号
立柱配电箱	+ A	床身	+ F
尾筒	+ B	工作台	+ G
下滑座	+ C	后立柱	+ H
主轴箱	+ D	按钮站	+ K
上滑座	+ E	固定按钮站	+ L

4. 立式铣床电气件位置图(见图5-18)

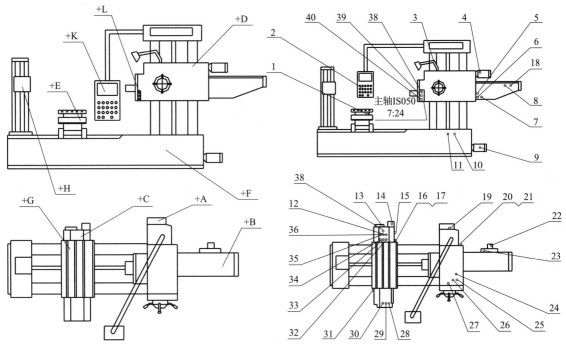

图5-17　立式铣床部件位置图　　　　图5-18　立式铣床电气件位置图

立式铣床电气件代号索引(见表5-6)。

表5-6　立式铣床电气件代号索引

序　号	电气符号	名　称	用　途	备　注
1	P_1	位置瞄准器	4×90°定位	
2	—	按钮站	机床操纵	
3	EL_1	照明灯	机床照明	
4	M_1	电动机	主轴旋转与进给电动机	
5	SQ_1	行程开关	工作台正向进给限位	
6	SQ_2	行程开关	工作台负向进给限位	
7	SQ_4	行程开关	工作台升降进给限位	
8	YV_2	电磁阀	装卸刀电磁阀	
9	M_2	电动机	快速移动电动机	
10	YC_1	电磁离合器	主轴箱接合	
11	YC_2	电磁离合器	主轴箱抱闸	
12	YV_{10}	电磁阀	下滑座夹紧	
13	—	接线盒	下滑座接线盒	
14	M_5	润滑泵	各部导轨润滑	
15	SQ_8	行程开关	上滑座正向限位	
16	SQ_{10}	行程开关	下滑座正向限位	

续上表

序　　号	电气符号	名　　称	用　　途	备　　注
17	SQ_{11}	行程开关	下滑座负向限位	
18	SQ_{13}	接近开关	刀具主轴互锁开关	
19	—	电气柜	安装配电盘	
20	SQ_6	行程开关	主轴箱正向限位	
21	SQ_7	行程开关	主轴箱负向限位	
22	M_3	电动机	主轴箱油泵电动机	
23	—	接线盒	尾筒接线盒	
24	YV_1	电磁阀	变速电磁阀	
25	YV_5	电磁阀	主轴箱松开电磁阀	
26	YV_4	电磁阀	主轴箱夹紧电磁阀	
27	SQ_3	行程开关	工作台横向进给限位	
28	YC_4	电磁离合器	上滑座结合	
29	YC_3	电磁离合器	工作台接合	
30	YC_5	电磁离合器	下滑座接合	
31	SQ_9	行程开关	上滑座负向限位	
32	YV_{11}	电磁阀	下滑座松开电磁阀	
33	YV_9	电磁阀	上滑座松开电磁阀	
34	YV_7	电磁阀	工作台松开电磁阀	
35	YV_6	电磁阀	工作台夹紧电磁阀	
36	YV_8	电磁阀	上滑座夹紧电磁阀	
37	M_4	电动机	下滑座油泵电动机	
38	SB_{15}	按钮	刀具夹紧	
39	SB_{16}	按钮	刀具松开	
40	SB_{17}	按钮	急停	

5.4.4　机床电气设备的维修与调整

在正确使用和操纵机床的时候铣床也容易出现一些小问题,有一些经常出现的问题是很容易在现场解决的,表5-7就介绍了铣床常见故障及排除方法。

表5-7　铣床常见故障及排除方法

故障现象	原因分析	排除方法	备　　注
分配某一项之后(主轴箱、上滑座、下滑座和工作台任意一项),按快速按钮快速电动机没有动作	①电动机故障。②接触器故障。③PLC 的输入信号有问题	①按住正向或负向快速按钮,检查接触器是否有动作,有动作说明是电动机的故障,更换电动机。②方法同上,如没有动作就是接触器故障,更换接触器。③对应输入点 16、17 的分别是行程开关 SQ_2、SQ_3,调整其位置,使 SQ_2 和 SQ_3 由被压下的状态调整到释放的状态	

续上表

故障现象	原因分析	排除方法	备 注
光学照明灯不亮	①灯泡损坏。 ②电路出现问题	①更换新灯泡,灯泡额定电压为直流6 V。 ②检查线路	
无法进行运动分配	主轴箱右下方的三联开关(SQ_1、SQ_2、SQ_4)位置不合适	调整它们使其位置合适,输入正确的PLC的信号	
主轴和平旋盘旋转反向、油泵不上压、快速反向等情况	相应的电动机反转造成	改变电源电缆的相序	

5.5 车间常见电气故障维修

一般的企业用电,都要有配电装置,根据用电量的多少,可设配电房、配电柜、配电板。小型企业只要有一个总配电板就可以了,车间用电一般都装有总配电板,而维修电工的主要维修任务是配电板以内的电气维修。

电力分配常用系统图来表示,电力系统图仅反映电能的输送与分配,而不反映电力的控制与监控方式(如仪表控制设备的作用等)。总配电系统图由隔离开关、总开关、总熔断器及分路配电装置组成。

在综合维修或发生较大电气故障时,应由总开关或隔离开关分断总电源,再去维修。

5.5.1 机床电气线路的一般分析方法

机床的种类很多,有的机床的电气线路比较简单,有的比较复杂。通过上面几种典型机床电气线路的分析,归纳出读懂线路图的一般步骤:

1. 看懂主电路

从主电路中看该机床用几台电动机来拖动,每台电动机拖动机床的哪个部件。这些电动机分别用哪些接触器或开关控制,有没有正反转或减压起动,有没有电气制动。各电动机由哪个电器进行短路保护,哪个电器进行过载保护,还有哪些保护。如果有速度继电器,则应弄清与哪个电动机有机械联系。

2. 分析控制线路

控制线路一般可以分为几个单元,每个单元一般主要控制一台电动机。可将主电路中接触器的文字符号和控制线路中的相同文字符号一一对照,分清控制线路中哪一部分电路控制哪台电动机,如何控制。分析时应同时搞清楚它们之间的联锁是怎样的,机械操作手柄和行程开关之间有什么联系。各个电器线圈通电,它的触点会引起或影响哪些动作。

3. 分析机床中的其他电路

例如,分析保护电路与照明电路等。

5.5.1 机床电气设备的日常维护

电气设备产生的故障将影响正常生产,有时甚至造成设备事故和人身事故。为此,应注意电气设备的经常维护,防止产生故障。

机床电气设备主要是电动机、电器和电路,其维护保养的主要内容和要求如下:

1. 电动机部分

电动机是机床设备的动力源,一旦发生故障将使机床停止工作。而且电动机的修理往往既费事又费时,因此必须注意做好电动机的日常维护保养工作。主要有:

①电动机应经常保持清洁,进、出风口必须保持畅通,不允许有任何异物或水滴等进入电动机内部。

②经常检查电动机的温升有无超过规定值。

③应经常检查电源电压是否与铭牌值相符,并检查电源三相电压是否对称。

④在正常运行时,电动机的负载电流不能超过其额定值。同时,还应检查三相电流是否平衡,三相电流的任何一相与其三相的平均值相差不能超过10%。

⑤经常检查电动机运行时是否有不正常的振动、噪声、气味,有无冒烟及电动机的起动是否正常。若有不正常的现象,应立即停车检查。

⑥检查电动机的引出线是否绝缘良好、连接可靠。检查电动机的接地装置是否可靠和完整。

⑦经常检查电动机轴承部位的工作情况,是否有过热、漏油现象;轴承的振动和轴向移动应不超过规定值。

⑧经常检查电动机的绝缘电阻,特别是对工作环境条件较差(如工作在潮湿、灰尘大或有腐蚀性气体的环境)的电动机,更应加强检查。一般三相 380 V 的电动机及各种低压电动机,其绝缘电阻≥0.5 MΩ,高压电动机的定子绝缘电阻≥1 MΩ,转子绝缘电阻≥0.5 MΩ。如果发现电动机的绝缘电阻低于规定标准,应采用烘干、浸漆等方法处理后,再测量其绝缘电阻,达到要求后才能使用。

⑨对绕线转子异步电动机,应注意检查其电刷与集电环之间的接触压力、磨损情况及有无产生不正常的火花。

⑩对直流电动机,则应特别注意其换向器装置的工作情况,检查换向器表面是否光滑圆整,有无机械损伤或火花灼伤。

2. 电器的日常维护

各种电器的日常维护已在之前介绍过,这里不再重复。这里只提出,在维护时不得随意改变热继电器、过电流继电器和自动开关等的整定值。更换熔断器的熔体时必须按要求选配,不得选得过大或过小。

5.5.2　机床电气控制线路的检修方法

1. 了解机床故障的症状和现象

通过调查研究,向机床操作人员了解故障的详细情况、具体的症状和现象。

2. 分析故障产生的原因和范围

可先从电气控制原理图上分析故障的原因。在不损伤电气和机械设备的前提下,可直接通电试验,或(从控制箱接线端子板上)卸下负载进行试验,以区分故障是在电气部分还是非电气(如机械、液压机构等)部分。如是在电气部分,则应分清是在电动机还是在电气控制线路,是在主电路还是在控制线路,最终确定故障范围。

3. 进行外表检查

对于较简单的控制线路,根据故障属于哪个部分,可先进行一般性的外观检查,例如是属于控制线路部分的故障,可逐一检查各电器元件的外观有无破裂、变色、烧痕,其接头有无脱落等。但是对于较复杂的线路,若按此方法逐级进行检查,不仅费工费时,而且极易遗漏,因此,宜采用逻辑分析方法,通过通电试验仔细观察各电气元件的动作情况,再根据原理图所展示的控制原理,逐一排除故障回路中公共支路上的故障所在,逐步缩小故障范围。

4. 通电检查

①对一般采用外观检查不容易找出的故障点,应采用测量法。但要注意在使用万用表、验电笔、校验灯等进行测量时,要防止由于感应电、回路电及其他并联支路的影响,以防产生误判断。

②在找出故障点后,要找到产生故障的真正原因,针对具体情况采取正确的排除方法。不要仅满足于修复或更换损坏的电器而不去查找造成电器损坏的原因,不要轻易地去更换电气元件和增补接线,更不要轻易改动电路或随意更换型号规格不同的电气元件,因为这样不但不能从根本上排除故障,反而会人为地扩大故障或产生新的故障。

③对损坏的电气元件,从经济的观点出发,凡能够修复的应尽量修复;但如果修复比较费时费力,则从尽快使设备投入运行以减小对生产产生影响的角度考虑,应尽快更换上新的电气元件,或将新的换上后再修复拆下的旧电气元件。

5. 机床电气设备的检修质量标准

①外观整洁,无破损和碳化现象。

②所有的触点均应完整、光洁,接触良好。

③压力弹簧和反作用弹簧均应具有足够的弹力。

④操纵、复位机构均应灵活可靠。

⑤各种衔铁无卡阻现象。

⑥灭弧罩完整、清洁、安装牢固。

⑦整定值大小应符合电路实用要求。

⑧指示装置能正常发出信号。

⑨吸盘的吸力能满足要求。

⑩绝缘电阻合格。通电试验能符合和满足电路的要求。

6. 及时总结、做好记录

有些机床的电气元件的动作是由机械、液压系统推动的,或者其故障是由机床的机械、液压系统造成的或相关联的,因此应请有关的技术人员来共同检修。故障排除后,应注意总结经验,做好维修记录,积累资料,以利于今后的维护保养工作。

上面介绍了几种典型机床的电气线路和故障分析,在实际工作中,还会遇到其他机床的控制线路,即使是与本章相同型号的机床,由于制造厂的不同,其控制线路也有差别。因此,应该抓住各机床电气控制的特点,学会分析电气原理图和诊断故障的方法。

⚡小　结

金属切削机床是进行机械加工的主要设备,它用切削的方法将金属毛坯加工成一定形状、尺寸和表面质量的机械零件。常见的金属切削机床有车床、磨床、钻床、铣床和镗床等。本章介绍了 CM6132 普通机床、M7140 平面磨床、Z3040 摇臂钻床、X52K 立式铣床的电气控制原理,并介绍了常用机床控制线路的常见故障及排除方法。

习题与职业技能考核模拟

一、选择题

1. M7140 型平面磨床电磁吸盘线圈的电流是(　　　)。

　　A. 交流　　　　　　　B. 直流　　　　　　C. 单向脉动直流　　　　D. 锯齿形电流

2. Z3040 型摇臂钻床的摇臂回转,是靠(　　　)实现的。

　　A. 电动机拖动　　　　　　　　　　　B. 人工推转

　　C. 机械传动　　　　　　　　　　　　D. 摇臂松开—人工推转—摇臂夹紧的自动控制

3. M7140 型机床是一台(　　　);X6132 型机床是一台(　　　);X52K 型机床是一台
(　　　);Z3040 型机床是一台(　　　);CM6132 型机床是一台(　　　)。

　　A. 摇臂钻床　　　　B. 平面磨床　　　　C. 卧式铣床　　　　D. 卧式车床

　　E. 立式铣床

4. 电磁吸盘的文字符号是(　　　)。

　　A. YA　　　　　　　B. YB　　　　　　　C. YC　　　　　　　　D. YH

5. Z3040 型摇臂钻床的摇臂升降极限位置保护是(　　　)。

　　A. SQ_1　　　　　　　B. SQ_2　　　　　　　C. KT　　　　　　　D. SA_1

6. Z3040 型摇臂钻床中摇臂升降电动机与立柱松紧电动机不设过载保护是因为(　　　)。

　　A. 不会过载　　　　B. 短时工作　　　　C. 长期过载也没有关系

7. 平面磨床在加工中(　　　)。

　　A. 调速可有可无　　　B. 不需要调速　　　C. 需要调速

8. 平面磨床的桥式整流电路中,如果有一个二极管因烧坏而断开,则(　　　)。

　　A. 整流输出电压为正常值的一半　　　　　B. 整流输出电压为零

　　C. 仍能正常工作

9. X52K 型立式铣床中若主轴未起动,则工作台(　　　)。

　　A 不能有任何进给　　　B. 可以进给　　　C. 可以快速进给

二、简答题

1. CM6132 型车床电气控制有何特点?

2. CM6132 型卧式车床控制线路中 M_1、M_2、M_3 三台电动机各起什么作用? 它们由哪些控制环节组成?

3. 简述 CM6132 型卧式车床的主轴电动机停机时的电路工作过程。

4. 分析 CM6132 型卧式车床电路中中间继电器 KA 的作用。

5. 分析 CM6132 型卧式车床电路中主轴电动机反向工作,停机时呈自然停机是何原因?

6. 分析 M7140 型平面磨床电气控制线路中 SC_2 处于"励磁"位置,此时开动砂轮电动机和液压泵电动机均无法工作是什么原因?

7. M7140 型平面磨床电磁吸盘电路设置了哪些保护环节?

8. 简述 M7140 型平面磨床,进行磨削加工时应如何操作? 有关电器无法工作是何原因?

9. M7140 型平面磨床电磁吸盘线圈为什么要采用直流供电?

10. M7140 型平面磨床电气控制线路中利用哪些电器? 实现了什么保护?

11. 对照 Z3040 型摇臂钻床电气控制原理图,分析摇臂下降的操作和电路工作情况。

12. Z3040 型摇臂钻床电气控制中设置了 HL_1、HL_2、HL_3 三盏指示灯,其功能分别是什么?

13. Z3040 型摇臂钻床电气控制有何特点?

14. 简述 Z3040 型摇臂钻床电气控制线路中,摇臂要下降一定位置有哪几台电动机工作?并叙述电路的工作过程。

15. 分析 Z3040 型摇臂钻床电路中,时间继电器 KT 各触点的作用。

16. 分析 Z3040 型摇臂钻床电路中,行程开关 SQ_1、SQ_2、SQ_3 及 SQ_4 的作用。

17. Z3040 型摇臂钻床,在电气大修后发现三根电源进线相序改变了,此时若操作各按钮,机床各运动部件将出现什么现象?

18. X52K 型立式铣床电气控制设置了哪些联锁?它们是如何实现的?

19. X52K 型立式铣床主轴变速是如何操作的?其控制有何特点?

20. X52K 型立式铣床工作台上、下、左、右、前、后的行程控制是如何实现的?

21. X52K 型立式铣床电气控制有何特点?

22. X52K 型立式铣床电气控制线路由哪些基本环节组成?

23. 简述 X52K 型立式铣床主轴变速冲动时电路的工作过程。

24. 指出 X52K 型立式铣床工作台做向左进给运动时进给电动机的工作状态,及其控制线路的工作过程。

25. X52K 型立式铣床工作台要快速移动时,应如何操作有关电器?

26. X52K 型立式铣床做圆工作台加工时,电路中有关电器应处于什么状态?

27. X52K 型立式铣床工作台变速冲动时,应如何操作?有关的主令电器应处于什么状态?

28. 讨论 X52K 型立式铣床电气控制线路中,通过哪些电器实现什么联锁?

29. 分析 X52K 型立式铣床电气控制线路中,出现下列故障现象的原因。

①主轴电动机停机时,发现主轴没制动。

②工作台无法实现向前、向下进给运动。

③工作台无法实现向左进给运动。

④工作台无法实现快速移动。

30. 分析 X52K 型立式铣床与 X6132 型卧式铣床不同之处。

31. 简述 X52K 型立式铣床电气控制线路中,工作台在主轴不工作时,要向左快速移动的电路工作情况。

32. 简述 X52K 型立式铣床电路,主轴电动机 M_1 停转时发现无制动,试分析其故障原因。

第3篇

典型工厂电气设备举例及电气控制线路设计

导 入 >>>>>>

　　起重机用于提升和放下重物,是实现各种繁重吊运任务、提高劳动生产率、减轻劳动强度及促进生产过程机械化的重要设备之一,被广泛应用于工矿企业、车站、港口、仓库和建筑工地等场所。

　　本篇主要对桥式起重机的相关电气设备进行介绍。重点分析典型的凸轮控制器控制线路与主令控制器的控制系统;并对20/5 t桥式起重机的控制线路进行综合分析;最后对电气控制线路设计的内容进行了介绍。

第6章 起重机的电气控制

学习目标

知识目标

①掌握电动葫芦及桥式起重机的结构及工作原理。

②掌握桥式起重机对安全的特殊要求及其联锁与保护环节,特别注意下降重物时的特殊控制。

技能目标

具备分析和理解凸轮控制器与主令控制器的控制线路的能力,初步掌握起重机控制线路常见故障检查及排除方法。

素养目标

培育学生的匠心精神,通过匠心精神的培养来帮助学生认识到追求品质与企业发展乃至民族发展之间的紧密联系。

本章综述

本章对起重机进行详细介绍,并介绍电动葫芦及凸轮控制器与主令控制器的内部机构及原理。起重机是进行物料搬运作业的核心机械设备之一,起重机通过各工作机构的组合运动完成物料的提升和在一定范围内移动,然后按要求将物料安放到指定位置,空载回到原处,准备再次作业,从而完成一次物料搬运的工作。循环起重,机械的搬运作业,周期性的间歇作业广泛用于输送装卸和仓储等作业场所。

6.1 电动葫芦

电动葫芦是一种特种起重设备,安装在天车、龙门吊之上,用于提升、牵移、装卸重物,油罐倒装焊接,如各种大中型砼、钢结构及机械设备的安装和移动。电动葫芦具有体积小、自重轻、操作简单、使用方便等特点,被广泛用于建筑、公路、桥梁、冶金、矿山、电力、船舶、汽车制造等场所。

电动葫芦起重量一般为 0.3~80 t,起升高度为 3~30 m。由电动机、传动机构和卷筒或链轮组成,分为环链电动葫芦和钢丝绳电动葫芦两种。其中,环链电动葫芦分为进口和国产两种;钢丝绳电动葫芦分为单速提升、双速提升。本节介绍钢丝绳电动葫芦如图 6-1 所示。其主要组成部分包括:钢丝卷筒、电动机、限位开关等。钢丝

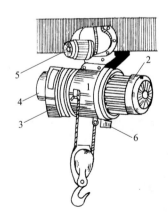

图6-1 电动葫芦的总体图

1—钢丝卷筒;2—电动机;3—减速箱;
4—电磁制动器;5—移动电动机;6—限位开关

绳电动葫芦提升速度是 4～12 m/min,起重量为 0.1～80 t,钢丝绳的长度可以根据要求进行定制。它由提升机械和移动装置两部分构成,并分别用电动机拖动。工作原理为提升钢丝卷筒 1 由电动机 2 经过减速箱 3 拖动,主传动轴与电磁制动器 4 的圆盘相连接。移动电动机 5 经减速箱拖动导轮在工字钢轨道上前后移动。钢丝绳电动葫芦是工厂、矿山、港口、仓库、货场、商店等常用的起重设备之一,是提高劳动效率、改善劳动条件的必备机械。

电动葫芦的控制很简单,它主要是以四个点动按钮来完成前进、后退及上下的点动。其控制电路如图 6-2 所示。

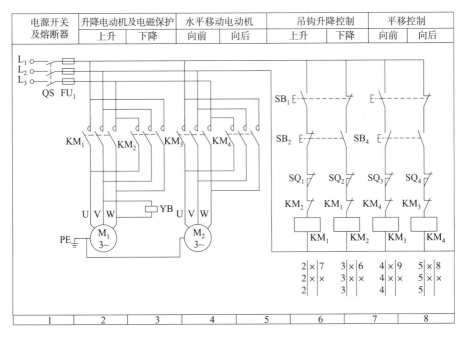

图 6-2　电动葫芦电气控制线路

图 6-2 中的 KM_1 和 KM_2 是吊钩升降电动机 M_1 的正、反转接触器,YB 为吊钩电动机的电磁制动器。当电动机 M_1 通电工作时,不管吊钩上升或者下降,电磁制动器 YB 均可通电,制动器放松,电动机可以转动。当电动机 M_1 断电时,YB 也断电,在制动器弹簧力作用下将电动机制动。

按钮 SB_1 和 SB_2 是 M_1 的正反转点动起动复合按钮。行程开关 SQ_1 和 SQ_2 为限位保护,可使吊钩上升或下降至极限位置时及时断电停机。M_2 的电气控制电路与 M_1 的控制电路相似,只是没有制动装置,就不再详细说明。M_2 的控制电路中也设置有两个行程开关 SQ_3 和 SQ_4 进行限位保护,防止电动葫芦在移动时超出移动范围。

CD 型电动葫芦是我国自行设计的产品。采用锥形转子制动异步电动机,将其安装于可沿厂房左右移动的轨道上,便称为电动单梁起重机。单梁起重机自动采用常闭式电磁制动器,当发生停电事故时,可以立即进行制动,以避免事故的发生。整个控制电路经过变压器,将交流 380 V 转换成 36 V,安全可靠,控制电路采用接触器控制,并设有机械式行程开关,作为提升上限位。单梁起重机起吊重物时,有六个运动方向,除上下、前后运动外,还能左右移动。左右移动可采用笼型或绕线式异步电动机拖动。梁式起重机采用悬式按钮站操作或在驾驶室中集中控制,CD型电动单梁起重机的电气控制线路与图6-2所示的电动葫芦控制线路相似,只多了左右移动,这里不做介绍。

有慢速要求时,可采用双速电动葫芦,慢速与常速之比为1/2~1/4。多数电动葫芦由人用按钮在地面跟随操纵,也可在司机室内操纵或采用有线或无线远距离控制。地面操纵时的运行速度常为20~30 m/min,也可有双速。在司机室操纵时的速度可达60 m/min。电动葫芦除单独使用外,还可作为一些桥架型起重机的起升机构。配上小车成为运行式电动葫芦,又可作为起重小车。

目前生产的CD型钢丝绳电动葫芦起重量为0.5~5 t。通常该系列产品采用ZZ型锥形转子电动机,结构如图6-3所示,即转子与定子呈锥形。工作原理如下:接通电源后,定子通电产生磁场,磁力线垂直于转子表面,于是产生一个轴向分力,使锥形转子3克服压力弹簧4的力,向锥形小端方向轴向移动,转子被吸进定子,并使锥形制动圈7脱离后端盖6,允许转子自由转动。当断开电源时,被压力弹簧4的反弹力推动转子向反向轴向移动,使锥形制动圈紧紧贴在后端盖上,从而实现转子制动停车。

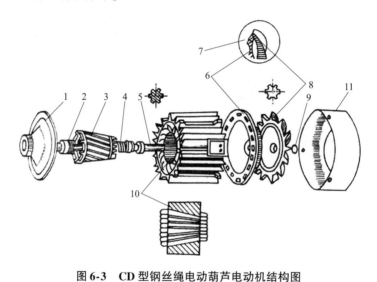

图 6-3 CD型钢丝绳电动葫芦电动机结构图
1—前端盖;2—平面轴承;3—锥形转子;4—压力弹簧;5—花键轴;6—后端盖;
7—锥形制动圈;8—风扇;9—调节螺母;10—锥形定子;11—风罩

由于锥形转子电动机的制造工艺较为复杂,近年来一些工厂将锥形转子电动机替换成傍磁式电动机。其原因为傍磁式电动机的转子和定子都是普通圆柱形,转子端面装有衔铁盘,当电源接通时,衔铁盘与制动器相互吸引产生轴向磁力,克服弹簧阻力,使制动圈和后端盖分开,电动机的转子可以旋转。当断电时,制动圈在弹簧反作用力下与后端盖贴紧合上,对电动机进行制动。

6.2 桥式起重机的电气设备

桥式起重机是横架于车间仓库和料场上空进行物料吊运的起重设备。由于它的两端坐落在高大的水泥柱或者金属支架上,形状似桥,所以又称"天车"或者"行车"。桥式起重机的桥梁沿铺设在两侧高架上的轨道纵向运行,起重小车沿铺设在桥架上的轨道横向运行,形成一矩形的工作范围,因此可以充分利用桥架下面的空间吊运物料,不受地面设备的阻碍。在冶金和机械制造工业中桥式起重机被广泛应用。

6.2.1　桥式起重机的结构及运动情况

桥式起重机一般由桥架(又称大车)、装有提升机构的小车、大车移行机构、操纵室、小车导电装置(辅助滑线)、起重机总电源导电装置(主滑线)等部分组成。其结构示意图如图 6-4 所示。主要包括:

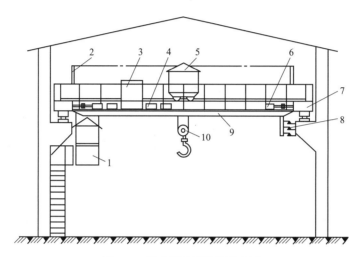

起重机简介

图 6-4　桥式起重机结构示意图
1—驾驶室;2—辅助滑线架;3—交流磁力控制盘;4—电阻箱;5—起重小车;
6—大车移动电动机;7—端梁;8—主滑线;9—主梁;10—吊具

1. 桥架

桥架是起重机的主要承载构件,由两个主梁、两个端梁、平台和护栏等零部件组成。结构形式有两种:盒子和桁架。主梁横跨在车间中间,与大车轨道方向垂直,两端有端梁,组成箱式桥架。在主梁两侧设有走道,一侧安装大车移行机构的传动装置,使桥架可沿车间长度铺设的轨道上纵向移动(即左右移动);另一侧安装小车所有的电气设备。主梁上铺有小车移动的轨道,小车可以前后(称为横向)移动。

2. 大车移行机构

大车移行机构由大车拖动电动机、传动轴、联轴节、减速器、车轮及制动器等部件构成。安装方式有集中驱动与分别驱动两种。集中驱动是由一台电动机经减速机构驱动两个主动轮;而分别驱动则由两台电动机分别驱动两个主动轮。后者自重轻、安装调试方便,实践证明,其使用效果良好。目前我国生产的桥式起重机大多采用分别驱动。

3. 小车

小车俗称跑车,放在桥架导轨上,可沿车间宽度方向移动。主要由小车架以及其上的小车移行机构和提升机构及限位开关等组成。它的传动系统如图 6-5 所示。小车移行机构由小车行走电动机 6、经立式减速箱 7 驱动小车主动轮,拖动小车沿导轨移动,两端装有缓冲装置和限位开关保护。由于小车主动轮相距较近,故由一台电动机驱动。

4. 提升机构

桥式起重机的提升机构由电动机、制动器、传动轴、联轴器、减速箱、滚筒、固定滑轮块和钢丝绳组成。分单制动器和双制动器。提升机构由提升电动机 1,经卧式减速箱 2 拖动滚筒 3 旋转,通过钢丝绳 5 使重物上升或下降。15 t 以上的桥式起重机,装有主钩和副钩两套提升机构。由此可知,重物在吊钩上随着滚筒的旋转获得上下运动;随着小车在车间宽度方向获得左右运动,并能随大车在车间长度方向做前后运动。这样就可实现重物在垂直、横向、纵向三个方向的运动,把重物移至车间任意位置,完成起重运输任务。

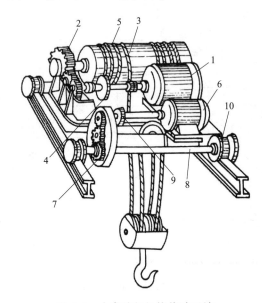

图 6-5　小车移行机构传动系统

1—提升电动机;2—卧式减速箱;3—滚筒;4—提升机构制动轮;5—钢丝绳;
6—小车行走电动机;7—立式减速箱;8—小车车轮轴;9—小车制动轮;10—小车车轮

5. 操纵室

操纵室是操纵起重机的吊舱,又称驾驶室。操纵室内有大、小车移行机构控制装置、提升机构控制装置及起重机的保护装置等。

操纵室一般固定在主梁的一端,也有少数装在小车下方随小车移动的。操纵室的上方开有通向走台的舱口,供检修人员检修大、小车机械与电气设备时上下。

6.2.2　起重机对电力拖动与电气控制的要求

起重机经常处在高温、高湿度、多粉尘的工作环境,其工作负载性质属于重复短时工作制,在如此相对恶劣的工作条件下,要选择为起重机而设计的专用电动机,应具有较高的机械强度,可以经常处于频繁带负载起动、制动、正反转状态,要承受较大过载和机械冲击。因而对电力拖动与电气控制有一定要求。

1. 频繁的起动

起重机经常带负载起动,要求电动机的起动电流小、起动转矩大。因而采用绕线式异步电动机拖动,在转子电路中串电阻进行起动和调速。

2. 速度可以调节

起重机的负载为恒定转矩,所以采用恒转矩调速。当改变转子外接电阻时,电动机便可获得不同转速。对于普通起重机的高低速之比一般为 3:1,要求较高的起重机高低速之比可达 5:1～10:1。空钩能快速升降,轻载的提升速度应大于额定负载时的提升速度,以减少辅助工作时间。注意:转子中加电阻后,其机械特性变软。

3. 重复短时工作制

起重机为重复短时工作制。拖动起重机运动的电动机在工作中的特点:工作期内温度升高,由于时间短,来不及上升到稳定值;停止期内温度降低,也来不及冷却到周围环境温度。显然在同样功率下,重复短时工作比长期稳定的温升要低,允许过载运行。对这种重复短时工作制的电动机要采用起重交流电动机,型号为 YZR(绕线式)、YZ(笼型)系列。这类电动机具有较高的机械强度和较大的过载能力。为了减小起动与制动时的能量损耗,电动机的电枢做成细长型,以减小其转动惯量,同时又能加快起动与制动的过渡过程。由于电动机工作频繁,电枢温度高,要求电动机绕组具有较高的热性能指标,以适应其工作要求。

起重用的电动机铭牌标出的功率,均为通电持续率为 25% 时的输出功率。

4. 提升机构的电力拖动与控制要求

提升工作开始或重物下降至预定位置附近时,都要求低速。在 30% 额定速度内应分为几档,以便灵活操作。若能采用无级调速,尽量采用无级调速。高速向低速过渡时应能连续减速,保持平稳运行。

起重机的负载力矩为位能性反抗力矩,因而电动机可能运转在电动状态或制动状态。为了设备与人身的安全,下放重物时应工作在制动状态,停车时必须采用机械制动。

为确保设备和人身安全,采用电器和电气机械双重制动,不但能减少机械爆炸的磨损,还可防止因电源停电而使重物自由下落的事故发生。

5. 需要有保护措施

应具有必要的零位、短路、过载和终端保护。

6.2.3　桥式起重机的主要技术参数

桥式起重机被广泛应用,其主要部件及控制设备均有标准化规则。起重机生产厂家根据不同生产工作要求设计生产出各种类型、标准规格的起重机。

1. 额定起重量

额定起重量是指起重机允许的起吊最大负荷量,以 t 为单位。主要分为小型、中型、重型三类。其中小型为 5～10 t,中型为 10～15 t,重型为 50 t 以上。

2. 跨度

跨度是指起重机主梁两端车轮中心线间的距离,即大车轨道中心线间的距离称为跨度,以 m 为单位。常用起重机的跨度为 10.5 m、13.5 m、16.5 m、19.5 m、22.5 m、25.5 m、28.5 m、31.5 m 等。

3. 提升高度

起重机的吊具或抓取装置(如抓斗、电磁吸盘)的上极限位置与下极限位置之间的距离,称为起重机的提升高度,以 m 为单位。

起重机一般常用的提升高度有 12 m/16 m、12 m/14 m、12 m/18 m、16 m/18 m、19 m/21 m、

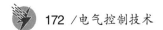

20 m/22 m、21 m/23 m、22 m/26 m、24 m/26 m 等几种。其中,分子为主钩提升高度,分母为副钩提升高度。

4. 运行速度

运行速度是指大、小车移动机构在其拖动电动机以额定转速运行时所对应的速度,以 m/min 为单位。小车运行速度一般为 40~60 m/min,大车运行速度一般 100~135 m/min。

5. 提升速度

提升机构的电动机以额定转速使重物上升的速度,即提升速度。一般,提升速度不超过 30 m/min,依重物性质、重量、提升要求来决定。

提升速度还有空钩速度。空钩速度可以缩短非生产时间。空钩速度可以高达额定提升速度的两倍。

提升速度还有个特例,即重物接近地面时的低速,称为着陆低速,以保证人身安全和货物的安全,其数值一般为 4~6 m/min。

6. 通电持续率

桥式起重机的各台电动机在一个工作周期内是断续工作的,其工作的繁重程度用通电持续率 JC% 表示。通电持续率为工作时间与工作周期的百分比,即

$$JC\% = \frac{工作时间}{工作周期} \times 100\% = \frac{通电时间}{通电时间 + 休息时间} \times 100\%$$

标准的通电持续率规定为 15%、25%、40%、60% 四种。

根据起重机的工作特点,通常 10 min 为一个周期。JC% = 100% 为长期工作制,JC% = 25% (或 40%)为重复短时工作制。桥式起重机常工作于重复短时工作制。

7. 工作类型

工作类型可分为轻级、中级、重级和特重级四种。

(1)轻级

一般工作速度较低,使用次数不多,满载机会较少,通电持续率约 15%,用于不紧张或不繁重的场合。例如,水电站或发电厂作安装、检修用的起重机。

(2)中级

经常在不同载荷下工作,速度中等,工作不太频繁,通电持续率约 25%,适用于一般机械加工车间和装配车间用的起重机。

(3)重级

经常工作在重载下,使用频繁,通电持续率在 40% 左右,如冶金和铸造车间内使用的起重机。

(4)特重级

经常吊额定负荷,工作特别繁忙,通电持续率为 60%,如冶金专用的桥式起重机。

6.2.4 桥式起重机的操控要求

①重物应能沿着上、下、左、右、前、后方向移动,且能在立体方向上同时运动。除向下运动外,其余五个方向的终端都应设置终端保护。

②要有可靠的制动装置,即使在停电的情况下,重物也不会因自重落下。

③应有较大的调速范围,在由静止状态开始运动时,应从最低速开始逐渐加速,加速度不能太大。

④为防止超载或超速时可能出现的危险,要有短时过载保护措施。一般采用过电流继电器作为电路的过载保护。

⑤要有失电压保护环节。

⑥要有安全措施。

⚡ 6.3　凸轮控制器及其控制线路

凸轮控制器在电力拖动控制设备中,用于变换主电路和控制电路的接法以及转子电路中的电阻值,以控制电动机的起动、停止、反向、制动、调速和安全保护。

凸轮控制器由于控制线路简单,维护方便,线路已标准化、系列化和规范化,因而广泛应用于中小型起重机的平移机构和小型提升机构。

6.3.1　凸轮控制器的结构

凸轮控制器主要由操作手柄(或手轮)、转轴(绝缘方轴)、凸轮、触点系统和壳体等部分组成,如图 6-6 所示。当转动手柄时,凸轮 7 随绝缘方轴 6 转动,当凸轮的凸起部分顶住滚子 5 时,动、静触点分开,当凸轮转动到凹处与滚子相碰时,动触点 2 受到触点弹簧 3 的作用压在静触点 1 上,动、静触点闭合,接通电路。如在方轴上叠装不同形状的凸轮片,可使一系列的触点按预先编制的顺序接通和分断电路,以达到不同的控制目的。

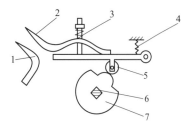

图 6-6　凸轮控制器结构示意图
1—静触点;2—动触点;3—触点弹簧;
4—弹簧;5—滚子;6—绝缘方轴;7—凸轮

6.3.2　凸轮控制器型号及主要技术数据

目前国内常用的凸轮控制器为 KT10、KT12、KT14 及 KT16 等系列,如图 6-7 所示。此外,尚有 KTJ1-50/1、KTJ1-0/5、KTJ1-80/1 等型号。

图 6-7　KT 系列的凸轮控制器

型号的含义：

KT14 系列凸轮控制器的主要技术数据见表 6-1。其中，KT14-25J/1、KT14-60J/1 型用以控制一台三相绕线式异步电动机；KT14-25J/2、KT14-60J/2 型用以同时控制两台三相绕线式异步电动机，并带有定子电路的触点；KT14-25J/3 用以控制一台三相笼型异步电动机；KT14-60J/4 用以同时控制两台三相绕线式异步电动机，定子回路由接触器控制。

表 6-1　KT14 系列凸轮控制器的主要技术数据

型　号	额定电流 /A	工作位置		通电持续率为 25% 时的电动机参数		额定操作频率 /(次/h)	最大工作周期 /min
		左	右	转子最大电流/A	最大功率/kW		
KT14-25J/1	25	5	5	32	11.5	600	10
KT14-25J/2		5	5	2×32	2×6.3		
KT14-25J/3		1	1	32	8		
KT14-60J/1	60	5	5	80	32	600	10
KT14-60J/2		5	5	2×32	2×16		
KT14-60J/4		5	5	2×80	2×25		

注：表中带有"2×"字样的表示可以控制两台异步电动机。

6.3.3　凸轮控制器控制线路

图 6-8 为凸轮控制器 KT14-25J/1 控制线路图，常用于 20/5 t 桥式起重机的大车、小车及副钩的控制，其特点是线路已标准化、系列化；操作可逆对称；控制绕线式异步电动机时，每相电阻不相等，并采用不对称切除法，以减少控制器触点量（中小容量电动机均采用该法）。

图 6-8 中凸轮控制器有 12 对触点，分别控制电动机主电路、控制电路及其安全、联锁保护电路，下面详细分析。

1. 电动机定子电路的控制

合上三相电源刀闸开关 Q_1，三相交流电经接触器 KM 的主触点，经过电流继电器 KA_1 的线圈后，其中一相 V_3 直接与电动机 M 的 V_1 相连，另外两相 U_3 和 W_3 分别通过凸轮控制器的四对触点（1～4）与电动机 M 的 U_1、W_1 相连。当控制器 QM 的操作手柄向右转动时（第 1～5 挡）凸轮控制器的主触点 2、4 闭合，使 U_3-U_1 和 W_3-W_1 相连通，电动机 M 加正向相序电压而正转。当控制器的操作手柄向左转动时，凸轮控制器的另外两对触点 13 闭合，即 L21-W、L23-U 相连通，电动机 M 加反向相序电压而反转。当凸轮控制器在零位时，触点 1～4 断开，电动机停转。通过凸轮控制器的四对触点的闭合与断开，可以实现电动机的正、反、停控制。四对触点均装有灭弧装置，以便在触点通断时，能更好地熄灭电弧。

2. 电动机转子电路的控制

凸轮控制器有五对触点(5~9)控制电动机的转子电阻接入或切除,以实现电动机的起动和转速调节。

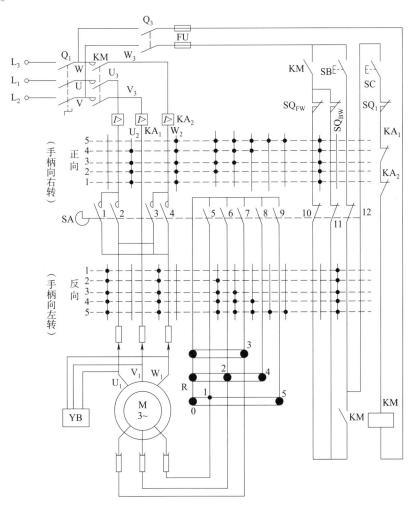

图 6-8　凸轮控制器 **KT14-25J/1** 控制线路图

凸轮控制器的操作手柄向右(正向)或向左(反向)转动时,五对触点通断情况对称。转子电阻的接入与切除如图 6-9 所示。当控制器手柄置于"1"挡时,转子加全部电阻,电动机处于最低速运行,当置于"2"、"3"、"4"及"5"挡时,转子电阻被逐级不对称切除,如图 6-9(b)~图 6-9(e),电动机的转子转速逐步升高,可调节电动机转速和输出转矩。相应的电动机的机械特性如图 6-10 所示,当转子电阻被全部切除,电动机将运行在自然特性曲线"5"上。

3. 凸轮控制器的安全联锁

在图 6-8 所示的电路中,凸轮控制器的触点 12 用来作零位起动保护,零位触点 12 只有控制器手柄在"0"位时处于闭合状态,这时按下按钮 SB,接触器 KM 通电并自锁,M 才能进行起动。控制器手柄在其他位置时,触点 12 均处于断开状态。这样,运行中若突然断电又恢复时,M 不能自行起动,而必须将手柄回到零位重新操作。联锁触点 10、11 在"0"位亦闭合,当凸轮控制器手柄置于反向时,联锁触点 11 闭合、触点 10 断开;而手柄置于正向时,联锁触点 10 闭合,触点 11 断开。联锁触点 10、11 与正向和反向限位开关 SQ_{FW}、SQ_{BW} 组成移动机构(大车或小车)的限位保护。

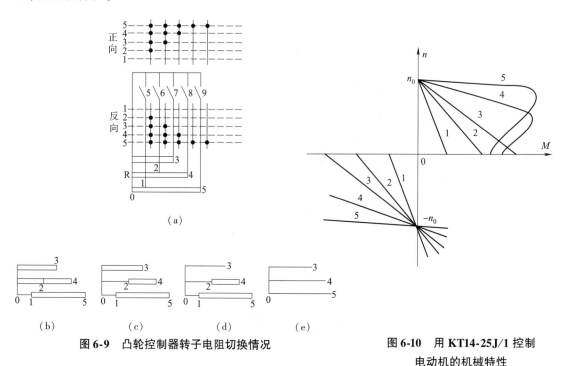

图 6-9 凸轮控制器转子电阻切换情况

图 6-10 用 KT14-25J/1 控制电动机的机械特性

4. 控制电路分析

在图 6-8 中,合上三相电源开关 QS_1,凸轮控制器手柄置于"0"位,触点 10 ~ 12 均闭合,合上紧急开关 SA,若大车顶无人,舱口关好以后(即开关 SQ_1 闭合),这时按下起动按钮 SB,电源接触器 KM 通电吸合,其常开触点闭合,通过限位开关触点 SQ_{FW} 或 SQ_{BW} 构成自锁电路。当手柄置于反向时,联锁触点 11 闭合、10 断开,移动机构运动,限位开关 SQ_{BW} 起限位保护。当移动机构运动(例如大车向左移动)至极限位置时,压下 SQ_{BW},断自锁电路,线圈 KM 自动断电,移动机构停止运动。这时,欲使移动机构向另一方向运动(如大车向右移动),则必须先将凸轮控制器手柄回到"0"位,按一下 SB 才能使接触器 KM 重新通电吸合(实现零位保护),并通过 SQ_{FW} 支路自锁,操作凸轮控制器手柄到正向位置,移动机构即能向另一方向运动。

当电动机 M 通电运转时,电磁抱闸线圈 YB 通电,松开电磁抱闸,运动机构自由运行。当凸轮控制器手柄置于"0"位或限位保护动作时,电源接触器 KM 和电磁抱闸线圈 YB 同时失电,使移动机构准确停车。

电路用过电流继电器 KI 实现过电流保护;紧急开关 SA_1 实现紧急保护;舱口安全开关 Q_1 实现关好舱口(大车桥架上无人),压下舱口开关,触点闭合才能开车的安全保护。

综上所述,凸轮控制器有如下作用:

①控制电动机的正向、停止或反向。

②控制转子电阻大小,调节电动机的转速,以适应桥式起重机工作于不同速度的要求。

③适应起重机电动机较频繁的工作。

④有零位触点,实现零位保护。

⑤与限位开关 SQ_{FW} 和 SQ_{BW} 联合工作,可限制移动机构运动的位移,防止越位而发生人身与设备事故。

⚡6.4 保护配电箱的电气原理

图 6-8 所示的控制电路除凸轮控制器外,还需要其他电气元件配合,以实现各种控制及保护(过载、短路、终端、紧急、舱口栏杆安全开关等保护)。为此,专有一种成套的保护配电箱,里面安装各种有关电器以供选用。这类配电箱有 GQR 系列和 XQB1 系列等。

XQB1 型号的含义如下:

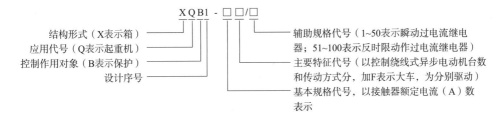

6.4.1 保护配电箱内主要电气元件及作用

图 6-11 为 XQB1 系列保护配电箱电器布置示意图。

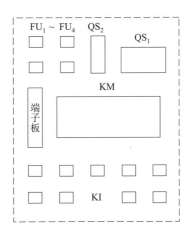

图 6-11 XQB1 系列保护配电箱电器布置示意图

各元件作用如下:

1. 闸刀开关

三相闸刀开关 QS_1 用来空载接通或切断电源。单相闸刀开关 QS_2 用作控制电路、信号灯和电铃的电源开关。

2. 电源接触器 KM

KM 用来带负载接通或切断主电路。

3. 过电流继电器 KI

KI 共九个,用来保护电动机及动力线路的过载或短路保护。

4. 熔断器 FU

FU 共四个,用作短路保护。

5. 接线端子板

用来与箱外电器连接。

6.4.2 保护配电箱电气原理图

XQB1-250-4F/□保护配电箱的主要电气原理图如图 6-12 所示,它可保护四台绕线式异步电动机,大车为分别驱动。

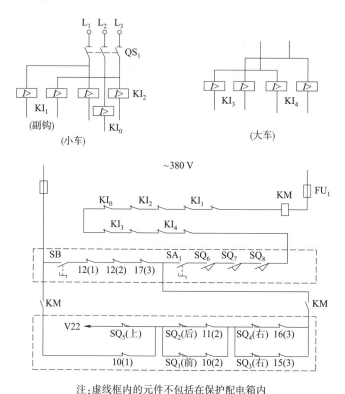

注:虚线框内的元件不包括在保护配电箱内

图 6-12　XQB1-250-4F/□保护配电箱的主要电气原理图

主电路经三相闸刀开关 QS_1、接触器 KM 主触点(图中未画出)与电源接通;L_2 相经总过电流继电器 KI_0 的线圈直送到电动机定子 V 端;另外两相(L_1、L_3)各经过电流继电器 $KI_1 \sim KI_4$ 线圈,分别接到各控制器的主触点,然后接到电动机的定子。因而保护配电箱可对各电动机实现过电流保护。

保护配电箱与凸轮控制器配合,可实现零位保护,紧急开关 SA_1 串联在 KM 线圈回路,可实现紧急保护。另外,箱内备有照明和检修用的插座等。

如图 6-12 所示,能起动的条件是:

①闸刀开关、接触器、继电器都在零位,触点 12 和 17 都闭合。

②紧急开关 SA_1 闭合。

③舱口安全开关 SQ_6 的常开触点闭合。

④端梁的栏杆门关闭,行程开关 SQ_7 和 SQ_8 的常开触点都闭合。

⑤无过电流,过电流继电器 $KI_0 \sim KI_4$ 的常闭触点都闭合。

这时,按下起动按钮 SB,接触器 KM 线圈通电吸合,其主触点接通主电路。

接触器 KM 能自锁的条件是有关的限位开关触点闭合。SQ_5 为提升限位开关;SQ_1 和 SQ_2 为小车限位开关,装在桥架上小车轨道的两端,挡铁装在小车上;SQ_3 和 SQ_4 为大车限位开关,装在桥架上,挡铁在轨道的两端。图 6-12 中,(1)、(2)、(3)别表示副钩、小车与大车的凸轮控制器上的触点。其中(10)1 触点在副钩下降时闭合,上升时断开;(10)2 触点在小车向前时闭合,向后时断开;(11)2 触点在小车向后时闭合,向前时断开;(15)3 触点在大车向左时闭合,向右时断开;(16)3 触点在大车向右时闭合,向左时断开。(12)1、(12)2 与(17)3 触点在三个凸轮控制器零位时闭合。

限位开关与控制器的触点相连后并联,在同一时间内并联的两条支路中只有一条是通的。例如,小车向前时,控制器的触点"10"闭合,向前限位开关 SQ_1 起作用,而另一支路中控制器的触点"11"是断开的,向后限位开关 SQ_2 不起作用。同理,大车向左移动时,只有向左限位开关 SQ_3 起作用;大车向右移动时,只有向右限位开关 SQ_4 起作用。

提升重物时,升降凸轮控制器的触点"10"断开,限位开关 SQ_5 起限位作用。各过电流继电器的常闭触点起过电流保护作用。

XQB1 系列保护配电箱的分类及使用范围见表 6-2。

表 6-2　XQB1 系列保护配电箱的分类及使用范围

型　　号	所保护电动机台数	备　　注
XQB1-150-2/□	三台绕线式异步电动机和一台笼型异步电动机	
XQB1-150-3/□	三台绕线式异步电动机	
XQB1-150-4/□	四台绕线式异步电动机	
XQB1-150-4F/□	四台绕线式异步电动机	大车分别驱动
XQB1-150-5F/□	五台绕线式异步电动机	大车分别驱动
XQB1-250-3/□	三台绕线式异步电动机	
XQB1-250-3F/□	三台绕线式异步电动机	大车分别驱动
XQB1-250-4/□	四台绕线式异步电动机	
XQB1-250-4F/□	四台绕线式异步电动机	大车分别驱动
XQB1-600-3/□	三台绕线式异步电动机	
XQB1-600-3F/□	三台绕线式异步电动机	大车分别驱动
XQB1-600-4F/□	四台绕线式异步电动机	大车分别驱动

6.4.3　过电流继电器

JL5、JL12 与 JL15 系列过电流继电器是供交流绕线式异步电动机、直流电动机作过电流保护用的继电器,用于交流 380 V 以下及直流 440 V 以下,电流为 5～300 A 的电路。其中 JL5 与 JL15 系列是瞬动型,只能作起重电动机的短路保护,而 JL4 与 JL12 系列为延时型,具有反时限特性,可作起重电动机的过载兼短路保护。

图 6-13 为 JL12 系列过电流延时继电器的结构示意图,它由螺管式电磁系统、阻尼系统和触点系统三部分组成。当电动机发生过载或过电流时,使电磁系统磁通发生剧变,处于油杯中

的衔铁(图6-13中的动铁芯)在电磁吸力作用下,克服阻尼剂(硅油)的阻力,缓缓向上移动,最后推动顶杆,使触点系统(JLXK1-11型微动开关)中的常闭触点断开,从而使主接触器KM线圈断电,切除电动机的电源,保护电动机。故障一旦消除,衔铁因自重而返回原位。

由于硅油的阻尼作用,过电流继电器具有过载延时。过电流速动的反时限的保护特性,可防止电动机起动过程中发生误动作。又因硅油黏滞性与环境温度有关,因而可调节螺钉9,使其动作特性符合表6-3。

过电流继电器的整定值应调整合适,若整定值过大,不能保护电动机;整定值过小,又会频繁通断电路。各个电动机的过电流继电器KI的整定值为额定电流的2.25~2.5倍。总过电流继电器(瞬时动作)的整定值=2.5×最大一台电动机的额定电流+其余电动机的额定电流之和。

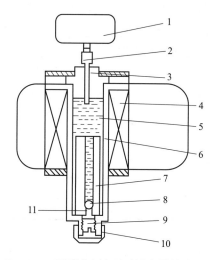

图6-13 JL12系列过电流延时继电器的结构示意图

1—微动开关;2—顶杆;3—封口塞;4—线圈;5—硅油;6—导管(油杯);
7—动铁芯;8—钢珠;9—螺钉;10—封帽;11—油孔

表6-3 JL系列过电流继电器的保护特性

电　　流	动　作　时　间
I_N	不动作(持续通电1 h不动作为合格)
$1.5I_N$	<180 s(热态)
$2.5I_N$	(10±6) s(热态)
$6I_N$	环境温度大于0 ℃,动作时间<1 s;环境温度小于0 ℃,动作时间<3 s

⚡ 6.5 主令控制器及其控制线路

凸轮控制器控制线路简单、经济实用且维护方便,与保护配电箱配合,广泛用于桥式起重机的电气控制。但在下列情况下,难以胜任:

①电动机容量大(例如22 W以上)。

②操作频率高(每小时通断次数≥600)。

③起重机工作繁重,要求电气设备有较长的使用寿命。

④起重机的操作手柄多,要求减轻司机的劳动强度。

⑤要求起重机工作时,有较好的调速和点动性能。

这时就需要采用主令控制器与交流磁力控制盘相配合来完成,即通过主令控制器的触点变换,来控制交流磁力控制盘上的接触器动作以达到控制电动机的起动、调速、换向和制动等目的。

6.5.1　主令控制器

主令控制器是用来频繁地切换复杂的多路(例如多达 12 路)控制线路的主令电器。常用于起重机、轧钢机及其他生产机械(例如大型同步电机、压缩机)的操作控制。

主令控制器结构示意图如图 6-14 所示。其动作原理与凸轮控制器类似,亦利用凸轮块来控制触点系统的通断。当转动手柄时,方轴带动凸轮块 1、7,凸轮块的凸出部分压动小轮 8,使动触点 4 离开静触点 3,断开操作回路;当凸轮块的凸出部分离开小轮时,在复位弹簧 9 的作用下,触点闭合,接通操作回路。如在不同层次、不同位置安装许多套凸轮块,即可按一定程序接通和断开多个回路。由于主令控制器的触点小巧玲珑,触点采用银或银合金,所以操作轻便、灵活,提高了每小时的通电率。

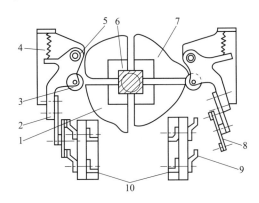

图 6-14　主令控制器结构示意图

1、7—凸轮块;2—接线柱;3—静触点;4—动触点;5—支杆;6—转动轴;8—小轮;9—复位弹簧

目前国内生产的主令控制器主要有 LK1、LK14、K15、LK16 系列等。

其型号的含义如下:

表 6-4 列出了 LK1、LK14 系列主令控制器主要技术数据。

表 6-4　LK1、LK14 系列主令控制器主要技术数据

型　　号	额定电压 U_N/V	额定电流 I_N/A	控制回路数	外形尺寸/mm
LK1-12/90				$329 \times 314 \times 325$
LK14-12/90	380	15	12	
LK14-12/96				$227 \times 220 \times 300$
LK14-12/97				

6.5.2　主令控制器的控制线路

下面介绍由主令控制器 LK1-12/90 和磁力控制盘 PQR10A 组成的控制线路。除轻便的主令控制器 LK1-12/90 安装在驾驶室以外,其余的电气设备均装在桥架上的磁力控制盘上。这样操作工人的劳动强度就大大减轻,电器工作可靠性高,维护也方便。

控制线路如图 6-15 所示。图中 KM_3、KM_2 为控制正、反向接触器,KM_4 为控制三相制动电磁铁的接触器。电动机转子电路中串七段电阻,中两段为反接制动电阻,用来调节制动下降速度,四段为起动调速电阻,一段为常串电阻,用以软化特性,分别用 $KM_5 \sim KM_{10}$ 六个接触器控制。

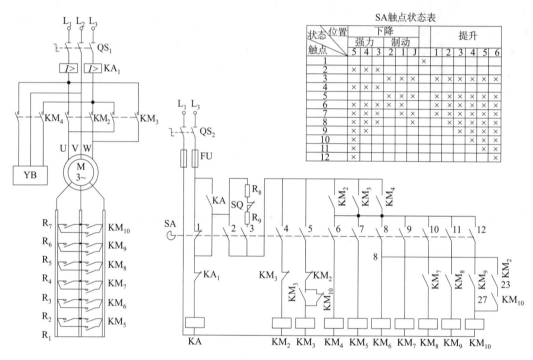

SA触点状态表

状态 触点	位置	下降						提升					
		强力			制动								
		5	4	3	2	1	J	1	2	3	4	5	6
1							×						
2		×	×	×									
3					×	×	×	×	×	×	×	×	×
4		×	×	×									
5					×	×							
6		×	×	×				×	×	×	×	×	×
7		×	×	×				×	×	×	×	×	×
8		×	×	×					×	×	×	×	×
9										×	×	×	×
10		×	×								×	×	×
11		×										×	×
12		×											×

图 6-15　主令控制器的控制线路图

LK1-12/90 型主令控制器共有十二对触点,提升、下降各有六挡工作位置,每个位置上触点的通断情况用状态表表示。工作时,通过主令控制器的十二对触点按一定程序闭合与断开来控制电动机定子与转子电路的接触器,并通过这些接触器来实现电动机的各种运行状态,从而达到提升与下降重物的目的。由于 LK1-12/90 型主令控制器为手动操作,所以,工作状态的变换与选择均由操作者视重物情况决定。

1. 线路分析

合上电源开关 QS_1、QS_2,主令控制器 LK 置于"0"位,触点 1 闭合,中间继电器 KA 通过过电流继电器 KA_1 的常闭触点通电吸合并自锁。当 LK 手柄置于其他位置时,触点 1 断开,但 KA 已通电自锁,为电动机起动做好了准备。

(1)提升时电路的工作情况

主令控制器 SA 手柄在不同位置时,工作情况不同。

①主令控制器 SA 手柄置于提升"1"挡时根据触点状态表可知,触点 3、5、6、7 闭合。

触点 3 闭合,将提升限位开关 SQ 串入电路,起提升限位保护。

触点 5 闭合,提升接触器 KM_3 通电吸合并自锁,电动机 M 定子绕组加正向相序电压,KM_3 辅助触点闭合,为切除各级电阻的接触器和制动电磁铁的接触器接通电源做准备。

触点 6 闭合,制动接触器 KM_4 通电吸合并自锁。制动电磁铁 YB 通电,松开电磁抱闸,电动机 M 可自由旋转。

触点 7 闭合,接触器 KM_5 通电吸合,其常开触点闭合,转子切除一级电阻(R_1)。

可见,这时电动机转子切除一级电阻,电磁抱闸松开,电动机 M 定子加正向相序电压低速起动。当电磁转矩等于阻力矩时,M 做低速稳定运转,工作在图 6-16 所示的特性曲线 1 上。

②主令控制器 SA 手柄置于提升"2"挡时较"1"挡增加了触点 8 闭合,接触器 KM_6 通电,其主触点闭合,又切除一级转子电阻(R_2),电动机的转速增加,工作在图 6-16 所示的特性曲线 2 上。

③主令控制器 SA 手柄置于提升"3"挡时又增加触点 9 闭合,接触器 KM_7 通电吸合,再切除一级电阻(R_3),电动机转速又增加,工作在图 6-16 所示的特性曲线 3 上。辅助触点 KM_7 闭合,为 KM_8 通电做准备。

④主令控制器 SA 手柄置于提升"4"、"5"和"6"挡时,接触器 KM_8、KM_9、KM_{10} 相继通电吸合,分别切除各段转子电阻(R_4、R_5、R_6),电动机分别运行在图 6-16 所示的特性曲线 4、5、6 上。当主令控制器 SA 手柄置于提升"6"挡时,电动机转子电阻除保留一段常串电阻 R_7 外,其余全部切除,电动机转速最高。

(2)下降时电路的工作情况

主令控制器 SA 下降也有 6 挡,前三挡("J"、"1"和"2"),因触点 3 和触点 5 都接通,电动机仍加正向相序电

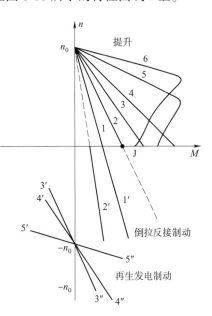

图 6-16　用 LK1-12/90 控制电动机的机械特性曲线

压(与提升时同),仅转子中分别串入较大的电阻,在一定位能负载力矩作用下,电动机运转于倒拉反接制动状态(低速下放重物),从而得到较小的下降速度。当负载较轻时,电动机也可运转在正向电动状态。后三挡("3"、"4"和"5")电动机加反向相序电压,电动机按下降方向运转,强力下放重物。下面详细讨论:

①主令控制器 SA 手柄置于下降"J"挡时,触点 1 断开,电压继电器 KA 仍通电自锁,触点 3、5、7、8 闭合。

触点 3 闭合,提升限位开关 SQ 仍串入电路,起提升限位保护。

触点 5 闭合,提升接触器 KM_3 通电吸合并自锁,电动机 M 定子绕组加正向相序电压,KM_3 辅助触点闭合,为切除各级电阻的接触器和制动接触器 KM4 接通电源做准备。

触点 7、8 闭合,接触器 KM_5、KM_6 通电吸合,转子切除两级电阻。

这时电动机虽然加正向相序电压,但由于制动接触器 KM_4 未通电,电磁抱闸未松开制动轮,因而电动机虽然产生正向电磁力矩,但无法转动。这一挡是下降准备挡,将齿轮等传动部件咬合好,以防下放重物时突然快速运动而使传动机构受到剧烈的冲击。操作手柄置于 J 挡时,

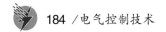

时间不能过长,以免烧坏电气设备。

置于 J 挡时,其机械特性为提升特性曲线 2 与横坐标的交点,如图 6-16 所示。

②主令控制器 SA 手柄置于下降"1"挡时,触点 3、5、6、7 闭合。

触点 3、5 闭合,串入提升限位开关 SQ,正向接触器 KM₃ 通电吸合。

触点 6、7 闭合,制动接触器 KM₄ 和接触器 KM₅ 通电吸合,电磁抱闸松开,转子切除一级电阻。这时电动机可以自由旋转,即运转于正向电动状态(提升重物)或倒拉反接制动状态(低速下放重物)。如果重物产生的负载倒拉力矩大于电动机产生的电磁转矩,电动机运转在负载倒拉反接制动状态,低速下放重物,机械特性如图 6-16 特性曲线 1′所示。如果重物产生倒拉力矩小于电动机产生的电磁转矩,则重物不但不能下降反而被提起,这时必须把主令控制器 SA 手柄迅速推到下一挡。

③主令控制器 SA 手柄置于下降"2"挡时,触点 3、5、6 闭合。这时电动机加正向相序电压,电磁抱闸松开,转子中加入全部电阻,电磁转矩减少。如果重物产生倒拉力矩大于电磁转矩,电动机运转在负载倒拉反接制动状态,低速下放重物,机械特性如图 6-16 中特性曲线 2′所示。如果重物产生倒拉力矩小于电磁转矩,则重物将被提升,这时应将主令控制器 SA 手柄推向下一挡。

④主令控制器 SA 手柄置于下降"3"挡时,触点 2、4、6、7、8 闭合。

触点 2 闭合,为下面通电做准备。

触点 4、6 闭合,反向接触器 KM₂ 和制动接触器 KM₄ 通电吸合,电动机加反向相序电压,电磁抱闸松开,电动机产生反向电磁转矩。反向接触器的辅助触点 KM₂ 闭合,为接触器 KM₄ 和加速接触器 KM₅、KM₆ 通电做准备。

触点 7、8 闭合,接触器 KM₅、KM₆ 通电吸合,转子中切除两级电阻。若负载较轻,则电动机在电磁转矩和重力矩的共同作用下使重物下降,这时电动机处于反转电动状态,机械特性如图 6-16 特性曲线 3′所示。若负载较重,下放重物速度超过同步转速,则电动机将进入再生发电制动状态,电动机运行于特性曲线 3′的延伸线 3″上(第四象限),如图 6-16 所示。当负载越重,则下降速度越大,应注意安全操作。

⑤主令控制器 SA 手柄置于下降"4"挡时,除上一挡已闭合的触点外,增加触点 9 的闭合,接触器 KM₇ 通电吸合,再切除一级电阻(共切除三级电阻)。若负载较轻,电动机运行于特性曲 4′上,电动机为反转电动状态。若负载较重时,下放重物速度超过同步速度,电动机运转在再生发电制动状态,如图 6-16 中特性曲线 4″所示。从特性曲线可知,在同一较重负载下,下降"3"挡的速度要比下降"4"挡的速度高。

⑥主令控制器 SA 手柄置于下降"5"挡时 除上一挡已闭合的触点外,又增加触点 10、11、12 的闭合,接触器 KM₈、KM₉、KM₁₀ 相继通电吸合,转子电阻也将逐步被全部切除,仅留一段常串电阻 R₇。若负载较轻或空钩,则电动机运行在特性曲线 5 上,工作在反转电动状态下放重物;若负载较重,则电动机运行在再生发电制动状态,如图 6-16 中特性曲线 5″所示,但该速度比主令控制器 SA 手柄置于前两挡时的速度又低一些。

(3)联锁保护

控制电路中的联锁保护有以下几种:

①为了保证提升与下降的六挡短接电阻有一定顺序,在每个接触器的支路中,加了前一个接触器的常开触点。只有前一个接触器接通后,才能接通下一个接触器,这样,保证转子电阻被

逐级顺序切除,防止运行中的冲击现象。

②在下降"5"挡下降较重重物时,如果要降低下降速度,就需要将主令控制器 SA 手柄回下降"2"挡或下降"1"挡,这时必然要通过下降"4"挡、下降"3"挡。为了避免经过下降"4"挡、下降"3"挡时速度过高,在下降"5"挡 KM$_{10}$ 线圈通电吸合时,用它的常开触点(23-27)与它串联进行自锁。为了避免提升受到影响,故自锁回路中又串了下降接触器 KM$_2$ 的常开触点,只有下降时才可能自锁。在下降时,当 SA 手柄由下降"5"挡扳到下降"2"挡、下降"1"挡时,如果不小心停留在下降"4"挡或下降"3"挡,有了这种联锁,其电路状态与下降速度都和下降"5"挡相同。

③用 KM$_{10}$ 的一个常闭触点与 KM$_3$ 的线圈串联,这样使得只有 KM$_{10}$ 释放后,KM$_3$ 才能吸合,保证在反接过程中转子回路串有一定的电阻,防止过大的冲击电流。

④主令控制器 SA 在下降"2"挡与下降"3"挡转换时,接触器 KM$_3$ 与 KM$_2$ 也互换通断,由于电器动作需要时间,当一电器已释放而另一电器尚未完全吸合时,会造成 KM$_2$ 和 KM$_3$ 同时断电,因而将 KM$_2$、KM$_3$、KM$_4$ 三对常开触点并联,KM$_4$ 触点起自锁作用,保证在切换时 KM$_4$ 线圈仍通电,电磁抱闸始终松开,防止换挡时出现高速动作而产生强烈的机械振动。

(4)其他保护

通过电压继电器 KA 来实现主令制器 SA 的零位保护;通过过电流继电器 KI 实现过电流、过载保护;利用限位开关 SQ 实现提升限位保护。

2. 操作注意事项

①本线路由主令控制器 LK1-12/90 和磁力控制盘 PQR10A 组成,在下降的前三挡为制动挡,其中,在"J"挡时电磁抱闸没有松开。电动机虽然产生提升方向的电磁转矩,但无法自由转动,因而在"J"挡停留时间不允许超过 3 s,以免电动机堵转而烧坏。

②在下降的制动挡(下降"1"挡、下降"2"挡),电动机是按提升方向产生转矩的。当下放重物时,电动机运行在倒拉反接制动状态,这种状态时间一般不允许超过 3 min。

③在轻载和空钩时,不使用制动挡下降"1"挡、下降"2"挡下放重物,因为轻载或空钩负荷过轻,不但不能下降重物,反而会被提起上升。

④当负载很轻,要求点动慢速下降时,可以采用下降"2"挡和下降"3"挡配合使用。操作者要灵活掌握,否则下降"2"挡停留稍长,负载即被提升。

⑤重载快速下降时,主令控制器 SA 手柄应快速拉到强力下降"5"挡,使手柄通过制动下降"J"挡、下降"1"挡、下降"2"挡三挡和强力下降"3"挡、下降"4"挡两挡的时间最短,特别是不允许在下降"3"挡和下降"4"挡停留,否则重载下放速度过高(电动机转速已超过同步转速,运转于再生发电制动状态)是十分危险的。

6.6 20/5 t 桥式起重机的控制线路

6.6.1 起重机的供电特点

交流起重机的电源由交流电网供给。由于起重机必须经常移动,移动部分电气设备的供电应采用滑线、电刷或软电缆等方式。

小型起重机(例如 10 t 以下)常采用软电缆供电,大车在导轨上移动(向左、向右)时,以及小车沿大车的导轨上移动(向前、向后)时,供电用软电缆随之伸展和叠卷。

中、大型起重机(例如20 t以上)常采用滑线和电刷供电。车间电源连接到车间布置的三根主滑线上,并刷黄、绿、红三色,有指示灯在明显处指示有电。通过与滑线相接触的电刷,将电源引入驾驶室保护盘的电源开关上,再经电源开关向起重机各电气设备供电。对于提升机构小车上的电动机、电磁抱闸、提升限位等设备的供电及与转子电阻的连接,是依靠架设在大车一侧的辅助滑线来实现的。滑线通常采用角钢、V型钢或钢轨制成。

6.6.2 20/5 t中级通用吊钩桥式起重机

图6-17为20/5 t中级通用吊钩桥式起重机控制线路。它有两个卷扬机构,主钩额定起重量为20 t,副钩额定起重量为5 t,分别用M_5、M_1传动,大车分别采用M_3、M_4传动,小车由M_2传动。

图中SA_1为紧急开关,当主令电器失控时,作紧急停止用;SQ_1、SQ_2为小车前后限位开关;SQ_3、SQ_4为大车左右移动限位开关;SQ_9、SQ_5为主、副钩提升限位开关;SQ_6为舱口门安全开关;SQ_7、SQ_8为端梁栏杆门安全开关。检修人员上桥架检修机电设备或上大车轨道上检修设备而打开门时,使SQ_6或SQ_7、SQ_8断开,以确保检修人员的安全。$KI_1 \sim KI_5$分别为M_1、M_2、M_3、M_4、M_5电动机的过电流继电器,实现过电流和过载保护,KI_0为总过电流继电器。$YB_1 \sim YB_5$分别为副钩、小车、大车、主钩的制动电磁铁。本线路由凸轮控制器$QM_1 \sim QM_3$、主令控制器SA_2和交流磁力控制盘等组成,线路简单、工作可靠、操作灵活,是标准化线路。

合上电源开关QS_1、QS_2,线路有电。在所有凸轮控制器及主令控制器均在"0"位、所有安全开关均压下且所有过电流继电器均未动作的前提下,按下起动按钮SB,电源接触器KM通电吸合,并通过各控制器的联锁触点、限位开关组成自锁电路。

1. 副钩、小车、大车控制电路

副钩和小车分别由YZR-200L-8与YZR-13MB-6型电动机M_1、M_2拖动,用两台KT14-25J/1凸轮控制器QM_1、QM_2分别控制电动机M_1、M_2的起动、变速、反向和停止,工作原理在本章第3节中已介绍过,这里不再重复。

大车采用两台YZR-160MB-6型电动机M_3、M_4拖动,用一台KT14-25J/2凸轮控制器QM_3同时控制电动机M_3和M_4的起动、变速、反向和停止。

2. 主钩控制电路

主钩由YZR-250MA-8型电动机M_5拖动,用一套K1-12/90主令控制器SA_2和PQR10B-150交流磁力控制盘组成的控制系统控制主钩上升、下降、制动、变速和停止等动作。控制原理已在本章第5节中介绍过,这里不再重复。

三台凸轮控制器QM_1、QM_2、QM_3和一台主令控制器SA_2、交流保护柜、紧急开关等均安装在驾驶室内。电动机各转子电阻、大车电动机M_3和M_4、大车制动电磁铁YB_3和YB_4以及交流磁力控制盘等均安装在大车桥架一侧,桥架的另一侧安装19根或21根辅助滑线及小车限位开关SQ_1、SQ_2。小车上有小车电动机M_2、主副钩电动机M_5和M_1、提升限位开关SQ_5与SQ_9,以及制动电磁铁YB_2、YB_5、YB_1等。大车限位开关SQ_3、SQ_4安装于端梁两边(左、右)。

电动机各转子电阻是根据电动机型号按标准选择匹配的,无须计算。

起重机在起吊设备时,必须注意安全。只允许一人指挥,并且指挥信号必须明确。起吊时,任何人不得在起重臂下停留或行走。起吊设备做平移操作时,应高出障碍物0.5 m以上。

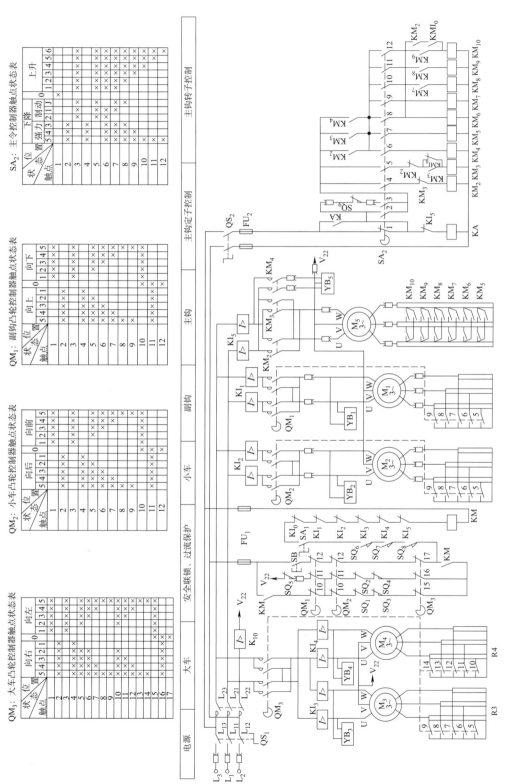

图 6-17 20/5 t 中级通用吊钩桥式起重机控制线路图

小 结

本章主要介绍了桥式起重机的基本结构、运动形式、主要技术参数及对电力拖动的要求；凸轮控制器控制的线路组成、工作原理及保护环节；桥式起重机常用的保护方法。读者应会分析交流桥式起重机的控制电路原理。

习题与职业技能考核模拟

一、判断题

1. 起吊重物需要重物下落时，可让其自由下落。（   ）
2. 起吊时在起重臂下行走时，必须戴好安全帽。（   ）
3. 起重机金属结构的重要承载构件采用 Q235B、Q235C、Q235D，对一般起重机金属结构构件，当温度不低于 25 ℃时，允许采用沸腾钢 Q235F。（   ）
4. 起吊设备时，只允许一人指挥，同时指挥信号必须明确。（   ）
5. 主钩满载快速下降时，主钩电动机的电磁转矩方向与负载转矩方向是相反的。（   ）
6. 起重机中的凸轮控制器，只能起控制电动机正反转的作用，而不能防止电动机的自起动。（   ）
7. 起吊设备做平移操作时，应高出障碍物 0.5 m 以上。（   ）
8. 起重机械允许使用铸造的吊钩。（   ）
9. 吊钩上的缺陷可以焊补。（   ）
10. 吊钩材料一般采用优质低碳合金钢。（   ）
11. 吊钩危险断面腐蚀达原尺寸的 20% 时，应报废。（   ）
12. 根据使用场合的不同，钢丝绳绳芯分金属芯、有机芯和石棉芯三种。（   ）
13. 吊运熔化或炽热金属的钢丝绳，必须采用金属芯的钢丝绳。（   ）
14. 用于高温作业和多层卷绕的地方，应选用金属芯钢丝绳。（   ）
15. 如果出现整根绳股的断裂，则钢丝绳应报废。（   ）
16. 在钢轨上工作的车轮，轮缘厚度磨损达原厚度的 50% 时，应报废。（   ）
17. 起重机车轮多采用锻钢制造。（   ）
18. 卷筒磨损达原厚度的 10% 时，应报废。（   ）
19. 卷筒出现裂纹时，应焊补并用轮磨光后方可使用。（   ）
20. 传动齿轮出现裂纹时，应报废。（   ）

二、选择题

1. 起重的制动控制采用制动（   ）。
    A. 反接   B. 能耗   C. 回馈   D. 机械
2. 桥式起重机中，电动机的保护元件最常见的是（   ）。
    A. 热继电器   B. 延时动作过电流继电器   C. 延时动作过电流继电器
3. 20/5 t 桥式起重机的主钩在满载快速下降时，电动机对负载而言起（   ）作用。
    A. 驱动负载   B. 对负载制动   C. 电流为零

4. 图 6-8 中,当 SA 置于正向"5"挡时,要实现终点保护作用,则安全联锁触点(　　)应闭合。

    A. 10   B. 11   C. 12

5. 图 6-8 中,电动机的调速由触点(　　)控制。

    A. 1、2、3、4   B. 5、6、7、8、9   C. 10、11、12

6. 图 6-8 中,在运行过程中出现突发性故障需紧急停车,可采用(　　)措施。

    A. 迅速将电源开关 QS_1 切断   B. 设法上桥架压下相应的终点开关

    C. 紧急开关 SA_1 转到"断开"位置   D. 按下 SB 按钮

7. 图 6-15 中,KM_2 常开触点与 KM_{10} 常开触点串联的作用是防止 SA 由下降"5"挡切换到下降"4"挡下降很重的物体时,在(　　)时出现过高速度。

    A. 再生发电制动状态   B. 倒拉反接制动状态

8. 起重机上通常采用(　　)芯钢丝绳。

    A. 纤维   B. 合成纤维   C. 天然纤维   D. 金属

9. 起重机上应选用(　　)N/mm² 抗拉强度的钢丝绳。

    A. 1 000 ~ 1 250   B. 1 250 ~ 1 550   C. 1 550 ~ 1 850   D. 1 850 ~ 2 100

10. 在潮湿空气及有酸性气体侵蚀的环境中工作的起重机,应选用镀锌钢丝绳,并应将钢丝绳的抗拉强度(　　)。

    A. 提高 10%   B. 降低 5%   C. 降低 10%   D. 保持不使

11. 吊运赤热金属链条,应定期进行(　　),以防脆化断裂。

    A. 退火   B. 正火   C. 淬火   D. 回火

12. 起重机吊钩一般采用(　　)。

    A. 铸铁   B. 铸钢   C. 棒料加热弯曲成形 D. 锻件

13. (　　)缓冲器结构紧凑、工作平稳可靠,适用于速度大于 2 mm 或大型起重机。

    A. 橡胶   B. 弹簧   C. 聚氨酯   D. 液压

14. 弹簧缓冲器结构简单、使用可靠、维修方便,环境温度对其工作性能(　　)。

    A. 无影响   B. 影响很大   C. 影响不大   D. 有一定影响

15. 桥式起重机的大车行走轮采用的材料是(　　)。

    A. 铸铁   B. 毛坯锻打   C. 铸钢   D. 橡胶

三、简答题

1. 起重机正常工作的环境条件是什么?

2. 20/5 t 桥式起重机电气控制电路中,通过哪些电器实现什么保护?

3. 桥式起重机主要特点是什么?

4. 起重机斜拉斜吊有哪些危险?

5. 20/5 t 桥式起重机由哪些部分组成? 由几种控制器控制?

6. 桥式起重机主要由哪几部分组合构造而成?

7. 当重物快速下降中途制动时,会发生什么现象?

8. 20/5 t 桥式起重机有哪些保护措施?

9. 试分析起重机没有动作或动作缓慢的原因。

10. 起重机作业时,回转机构应该注意哪些事项?

第7章　电气控制线路设计

学习目标

知识目标

①了解电气控制系统设计的基本要求和内容。

②掌握常用电气元件的选择方法及电气控制线路的设计方法。

技能目标

①具备电气设备装置的安装与调试能力。

②通过电气控制线路的设计例子,掌握继电器-接触器控制系统和PLC控制系统的设计方法,理解电力拖动方案的确定原则与电动机的选择。

素养目标

①培养学生分析问题和解决问题的能力、自主学习的能力、团结协作的能力。

②培养学生一丝不苟、精益求精的大国工匠精神。

本章综述

随着对机械设备、工艺要求的不断提高,机械设备的结构和使用性能、动作程序、自动化程度等方面都与电气控制的自动化程度有着十分密切的关系。一台先进的设备,往往都配备有先进、合理的电气控制系统。在现代化的机械工程设计中,电气控制的设计越来越占有重要的地位,作为机械工程的技术人员在进行机械设备的设计过程中,能和电气控制系统设计同时考虑、相互依赖、交叉进行则能得到良好的设计方案和使用效果。学习完前面几章内容的读者,可对一般机械设备的电气控制线路进行分析。读者通过本章内容的学习,还可对一般机械设备的电气控制线路的设计、安装和调整等方面的知识有一定的了解。通过应用设计的实例,采用继电器-接触器控制系统和PLC控制系统两种设计方案,说明电气控制设计的全过程。

在课程设计中,各校各专业可根据具体情况安排有关内容和项目。

7.1　电气控制系统设计的基本要求和内容

工业生产中所用的机械设备种类繁多,但电气控制系统的设计原则、设计方法和步骤基本相同。

7.1.1　电气控制线路的设计要求

①必须树立正确的设计思想,即要有大众观点、工程实践观点和经济观点。大众观点就是设计的电气控制系统较通俗化,一般人员经过短期培训就能掌握操作,能进行维修,新设计的电气控制系统应能满足生产工艺要求,具有安全、可靠、维护方便的特点。工程实践观点就是要求

设计出的电气控制系统所采用的电气元件具有标准化、系列化的产品,不用或少用非标准化、系列化产品。若采用非标准化、系列化产品,应是结构简单、设计制造较容易的元器件。此外,所用元器件应便于安装和调整。还应注意经济性。

②了解和熟悉所设计机械设备的总体技术要求、加工工艺过程和生产现场的工作条件。

③了解该设备中采用的其他系统,如液压系统、气动系统对电气控制系统的技术要求。

④了解供电系统情况及所需测量器具的种类等。

⑤通过技术经济分析,确定该控制系统具有的自动化、专业化和通用化程度。

7.1.2　电气控制系统的设计内容

①确定电气拖动方案与控制方案。

②选择拖动电动机的结构形式、型号与容量。

③设计电气控制系统原理图。

④设计、绘制非标准电气元件和安装零件。

⑤绘制电器位置图、电气系统互连图。

⑥设计和选择电气设备元器件,并列出电气元件明细表。

⑦编写电气控制系统工作原理和使用说明书。

设计中根据被控制设备、机构的复杂程度,可对以上各项内容适当增减,直至达到设计要求。

7.2　电力拖动方案的确定原则与电动机的选择

7.2.1　电力拖动方案的确定原则

电力拖动方案的确定是以后电气设计内容的基础和先决条件。确定电力拖动方案的一般原则:

1. 确定机械设备传动系统的调速方式

根据机械设备对调速范围、调速精度、调速平滑性的要求来确定调速方案。调速方式有机械调速和电气控制调速两种。机械调速是通过电动机驱动变速机构或液压传动装置来实现的,但其调速范围小、结构复杂、传动效率低。电气控制调速中对调速指标要求不高的设备,可采用结构简单、运行可靠、价格低廉、维护方便的三相笼型异步电动机拖动。若要进一步简化机械设备的传动机构,提高传动效率,扩大调速范围,可采用多速笼型异步电动机拖动。对于要求调速范围大,平滑性能好,起动、制动频繁,长期运行在低速范围的机械设备的拖动方案,应采用直流调速系统。

目前常用的直流调速系统有晶闸管直流电动机调速系统和直流发电机-电动机组调速系统等。由于直流调速系统具有体积大、成本高、维修困难等缺点,只在调速指标要求高的场合使用。随着电子变流技术、微电子技术的发展,为交流调速传动奠定了技术基础,使之能与直流调速系统竞争。此外,还能采用能耗转差调速(即转子串电阻、电磁转差离合器、变定子绕组电压),串级调速和变频调速等方法。但由于上述交流调速系统的控制设备其造价高、运行效率较低、技术较复杂,实际应用仍有较大的难度,还有待于进一步的研究与发展。

2. 拖动方式

拖动方式有以下两种:单独拖动是指一台设备只有一台电动机拖动,通过机械传动链将动力送到每个工作机构。分立拖动是指一台设备由多台电动机分别拖动各个不同的工作机构。

电力拖动发展的趋势是电动机逐步接近工作机构,形成多电动机控制的拖动方式,这样能缩短机械传动链,提高系统的传动效率,便于实现自动化,又能使总体结构简化。因此,传动方式的选择要根据设备的结构情况和生产工艺要求,确定应选用电动机的数量。

3. 调速性能与负载特性

在选择电动机调速方案时,要使电动机的调速特性与生产机械的负载特性相适应。电动机的调速特性是指电动机在整个调速范围内的转矩、功率与转速之间的关系,是恒功率输出还是恒转矩输出。而生产机械的负载特性有恒功率和恒转矩。当恒功率负载时,应采用恒功率的调速方案。当恒转矩负载时,同理应采用恒转矩的调速方案。否则,电动机的功能不能得到充分合理的应用。

4. 机械设备传动系统的起动、反向、制动的控制方案

机械设备运动部件传动系统的起动、反向及制动的过程,采用控制电动机来实现较简单、容易。

一般情况下,若电动机容量小于供电变压器容量的20%,可采用直接起动控制的方法;否则,可采用减压起动控制的方法。若要求具有较大起动转矩的设备,则可采用绕线转子异步电动机转子串电阻限流的拖动方案。

为了便于加工中测量、装卸工件或者更换刀具,要求传动系统能准确、迅速地停机时,可采用机械的或电气的制动方法。当传动系统工作循环较长,且不反向工作时,宜采用控制线路较简单的反接制动方法。若要求制动过程准确、平稳,且不允许有反转可能性时,则应采用能耗制动控制方法。对于高动态性能的设备,需采用反馈控制系统、步进电机系统以及其他较复杂的控制手段来满足起动、制动、反向、快速且平稳的要求。

5. 控制方案的选择

在确定了系统的传动形式之后,进行控制方案的选择时,应根据实际情况,实事求是地进行,既防止脱离实际,也应避免陈旧保守。在保证系统功能的情况下,使用的电气元件越少越好,控制线路越简单越好,以求增加系统工作的可靠性。

普通机床需要的控制元件数不多,其工作程序往往是固定的,使用中一般不需要改变原有程序,可采用有接点的继电器-接触器控制系统(该控制系统在电路结构上是呈"固定式"的)。它具有控制功率较大、控制方法简单、价格便宜、易掌握和使用很广的特点。

在控制系统中需要进行模拟量处理及数字运算的,输入输出信号多,控制要求复杂或经常要求变动的,控制系统体积小、动作频率高、响应时间快的,均可根据情况采用可编程控制、数控及微机控制方案。

在生产自动线中,可根据控制要求和联锁条件的复杂程度不同,采用分散控制或集中控制的方案。但各台单机的控制方案和基本控制环节应尽量一致,以便简化设计和制造过程。

为满足生产工艺的某些要求,在电气控制方案中还应考虑下述诸方面的问题。如采用自动循环或半自动循环,手动调整,动作程序变更,系统的检测,各个运动之间的联锁,各种安全保护,故障诊断,信号指示,照明等。

电气控制系统中控制方式的选择,可根据现场实际工作情况或因负载变化而出现的问题来确定。控制方式主要有时间控制、行程控制、速度控制、电流控制等。

简单的控制线路(电磁器件在五件以下)电源,可直接由电网供电。当控制电器较多(电磁器件在五件以上),电路分支较复杂,可靠性要求较高的,应采用控制变压器隔离和降压供电,或采用直流低压供电,这样可节省安装空间,便于与无触点元件联系,动作平稳,检修与操作安全。

7.2.2　电动机的选择

正确地选择电动机是电气控制系统安全、可靠、经济和合理工作的保证,也是实现自动化控制的前提。选择电动机应遵守的基本原则是:

①电动机的机械特性、起动特性和调速特性应适合于生产机械的特点,满足生产机械的要求。

②电动机在工作过程中,其功率应被充分利用。

③电动机的结构类型应适合生产机械周围环境的条件。

④电动机的电流种类,是选用交流电动机,还是直流电动机,要根据生产机械的要求而定。

电动机选择合理,才能达到既经济又好用的目的。电动机的选择主要是选择电动机的容量、电流种类、额定电压、额定转速和结构类型等。

1. 电动机容量的选择

正确地选择电动机的容量具有很重要的意义。因此,在为某一台生产机械选配电动机时,首先需考虑电动机的容量,即电动机的额定功率。如果电动机的容量选得过大,虽能保证设备的正常运行,但电动机经常处于不满负荷的情况下运行,功率不能充分利用,电效率和功率因数都不高,造成电力浪费和增加设备投资、运行费用。如果电动机的容量选得过小,除不能充分发挥生产机械的效能外,由于电动机负载过重,长期处于过载情况下工作,使电动机过早地损坏,以致烧毁,不能保证电动机和生产机械的正常运行。因此,必须合理地选择电动机的容量。但是,要合理、准确地选择电动机容量是比较困难的,因为多数机床或机械设备的负载情况比较复杂。以切削机床为例,切削用量变化很大,机床传动系统损失很难计算得十分准确等。因此,通常可采用调查、统计、类比或采用分析与计算相结合的办法来选择。

分析计算法是按照机械功率估计电动机的工作情况。预选一台电动机,按电动机的实际负载情况作出负载图,并校验温升情况,确定预选电动机是否合适。若不合适再另行改选,再作负载图,再次校验温升,直至所选电动机合适为止。

该方法是根据电动机发热情况来确定电动机容量的大小。在温升允许的范围内,电动机绝缘材料的寿命为 15~25 年。若温升超过允许范围,电动机的使用年限就要缩短,一般来说,超过允许温升 8 ℃,使用年限就要缩短一半。电动机的发热情况还与负载的大小及运行时间的长短(运行方式)有关。

根据电动机的不同运行方式(长期运行、短期运行和重复短时运行),其容量选择如下:

(1)长期运行方式电动机容量的选择

在恒定负载条件下,长期运行的电动机其容量按下式计算:

$$P = \frac{\text{生产机械所需功率}}{\text{效率}} \tag{7-1}$$

在变动负载条件下长期运行的电动机,选择其容量时,常采用等效负载法,也就是假设一个恒定负载来代替实际的变动负载。这个负载的发热量应与变动负载的发热量相同,然后按上述恒定负载条件下选择电动机容量。

(2)短期运行方式电动机容量的选择

短期运行方式电动机的温升在电动机工作期间未达到稳定值,而电动机停止运转时,电动机能完全冷却到周围环境的温度。电动机在短时间运行时,可以允许过载,工作时间越短,允许过载也可越大,但最大的过载量必须小于电动机的最大转矩。

(3)重复短时运行方式电动机容量的选择

专门用于重复短时运行方式的交流异步电动机为 JZR 和 JZ 系列。标准负载持续率为15%、25%、40% 和 60% 四种,重复运行周期不大于 10 min。电动机的容量也应当用等效负载法来选择。

当机床的主运动和进给运动由同一台电动机驱动时,则应按主运动电动机功率计算。若进给运动由单独一台电动机驱动,并具有快速移动功能时,则电动机功率应按快速移动所需功率来计算。快速移动所需功率,可由表 7-1 中所列数据选择。

表 7-1　驱动机床运动部件所需电动机功率

机　床　类　型		运动部件	移动速度/(m/min)	所需电动机功率/kW
卧式车床	$D_m = 400$ mm	溜板	6 ~ 9	0.6 ~ 1
	$D_m = 600$ mm	溜板	4 ~ 6	0.8 ~ 1.2
	$D_m = 1\ 000$ mm	溜板	3 ~ 4	3.2
摇臂钻床 $D_m = 35 \sim 75$ mm		摇臂	0.5 ~ 1.5	1 ~ 2.8
升降台铣床		工作台	4 ~ 6	0.8 ~ 1.2
		升降台	1.5 ~ 2	1.2 ~ 1.5
龙门铣床		横梁	0.25 ~ 0.5	2 ~ 4
		横梁上的铣头	1 ~ 1.5	1.5 ~ 2
		立柱上的铣头	0.5 ~ 1	1.5 ~ 2

通过对长期运行的同类生产机械的电动机容量调查,对其主要参数、工作条件进行类比,从而确定电动机的容量。

2. 电动机电流种类选择

电动机电流种类的选择原则:

(1)优先选用三相笼型异步电动机

三相交流电源是最普遍的动力电源,不必经过任何变动就可直接加到三相笼型异步电动机上使用。同时,三相笼型异步电动机还具有结构简单、价格便宜、维护方便、运行可靠等优点。

三相笼型异步电动机的缺点是起动和调速性能差。因此,在不要求电动机调速的场合或对起动性能要求不高的生产机械,如水泵、通风机、空气压缩机、传送带、一般的切削动力头、大型机床及轧钢机的辅助运动机构和一些小型机床都使用三相笼型异步电动机。

在要求有级调速的生产机械上,如电梯及某些机床可选用双速、三速、四速笼型异步电动机。在要求高起动转矩的一些生产机械,如纺织机械、压缩机及带运输机等,可选用具有高起动转矩的三相笼型异步电动机。

由于晶闸管变频调速和调压调速等新技术的发展,三相笼型异步电动机将大量应用在要求无级调速的生产机械上。

（2）选用绕线转子异步电动机

对要求有较大的起动、制动转矩及要求一定调速的生产机械,如桥式起重机、电梯、锻压机械等起动、制动比较频繁的设备,常选用绕线转子异步电动机。一般采用转子串接电阻的方法实现起动和调速,但其调速范围有限。近年来,使用晶闸管串级调速,大大扩展了绕线转子异步电动机的应用范围。在水泵、风机的节能调速,压缩机、不可逆轧钢机、矿井提升机、挤压机等生产机械上串级调速已被日益广泛地应用。

（3）选用直流电动机

它可以实现无级起动和调速,且起动和调速的平滑性好,调速范围宽、精度高。对于那些要求在大范围内平滑调速以及准确的位置控制等生产机械,如高精度数控机床、龙门刨床、可逆轧钢机、造纸机等,可使用他励或并励直流电动机。对于那些要求电动机起动转矩大、机械特性软的生产机械,如电车、重型起重机等可选用串励直流电动机。

3. 电动机额定电压的选择

当所选用电动机的额定电压低于供电的电源电压时,电动机将由于电流过大而被烧毁,或因电动机绕组绝缘被击穿而损坏。所选电动机的额定电压若高于供电电源电压,电动机或不能起动,或由于电流过大而减少其使用寿命,以致被烧毁。

对于交流电动机,其额定电压应与电动机运行场地供电电网的电压相一致。直流电动机一般是由车间交流供电电压经整流器整流后的直流电压供电,选择电动机的额定电压时,要与供电电网的电压及不同形式的整流电路相配合。当直流电动机由不带整流变压器的晶闸管可控整流电路直接供电时,要根据不同形式的整流电路选择电动机额定电压。

4. 电动机额定转速的选择

电动机额定转速选择的合理与否,对电力拖动系统的技术指标和经济指标都有较大的影响。相同容量的电动机,额定转速越高,其额定转矩就越小,从而电动机的尺寸、质量和成本也小。因此,选用高速电动机比较经济。但是,由于生产机械速度一定,电动机转速越高,减速机构的传动比也越大,使减速机构庞大,机械传动机构复杂。因此,在选择电动机额定转速时,必须全面考虑电动机和机械两方面的因素。

断续工作方式或经常正反转的机械设备,要求电动机频繁起动、制动,希望起动和制动越快越好。对于额定转速低的电动机,按说起动和制动应快,但低速电动机的体积大,因此其机械惯性大,又会延缓起动制动过程。通常,电动机的额定转速选在 750～1 500 r/min 较为合适。

5. 电动机形式的选择

电动机按其工作方式可分为连续工作制、短时工作制和断续周期工作制三类。原则上,不同工作方式的负载,应选用对应工作制的电动机,但亦可选用连续工作制的电动机来代替。

电动机的结构类型按其安装方式的不同,可分为卧式与立式两种。卧式的转轴是水平安放的,立式的转轴则与地面垂直,两者的轴承不同,因此不能混用。在一般情况下,应选用卧式的。立式电动机的价格较贵。对于深井水泵及钻床等,为了简化传动装置,才采用立式电动机。电动机一般两边都有伸出轴,一边可安装测速发电机,另一边与生产机械相连。

为了防止周围的介质对电动机的伤害,或因电动机本身故障而引起的灾害,电动机必须根据不同环境选择适当的防护类型。按电动机的防护类型不同,可分为以下几种类型电动机。

（1）开启式

这类电动机价格便宜,散热好,但容易渗透水气、铁屑、灰尘、油垢等,影响电动机的寿命和正常运行。因此,它只能用于干燥及清洁的环境中。

（2）防护式

这类电动机可防滴、防雨、防溅,并能防止外界物体从上面落入电动机内部,但不能防止潮气及灰尘侵入。因此,适用于干燥和灰尘不多且没有腐蚀性和爆炸性气体的环境。在一般情况下,均可选用此类型的电动机。

（3）封闭式

这类电动机分为:自扇冷式、他扇冷式及封闭式三种。前两种可用于潮湿、多腐蚀性、多灰尘及易受风雨侵蚀等环境中。第三种常用于浸入水中的机械(如潜水泵电动机)。这类电动机价格较高,一般情况下尽量少用。

（4）防爆式

这类电动机应用在有爆炸危险的环境中。

7.3 电气控制线路的设计

7.3.1 设计电气控制线路的原则和内容

机械设备的电力拖动方案和电动机选定之后,就可以进行电气控制的电路设计。

1. 电路设计的原则

①电气控制线路应最大限度地满足机械设备加工工艺过程的要求。设计前要深入现场收集资料,了解设备工作性能、结构特点和实际工作情况。

②控制线路应能安全、可靠地工作。

③在保证控制功能要求的前提下,控制线路应简单、造价低。

④控制线路应便于操作和维修。

2. 电路设计的内容

（1）确定控制线路的电流种类和电压数值

（2）主电路设计

主电路是指从供电电网到被控制对象(如电动机、电磁铁等)的动力装置的电路。

主电路的设计主要考虑电动机的起动、正反向运转、制动、变速等的控制方式及其保护环节的电路。

（3）辅助电路设计

辅助电路在电气控制系统中起着逻辑判断、记忆、顺序动作、联锁保护及信号显示等的作用。辅助电路含有控制线路、执行电路、联锁保护环节、信号显示及安全照明等电路。

①控制线路的设计主要考虑如何实现主电路控制方式的要求和满足生产加工工艺的自动或半自动化及手动调整,动作程序更换,检测或测试等的控制要求。

②执行电路是用于控制执行元件的电路。常见的执行元件有:电磁铁、电磁离合器、电磁阀等,它们是将电磁能、气动压力能、液压能转换为机械能的电磁器件线圈的控制线路。

③联锁保护环节。电气控制系统中各电路除了要保证生产工艺过程所必需的联锁、顺序控制

等电路外,还应考虑在出现不正常情况,甚至事故情况下,确保操作人员的安全、防止生产机械和电气设备的损坏,或即使发生误操作时也不至于造成扩大事故范围的联锁保护电路的环节。

常见的联锁保护措施有:短路保护、过载保护、过电流保护、过电压保护、零电压或欠电压保护、失(欠)磁保护、终端或超程保护、超速保护、油压保护及联锁保护等。电气控制系统电路中,联锁保护环节一般不单独设立,而是穿插在主电路、控制线路和执行电路中。

④信号显示与照明电路。信号电路是用于控制信号器件的电路。当电气控制系统中控制对象及其各种工作状态较复杂时,为了能明显地显示出各控制对象的工作状态或某一部分出现的故障,以便操作者及时了解和处理故障,确保人身、机械电气设备的安全。常用的信号器件有:信号指示灯、蜂鸣器、电铃、电喇叭及电警笛等。

由于机械设备结构、工作要求不尽相同,仅靠车间一般照明设施不能达到预期效果,因此,常常需在设备上附设照明器具。为了预防人身直接接触带电压零件和绝缘破坏后的导体而产生的触电危险,因此,机械设备的照明电路应采用安全电压,据国际电工委员会的规定,电路中的最高安全交流电压不得超过 25 V(有效值),直流电压为 60 V。

7.3.2　电气控制线路设计的方法与步骤

电气控制系统采用继电器-接触器控制系统,常用逻辑代数设计法和经验分析设计法两种。

1. 逻辑代数设计法

逻辑设计法就是利用逻辑代数这一数学工具设计电气控制线路。它根据生产过程的工艺要求,将控制线路中的继电器、接触器线圈的通电与断电,触点的闭合与断开,主令元件中的接通与断开等,看作逻辑函数和逻辑变量,用逻辑函数关系式表示它们之间的逻辑关系,再运用逻辑函数基本公式和运算规律,对逻辑函数式进行化简,按化简后的表达式,画出相应的电气原理图。采用逻辑设计法设计的控制线路,能求得某逻辑功能的最简电路,但其整个设计过程较复杂。对于一些复杂的控制要求,还必须增设许多新的条件,因此,实际电气控制线路的设计,逻辑设计法仅作为经验分析设计法的辅助和补充,此处不做详细介绍。

2. 经验分析设计法

根据生产机械对电气控制线路的要求,收集、分析国内外现有的同类生产机械的电气控制线路,利用典型环节单元电路,聚集起来并加以补充、修改、综合成所需要的控制线路。若找不到合适的典型环节时,可根据生产机械的工艺要求与工作过程进行边分析、边画图,将输入的主令信号经过适当的转换,得到执行元件所需的工作信号。这种方法在设计过程中会出现随时增加电气元件、触点数量以满足工作条件,从而出现电路复杂、不经济的可能。这种设计方法易于掌握,但不容易获得最佳设计方案,而且还要反复审核电路的工作情况,直至电路的动作准确达到控制要求为止。

经验分析设计法的步骤:

①设计各控制单元环节中拖动电动机的起动、正反转、制动、调速、停机等的主电路或执行元件的电路。

②设计满足各电动机的运转功能和工作状态相对应的控制线路,以及满足执行元件实现规定动作相适应的指令信号的控制线路。

③连接各单元环节构成满足整机生产工艺要求,实现加工过程自动或半自动和调整的控制线路。

④设计保护、联锁、检测、信号和照明等环节的控制线路。

⑤全面检查所设计的电路。应特别注意克服电气控制系统在工作过程中因误动作、突然失电等异常情况下不应发生的事故,或所造成的事故不应扩大,力求完善整个控制系统的电路。

3. 注意事项

为了使所设计的电气控制线路既简单又能可靠地工作,设计控制线路时还应注意以下事项。

(1)正确连接电器的线圈

两个交流励磁的电器线圈不能串联连接[见图7-1(a)],因线圈阻抗与气隙大小有关,通电时,由于两个电器动作的灵敏度不同,将造成电压分配不均,先动作的电器线圈阻抗大、电压高。而后动作的线圈阻抗小、电压低,无法吸合,又造成电路电流增大,甚至使线圈烧毁。因此,要求两个交流的电器同时动作时,其线圈只能并联连接,如图7-1(b)所示。

同时动作的两直流励磁的电器线圈不能直接并联接于电路中[见图7-1(c)]。直流电器的线圈在通电时,线圈中存储有磁场能量,当线圈突然断电时,由于线圈电感量较大,所产生的感应电势高,在两个线圈构成的回路中其中一个电器线圈流过的感应电流可能大于工作值,而使其继续吸合,出现延时释放的现象造成误动作。因此,两个直流电器要同时动断时,应采用在一个线圈支路中串上一个常开触点,使断电时不构成回路,如图7-1(d)所示。

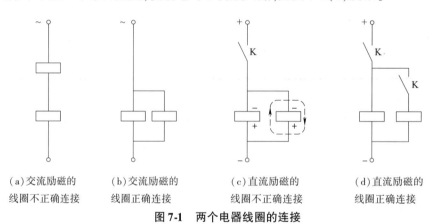

(a)交流励磁的 　　(b)交流励磁的 　　(c)直流励磁的 　　(d)直流励磁的
线圈不正确连接 　　线圈正确连接 　　线圈不正确连接 　　线圈正确连接

图7-1　两个电器线圈的连接

(2)简化电路,减少电器的触点,提高可靠性

简化电路,提高电路的可靠性,应减少可用可不用的电器,减少不必要的触点,来降低电路的故障率。可采用合并同类触点,如图7-2(a)、(b)所示。合理布置触点,尽量减少被控制的负载或电器在接通时所经过的触点数,否则只要其中某一触点发生故障时,则其后各电器均不能正常工作,如图7-3(a)所示。若将电路改为图7-3(b),则每一线圈的接通,只需要经过一对触点,工作较为可靠。利用二极管简化直流控制线路,特别在弱电电器控制线路中,应用时既经济又可靠,如图7-4所示。

(3)合理安排元件触点的位置,减少故障与连接导线

在图7-5(a)所示电路中,由于SQ的常开和常闭触点靠得近,当触点断开时产生电弧,若由于动片动作失灵,则很可能在两对不等电位的触点之间造成电源短路。因此,在电路工作原理不变的情况下,应将同一电器的各触点置于主要电压降元件的同一侧,如图7-5(b)所示。

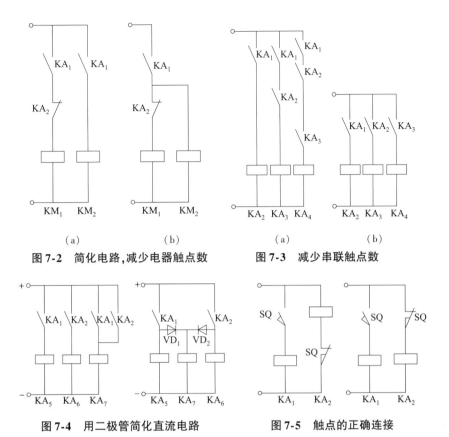

图 7-2　简化电路,减少电器触点数　　图 7-3　减少串联触点数

图 7-4　用二极管简化直流电路　　图 7-5　触点的正确连接

　　由于电气元件安装位置不同,如接触器、继电器、熔断器等,或在控制板上,或在电气柜内,而控制按钮、行程开关等电器则安装在控制板外。因此,电气原理图中各电器触点位置安排是否合理将影响电气元件之间相互连接导线的多少,它不但会造成导线浪费,还会降低电路工作的可靠性。如图 7-6(a)所示,图中电路需要四根板内外连接线,图 7-6(b)所示电路只需三根板内外连接线。同理,图 7-6(c)所示电路需要六根板内外连接线,而图 7-6(d)所示电路只需要三根板内外连接线。

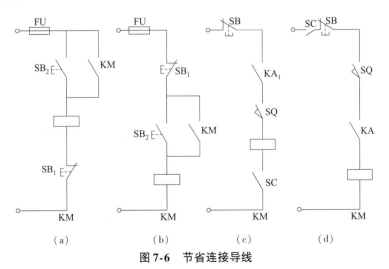

图 7-6　节省连接导线

（4）尽量减少电器不必要的通电时间

在实现正常工作情况下必要的电器通电外,其他可通可不通电的电器均应不通电,以节省电能与减少故障隐患,如图 7-7(b)、(c)所示。

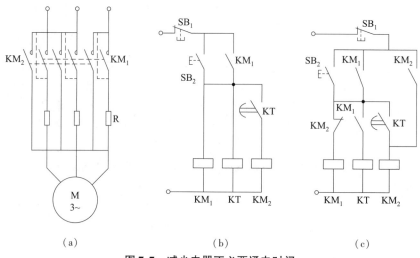

图 7-7　减少电器不必要通电时间

（5）避免出现寄生电路

控制线路在工作过程中,或在事故的情况下,意外地接通的电路,称为寄生电路。出现寄生电路时,可能引起不正常动作,或不能实现正常的保护。

如图 7-8 所示,当电动机正转工作,出现过载时,热继电器 FR 动作。本应切断 KM₁ 线圈的供电电路,电动机停止运转。但由于信号灯 HL₂ 并联于 KM₂ 线圈与 FR 触点两端,此时,因接触器 KM₂ 没有吸合,KM₂ 线圈阻抗小,且 HL₂ 灯丝冷态电阻也较小,可能造成 KM₁ 线圈两端电压仍然较高的情况,KM₁ 接触器不能可靠地释放,造成电动机过载,FR 热继电器动作后而不能停机,达不到保护的目的。

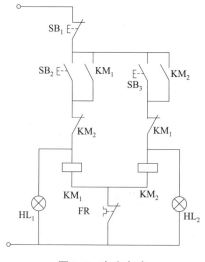

图 7-8　寄生电路

总之,设计电气控制线路时,应反复全面地进行检查,在有条件的情况下,应进行模拟试验,进一步完善所设计的电气控制线路。

7.4　常用电气元件的选择

电气控制系统的电路设计完成之后,就应着手进行有关电气元件的选择。一个大型的自动控制系统常由千万个元器件组成,若其中有一个元器件失灵,就会影响整个控制系统的正常工作,或出现故障,或使生产停产。因此,正确、合理地选用控制电器,是控制线路安全、可靠工作的重要保证。

7.4.1　电气元件选择的基本原则

①按对电气元件的功能要求确定电气元件的类型。

②确定电气元件承载能力的临界值及使用寿命。根据电器控制的电压、电流及功率的大小确定电气元件的规格。

③确定电气元件预期的工作环境及供应情况,如防油、防尘、防水、防爆及货源情况。

④确定电气元件在应用中所要求的可靠性进行选择。

7.4.2　电气元件的选择

1. 引入电源控制开关的选择

机械设备的引入电源的控制开关常选用刀开关、组合开关和断路器等。

(1)刀开关与铁壳开关的选用

刀开关与铁壳开关适用于接通或断开有电压而无负载电流的电路,用于不频繁接通与断开,且长期工作的机械设备的电源引入。根据电源种类、电压等级、电动机的容量及控制的极数进行选择。用于照明电路时,刀开关或铁壳开关的额定电压、额定电流应等于或大于电路最大工作电压与工作电流;用于电动机的直接起动时,刀开关与铁壳开关的额定电压(380 V 或500 V)、额定电流应等于或大于电动机额定电流的 3 倍。

(2)组合开关的选用

组合开关主要用于电源的引入。根据电流种类、电压等级、所需触点数量及电动机容量进行选择。当用于控制 7 kW 以下电动机的起动、停止时,组合开关的额定电流应等于电动机额定电流的 3 倍。若不直接用于起动和停机时,其额定电流只要稍大于电动机的额定电流。

(3)断路器的选择

断路器的选择包括正确选用开关的类型、容量等级和保护方式。在选用之前,必须对被选用保护对象的容量、使用条件及要求进行详细的调查。通过必要的计算后,再对照产品使用说明书的数据进行选用。

①断路器的额定电压和额定电流应不小于电路的正常工作电压和工作电流。

②热脱扣器的整定电流应与所控制的电动机的额定电流或负载额定电流一致。

③电磁脱扣器的瞬时脱扣整定电流应大于负载电路正常工作时的峰值电流。对于电动机来说,断路器电磁脱扣器的瞬时脱扣整定电流值可按式(7-2)计算

$$I \geq KI_{ST} \tag{7-2}$$

式中　K——安全系数,可取 $K=1.7$;

　　　I_{ST}——电动机的起动电流。

2. 熔断器

熔断器的选择,首先应确定熔体的额定电流,其次根据熔体的规格,选择熔断器的规格,再根据被保护电路的性质,选择熔断器的类型。

(1)熔体额定电流的选择

熔体的额定电流与负载性质有关。负载较平稳,无尖峰电流,如照明电路、信号电路、电阻炉电路等。

$$I_{FUN} \geq I_{CN} \tag{7-3}$$

式中　I_{FUN}——熔体额定电流;

　　　I_{CN}——负载额定电流。

(2)熔断器的规格选择

熔断器的额定电压必须大于电路的工作电压,额定电流必须大于或等于所装熔体的额定电流。

(3)熔断器类型的选择

熔断器的类型应根据负载保护特性的短路电流大小及安装条件来选择。

3. 接触器选择

(1)种类、类别选择

接触器应根据所控制的负载特性,确定采用交流或直流接触器,选择其使用类别。

(2)额定电压与额定电流

主要考虑接触器主触点的额定电压与额定电流。

按照接触器的工作制、安装及散热条件的不同,其额定电流使用值也不同。接触器触点通电持续率大于或等于40%时,额定电流值可降低10%~20%使用;接触器安装在控制柜内,其冷却条件较差时,额定电流值应降低10%~20%使用;接触器在重复短时工作制,且通电持续率不超过40%时,其允许的负载额定电流可提高10%~25%;若接触器安装在控制柜内,允许的负载额定电流仅提高5%~10%。

(3)吸引线圈的电流种类及额定电压

对于频繁动作的场合,宜选用直流励磁方式,一般情况下采用交流控制。线圈额定电压应根据控制线路复杂程度,维修、安全要求,设备所采用的控制电压等级来考虑。此外,有时还应考虑车间乃至全厂所使用控制线路的电压等级,以确定线圈额定电压。

(4)考虑辅助触点的额定电流、种类和数量

(5)根据使用环境选择有关系列接触器或特殊用途的接触器

随着电子技术发展,计算机、微机、PC的应用,在控制线路工作中,有时电器的固有动作时间应加以考虑。除此之外,还应考虑电器的使用寿命和操作频率。

4. 继电器

(1)电磁式通用继电器

选用时首先考虑的是交流类型或直流类型,而后根据控制线路需要,是采用电压继电器还是电流继电器,或是中间继电器。作为保护用的应考虑是过电压(或过电流)、欠电压(或欠电

流)继电器的动作值和释放值,中间继电器触点的类型和数量,以及选择励磁线圈的额定电压或额定电流值。

（2）时间继电器

根据时间继电器的延时方式、延时精度、延时范围、触点形式、工作环境等因素确定采用何种类型的时间继电器,然后再选择线圈的额定电压。

（3）热继电器

热继电器结构类型的选择主要决定于电动机绕组接法及是否要求断相保护。对于过载能力较差的电动机,热元件的整定电流为电动机额定电流的60%～80%。对于重复短时工作制的电动机,其过载保护不宜选用热继电器,而应选用温度继电器。

（4）速度继电器

根据机械设备的安装情况及额定工作转速,选择合适的速度继电器型号。

5. 主令电器

（1）按钮开关

按钮开关主要根据所需要的触点数、使用场合、颜色标注,以及额定电压、额定电流进行选择。

（2）行程开关

行程开关主要根据机械设备运动方式与安装位置,挡铁的形状、速度、工作力、工作行程、触点数量、额定电压、额定电流来选择。

（3）万能转换开关

万能转换开关根据控制对象的接线方式、触点形式与数量、动作顺序、额定电压、额定电流等参数进行选择。

6. 制动电磁铁

选择电磁制动器应考虑以下几点:

（1）电源的性质

制动电磁铁应采用就近容易得到的电源。一般来说,制动电磁铁的电源应与电动机的电源一致。此外,还要考虑制动装置的动作频率,当它超过300次/h时,应选用直流电磁铁,而不应选用交流电磁铁。

（2）行程的长短

制动电磁铁行程的长短,主要决定于配用的机械制动装置。选择时应根据制动力矩大小、动作时间长短及安装位置等来确定。通常,中小型制动器多采用短行程制动电磁铁,大中型制动器为获得较大制动力矩,应采用长行程制动电磁铁。

（3）线圈连接方式

串励电动机的制动装置都采用串励制动电磁铁,其优点是当电动机电枢断线时,无须任何操作就能自动抱闸制动,其缺点是负载电流小时,电磁力有可能克服不了反力而产生抱闸行为。因此,直流制动电磁铁宜用于负载变化不大的场合。

并励电动机的制动装置则采用并励制动电磁铁,其优点是电磁力的大小与电动机负载无关,其缺点是万一电枢断线,本应立即抱闸却又不能抱闸制动,容易造成设备与人员的危险。有时,为了安全起见,在一台电动机的制动中,既用了串励制动电磁铁,又用了并励制动电磁铁。

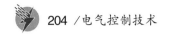

（4）容量确定

制动电磁铁的类型确定后，需进一步确定容量及参数，即电磁吸力、行程或回转角。

7. 控制变压器和整流变压器

（1）控制变压器

控制变压器用来降低辅助电路的电压，以满足一些电气元件的电压要求，保证控制线路安全可靠地工作。控制变压器的选择原则：

①控制变压器一、二次电压应与交流电源电压、控制线路和辅助电路电压相等。

②应能保证接于变压器二次侧的交流电磁器件在起动时可靠地吸合。

③电路正常运行时，变压器温升不应超过允许值。既可保证已吸合的电器在起动其他电器时仍能保持吸合状态，又能保证起动电器可靠地吸合。

控制变压器的容量也可按变压器长期运行的温升来确定，这时控制变压器的容量应大于或等于最大工作负载的功率。

（2）整流变压器

整流变压器是对需要直流供电的电磁器件提供直流电源。

整流变压器的选择原则：

①整流变压器一、二次电压应满足交流电源电压、二次侧直流电压的要求。

②整流变压器容量。根据直流电压、直流电流和整流方式，求得二次侧的交流电压 U_2、交流电流 I_2，按下式计算整流变压器容量：

$$P_\mathrm{T} = I_2 U_2 \tag{7-4}$$

8. 其他电器选择

（1）机床工作灯和信号灯

根据机床结构、电源电压、灯泡功率、灯头形式和灯架长度，确定所选用的工作灯。信号灯的选择主要是确定其额定电压、功率、灯壳、灯头型号、灯罩颜色及附加电阻的功率和阻值等参数。

（2）接线板

根据连接线路的额定电压、额定电流和接线形式，选择接线板的形式与数量。

（3）导线

根据负载的额定电流，选用铜芯多股软线。考虑其机械强度，不能采用 0.75 mm² 以下的导线（弱电电路的连接导线除外），应采用不同颜色的导线表示不同电压及主辅电路。

7.5 电气设备的安装与调试

完成了电气控制系统电路设计、电气元件选择后，就可着手进行电气设备装置的安装与调试工作。

7.5.1 电气设备安装、施工设计内容

电气设备安装、施工设计是进行安装的文件依据。

①电气设备装置总体布置。根据生产机械的要求和电气原理图，确定所需的电气控制装置、控制柜、操纵台和悬挂操纵箱。确定安装在生产机械上的电动机和电气元件、操纵面板、分

线盒的安装位置和布局。确定电动机组、起动电阻箱、操纵台等电器的分布方案。

②电气控制装置的结构设计。对于已确定的电气控制装置,根据安装地点、环境要求,确定装置的外形尺寸,先按标准的结构选择,若不合乎要求,需再进行结构设计。

③确定电气控制装置的电器位置图。

④确定电气控制板内电器接线图。

⑤确定电气控制系统的互连图。

7.5.2　电气设备的安装要求

对于需要经常操作和监视的部分,应安装在便于操作、能统观全局的位置。需要对加工工件进行找正、对刀、调整的,应采用悬挂式操纵箱,并装在离操作者近的位置,尽可能接近加工对象,且要留有一定的活动余地。

对于发热量、噪声、振动大的电器部件,尽量装在离操作者较远的位置。对于经常维护检修、操作调整的电器部件,应留有一定的余地,以便有关人员进行操作。穿管走线应根据设备特点,进行合理、经济的布局,防止线路干扰。控制板中,凡体积大、质量大的电器应安装在下面,发热元件应安装在上面,注意将感温元件隔离开,强弱电也应隔离,以防干扰。需要经常维护、检修、操作、调整用的电器,安装位置不宜过高或过低。尽可能将外形与结构尺寸相同的电气元件安装在一排,以利于安装和补充。电气元件的排列要求整齐、美观。但电气元件的布置和安装不宜过密,以利操作者检修。控制箱所有的进、出连接线都应通过接线板连线,并标有与电气原理图相同的编号。

电气元件和接线端的每个接点不得多于两根连接导线。

电气设备的安装,应安装好一部分,检查一部分,试验一部分,避免在接线中出差错。

7.5.3　电气控制系统的调试

电气控制系统电路设计、安装之后,应进行试车、调整。为了使调整、试车工作顺利进行,机械、电气工程技术人员应积极配合。

电气控制系统试车之前,应按电气原理图、安装接线图、电气互连图等进行全面核对检查,确认无误后,再通电试车。

整机通电试车应注意以下几点:

1. 各运动部件应先单独调整

首先应查对电磁器件(如电磁阀、离合器等元件)接线的正确与否,然后调整其动作的灵活性。调整限位开关及操作它们的挡铁位置是否符合工作循环的要求。

其次应对机械传动部件(如主轴转向、变速,工作台进给、变速、快速移动,工件的夹紧、松开等)的动作进行单独调整,使其达到技术性能要求。

上述各部件进行单独调试时,应将其他暂不调试部件的控制环节电路与电源断开,以便各部件的单独调试和故障处理。

2. 液压、气动等系统的单独调试

调整液压、气动系统的工作情况,使其基本参数和规定的额定值(如压力继电器压力额定值)达到设计指标的要求。

3. 电气控制系统的调试

在确认机械、液压等系统工作无故障后,就可对电气控制系统进行调试。

①电气控制设备应按调整、半自动、自动三种工作状态,逐一进行调试。

②在调试过程中,应先进行空载运行试验,运行正常后再加负载调试。

③控制系统若在"自动"工作循环状态下,应连续正常运行 2~4 h,各电气设备工作温升等均正常后,方可交付使用。

⚡ 7.6 电气控制线路的设计举例

7.6.1 "机床电气控制技术"课程设计的目的与要求

通过课程设计进一步巩固电气控制技术与可编程序控制器的理论知识,初步掌握根据一般生产机械或组合机床的加工工艺要求,设计机床的电气控制线路,或采用继电器-接触器控制方法,或采用可编程序控制器的控制方法。

7.6.2 设计应完成的技术文件与时间安排

设计应完成的技术文件:

①电气控制原理图。

②选择电气元件,编制电器一览表。

③编写电气控制线路工作原理说明书。

④可编程序控制器梯形图、程序清单及外部接线图。

设计时间安排一周时,应完成前三项技术文件;设计时间安排一周半时,应完成四项技术文件,并要求上机操作调试。

7.6.3 机床电气控制线路设计举例

1. 设计课题

设计 Z512W 台式钻床主轴箱定位面与两边 $\phi80$、$\phi90$ 端面铣削的三面铣削组合机床(简称"三面铣")的电气控制线路。

2. 三面铣的主要结构、工艺要求及技术参数

(1)三面铣的主要结构

图 7-9 为三面铣削组合机床结构示意图及被加工零件示意图。三面铣削组合机床主要由床身、两台 TX25 型铣削动力头(电动机容量为 3 kW)、两台 TX32 型铣削动力头(电动机容量为 4 kW)、HY32 型液压动力滑台(电动机容量为 1.5 kW)、液压站、工作台、夹具及工件松紧油缸等部件组成。

(2)机床工作情况

液压泵电动机起动工作后,按下夹紧按钮,发出加工指令信号,工件松紧油缸动作。当工件夹紧到位,压力继电器动作,发出液压动力滑台快进信号,滑台快进到位转工进,同时起动左、右 1 两铣削动力头电动机,分别对零件的左、右侧端面开始加工,当滑台进给到零件的定位面接近中间(垂直方向)铣刀时,中间铣削动力头电动机起动加工,滑台继续进给到右 1,$\phi80$ 端面加工结束,右 1 动力头电动机停机,同时右 2 动力头电动机起动,对右 $\phi90$ 端面加工,直到加工终点。

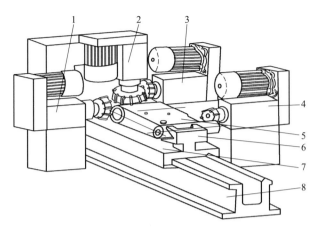

图 7-9 三面铣削组合机床结构示意图及被加工零件示意图

1—左铣削动力头;2—立铣削动力头;3—右 2 铣削动力头;
4—右 1 铣削动力头;5—工件;6—夹具;7—液压动力滑台;8—床身

此时,左、中间及右 2 动力头电动机同时停机,待上述铣刀完全停止后,发出滑台快速退回信号,滑台快退到原位,夹紧工件的油缸自动将工件松开。机床一个工作循环结束,操作者取下加工好的工件,再放上未加工的工件,重新发出加工指令,重复以上工作过程。当不再继续加工时,应将液压泵电动机停机,并切断电源。

(3)机床动作循环

机床动作循环如图 7-10(a)所示,铣刀与工件的相互位置如图 7-10(b)所示。

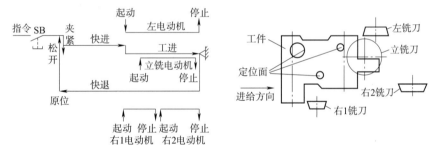

(a)动作循环图　　　　　　　　(b)铣刀与工件的相互位置

图 7-10 机床动作循环图

(4)液压系统工作原理图及元件动作

三面铣液压系统工作原理图如图 7-11 所示,各元件的动作见表 7-2。

表 7-2 元件动作表

动作	YV$_1$	YV$_2$	YV$_3$	YV$_4$	YV$_5$	KP$_1$	KP$_2$
原位	−	+	−	−	−	−	−
夹紧	+	−	−	−	−	−	+
快进	+	−	+	−	−	−	+
工进	+	−	+	−	+	−	+
挡铁停留	+	−	+	−	+	+ / −	+
快退	+	−	−	+	−	−	+
松开	−	+	−	−	−	−	−

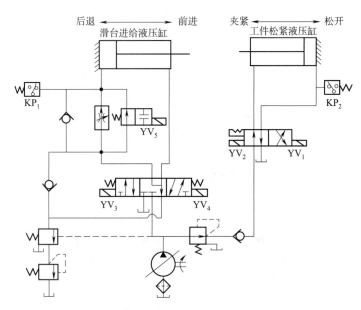

图 7-11　三面铣液压系统工作原理图

（5）电动机、电磁阀技术参数

三面铣上采用的电动机、电磁阀技术参数见表 7-3。

表 7-3　三面铣上采用的电动机、电磁阀技术参数

符　号	名　　称	型　号　规　格
M_1	液压泵电动机	Y110S-4,1.5 kW,1 410 r/min,380 V,3.49 A
M_2	左铣削头电动机	Y132S-4,4 kW,1 440 r/min,380 V,8.4 A
M_3	右 1 铣削头电动机	Y112S-4,3 kW,1 430 r/min,380 V,6.8 A
M_4	立铣头电动机	Y112S-4,3 kW,1 430 r/min,380 V,6.8 A
M_5	右 2 铣削头电动机	Y132S-4,4 kW,1 440 r/min,380 V,8.4 A
YV_1、YV_2	夹紧松开电磁阀	24E-25BD,14.4 W,±24 V,0.6 A
YV_3、YV_4	滑台快进快退电磁阀	35E-25BY,14.4 W,±24 V,0.6 A
YV_5	滑台工进电磁阀	22E-25B,14.4 W,±24 V,0.6 A

（6）机床对电气控制的要求

根据零件加工工艺要求,机床各部件的电器技术参数,对控制系统提出如下要求。

①五台电动机均为单向旋转,由于电动机容量较小,允许直接起动工作,且停机时,不必采用制动控制方案。

②液压泵电动机起动工作后,直至停止工作时按下总停按钮才能停机。在加工过程中,每一工作循环结束时不停机。

③在机床不进行加工时,四台铣削动力头电动机均要求能实现点动对刀控制。

④工件的夹紧、松开及滑台的快进、快退应能调整控制。

⑤机床能实现单工件一个工作循环的半自动加工过程的控制。

⑥控制线路具有必要的联锁环节及电源、工件夹紧、油泵电动机工作的指示信号电路。

⑦电路具有必要的保护环节及机床安全照明电路。

3. 继电器-接触器控制线路设计

（1）主电路

三面铣主电路如图 7-12 所示。电源引入开关 Q、液压泵电动机 M_1 由接触器 KM_1 控制；左铣削头电动机 M_2 由接触器 KM_2 控制；右 1 铣削头电动机 M_3 由接触器 KM_3 控制；立铣削头电动机 M_4 由接触器 KM_4 控制；右 2 铣削头电动机 M_5 由接触器 KM_5 控制。液压泵电动机由于容量较小，单设熔断器 FU_1 作短路保护；M_2 与 M_3 电动机由 FU_2 作短路保护；M_2 与 M_3 电动机由 FU_3 作短路保护。热继电器 FR_1、FR_2、FR_3、FR_4、FR_5 分别为五台电动机的过载保护。

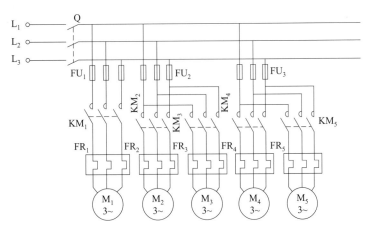

图 7-12　三面铣主电路

（2）控制电动机工作的控制线路

控制电动机工作的控制线路如图 7-13 所示。

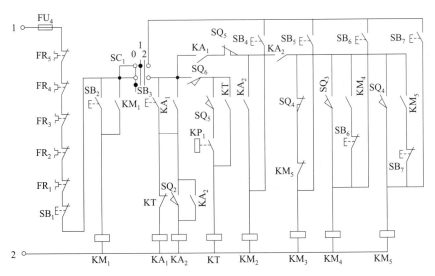

图 7-13　控制电动机工作的控制线路

液压泵电动机 M_1 由总停按钮 SB_1、起动按钮 SB_2 控制。接触器 KM_1 通断，实现开停机控制。左铣削头电动机 M_2 与右 1 铣削头电动机 M_3，由快进转工进继电器 KA_2 控制接触器 KM_2、KM_3 接通，起动加工。左铣削动力头加工到终点，压下行程开关 SQ_5，使 KM_2 线圈断电，M_2 电动机停转。右 1 铣削动力头加工到压下行程开关 SQ_4 ,使 KM_3 线圈断电, M_3 电动机停转。立铣削头电动机 M_4 与右 2 铣动力头电动机 M_5 ,分别由工作台进给到相应位置时,压下行程开关 SQ_3 、SQ_4 ,控制 KM_4 、KM_5 接通,实现起动加工,停机也由压下行程开关 SQ_5 实现。M_2 、M_3 、M_4 、M_5 四台铣削动力头电动机的点动对刀的控制,通过操作手动开关 SC_1 于 1 位置,然后分别操作 SB_4 、SB_5 、SB_6 、SB_7 实现。

（3）液压系统执行元件控制线路

图 7-14 为液压系统执行元件控制线路。由整流变压器 T_2 获得直流 24 V 电压,作为电磁阀供电电源。由图 7-14 和表 7-2 可知,夹紧、松开电磁阀 YV_1 、YV_2 具有机械定位装置,在工作开始时,操作复合按钮 SB_3 ,发出指令,使电磁阀 YV_1 短时间通电,就能使工件实现夹紧状态的控制。工件的松开则由原位信号行程开关 SQ_1 、加工完成信号时间继电器 KT 及工件夹紧压力继电器 KP_2 来控制电磁阀 YV_2 。

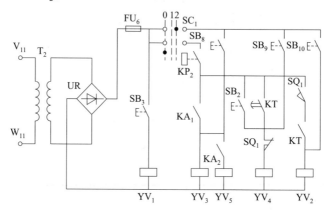

图 7-14 液压系统执行元件控制线路

滑台快进电磁阀 YV_3 通电,由夹紧压力继电器 KP_2 、开始加工指令继电器 KA_1 同时控制获得。滑台快进到压下行程开关 SQ_2 ,继电器 KA_2 通电,发出由快进转工进的信号,电磁阀 YV_5 通电,滑台转为工作进给。当进给到终点,压下行程开关 SQ_5 ,碰挡铁停止,压力继电器 KP_1 动作,时间继电器 KT 动作, KA_1 断电, YV_3 、YV_5 断电,经 KT 延时后,电磁阀 YV_4 通电,滑台快速退回到原位,压下行程开关 SQ_1 ,电磁阀 YV_4 失电,同时电磁阀 YV_2 通电,工件松开,压力继电器 KP_2 断开, YV_2 失电,同时 SQ_6 断开,KT 断电。工件的夹紧、松开及滑台快进、快退的调整是通过操作调整开关 SC_1 于 2 位置,操作相应按钮 SB_3 、SB_{10} 、SB_8 、SB_9 ,分别使电磁阀 YV_1 、YV_2 、YV_3 、YV_4 通电而实现的。

（4）照明、信号指示电路

通过控制变压器 T_1 减压,获得交流 24 V 给照明电路供电,交流 6.3 V 作为信号灯电源电压。图 7-15 为照明、信号指示电路。

（5）绘制三面铣电气控制原理图

三面铣电气控制原理图如图 7-16 所示。

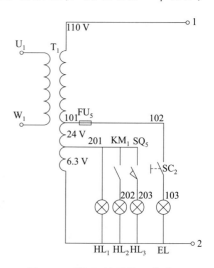

图 7-15 照明、信号指示电路

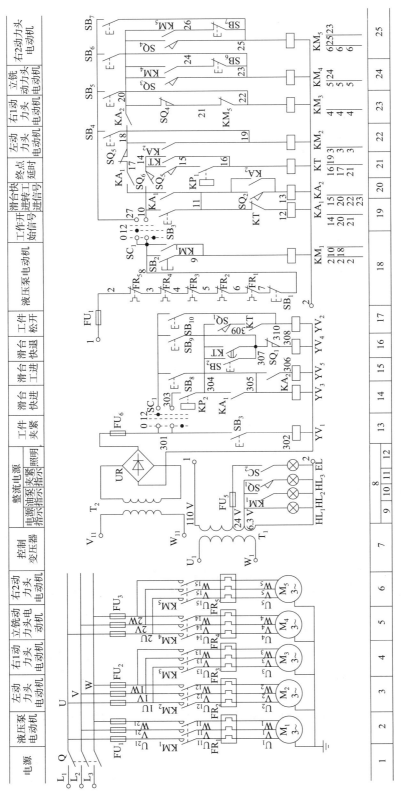

图 7-16 三面铣电气控制原理图

（6）绘制三面铣电气控制箱面板图（见图 7-17）

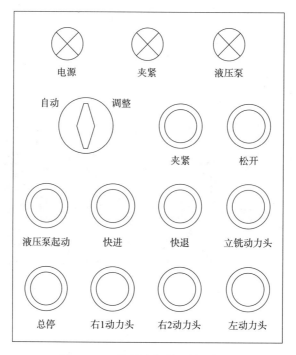

图 7-17　三面铣电气控制箱面板图

（7）电器元件一览表

表 7-4 为三面铣主要电器元件一览表。关于电器的计算与选择过程省略。

（8）电气控制系统工作原理说明书

①概述。整机容量：16 kW。电压：动力电路及变压器一次侧为 50 Hz，380 V；主令控制线路为 50 Hz，110 V；执行控制线路为直流 24 V；照明电路为 50 Hz，24 V；信号指示电路为 50 Hz，6.3 V。

操作方式：半自动、调整。

保护环节：短路、过载、零电压、欠电压及接地保护。

②机床自动加工时电路工作过程。合上电源引入开关 Q，调整开关 SC_1 于 0 位置。起动液压泵，按下按钮 SB_2，接触器 KM_1 通电，液压泵电动机起动工作，输出高压油。加工工作过程：按下工作开始复合按钮 SB_3，其中一对触点（301-302）闭合，夹紧电磁阀 YV_1 线圈通电，电磁阀阀芯左移，压力油输入夹紧液压缸大腔，使工件夹紧。工件夹紧到位，压下行程开关 SQ_6，HL_3 指示灯亮。此时压力继电器 KP_2 动作，触点（303-304）接通，同时 KA_1 的（304-305）触点已闭合，快进电磁阀 YV_3 线圈通电，滑台快速前进。快进到压下行程开关 SQ_2，继电器 KA_2 得电并自锁，触点（305-306）闭合，电磁阀 YV_5 线圈通电，滑台由快进转为工进。同时，KA_2 触点（18-19）闭合，（18-20）闭合，分别使接触器 KM_2、KM_3 通电，左动力头电动机 M_2、右 1 动力头电动机 M_3 同时起动，对工件左端面与 $\phi80$ 孔右端面进行铣削加工。

滑台工进到压下行程开关 SQ_3，使接触器 KM_4 通电并自锁，立铣动力头电动机 M_4 起动，对定位面进行加工。滑台继续工进到压下行程开关 SQ_4，接触器 KM_3 失电，右 1 动力头电动机 M_3 停转。同时，接触器 KM_5 通电并自锁，右 2 动力头电动机 M_5 起动，对 $\phi90$ 孔右端面进行铣削加工。KM_5 常闭触点打开,使 KM_3 不通电。滑台进给到终点,各端面加工结束,压下终点行程开关 SQ_5,其常闭触点打开,接触器 KM_2、KM_4、KM_5 线圈同时断电,立铣、左、右 2 三台动力头电动机均停转。

表 7-4　三面铣主要电器元件一览表

序号	代号	名称	型号规格	单位	数量	备　注
1	Q	开关	HZ10-25/3,380 V,25 A	只	1	引入电源
2	$KM_1 \sim KM_5$	接触器	CJ20-10,110 V	只	5	五台电动机
3	FU_1	熔断器	RL1B-15/6 A,380 V	只	3	液压泵电动机
4	FU_2	熔断器	RL1B-25/25 A,380 V	只	3	左、立铣头电动机
5	FU_3	熔断器	RL1B-25/25 A,380 V	只	3	右1、右2铣头电动机
6	FU_4	熔断器	RLIB-15/2 A,380 V	只	1	控制线路
7	FU_5	熔断器	RL1B-15/2 A,380 V	只	1	照明电路
8	FU_6	熔断器	RLIB-15/2 A,380 V	只	1	直流电路
9	FR_1	热继电器	JR20-10 10R 3.2/4.8 A	只	1	液压泵电动机
10	FR_2,FR_5	热继电器	JR20-10 14R 7 ~ 10 A	只	2	左、右2铣头电动机
11	FR_3,FR_4	热继电器	JR20-10 13R 6 ~ 8.4 A	只	2	右1、立铣头电动机
12	KA_1	中间继电器	JZ7-44,110 V	只	1	工作开始、失电压
13	KA_2	中间继电器	JZ7-44,110 V	只	1	快进转工进
14	KT	时间继电器	JDZ2-S11 110 V	只	1	加工终点延时退回
15	T_1	控制变压器	BK-150 380 V/110 V 2.4 ~ 6.3 V	台	1	控制照明、信号电源
16	T_2	整流变压器	BKZ-5 380 V/27 V	台	1	电磁铁电源
17	$SQ_1 \sim SQ_5$	行程开关	LX19-001 4/3 mm	只	5	原位、终点等
18	SQ_6	行程开关	LX12-2,2 开 2 闭	只	1	工件夹紧
19	SB_1	按钮	LA20-11J(红)	只	1	总停机
20	SB_2	按钮	LA20-22D(绿)	只	1	液压泵起动
21	SB_3	按钮	LA20-22(绿)	只	1	工作开始与工件夹紧
22	$SB_4 \sim SB_{10}$	按钮	LA20-11(黑、白、黄等)	只	7	调整
23	SC_1	万能转换开关	LW6-5 2/B0334	只	1	工作与调整
24	$HL_1 \sim HL_3$	信号灯	XD0 6.3 V/0.95 W(绿) 灯座型号 E10/13	只	3	电源、液压泵工作、工件夹紧
25	EL	照明灯	JC2 60-40 W,24 V 灯座型号 E27	只	1	安全照明
26	XT_1	端子板	JX2-2503	节	3	电源
27	XT_2	端子板	JX5-1005	节	15	电动机
28	XT_3	端子板	JX5-0505	节	40	控制、照明线路等
29		导线	BVR 1.5 mm^2	m	30	主电路
30		导线	BVR 1 mm^2	m	200	控制线路

　加工结束后,已压下终点行程开关 SQ_5,其常开触点(14-15)闭合,由于滑台位于挡铁停留位置,压力继电器 KP_1 动作,触点(15-16)闭合,时间继电器 KT 线圈通电,瞬时动作常开触点闭

合并自锁,触点(309-310)闭合,为工件松开电磁阀 YV_2 线圈通电做准备。触点(11-12)打开,切断继电器 KA₁ 线圈电路,使 KA₁、KA₂ 均断电,KA₁ 触点(304-305)打开,KA₂ 触点(305-306)也打开,电磁阀 YV_3、YV_5 线圈均断电,滑台停在终点。由于 KA₁ 触点(10-17)打开,KA2 触点(18-19)、(18-20)打开,保证了各动力头电动机不再通电起动。在各动力头电动机完全停转后,时间继电器 KT 延时闭合的常开触点(304-307)闭合,电磁阀 YV_4 线圈通电,滑台快速退回,退回至原位时,压下行程开关 SQ₁,触点(307-308)打开,电磁阀 YV_4 线圈断电,滑台停在原位,SQ₁ 触点(304-309)闭合,电磁阀 YV_2 线圈通电,电磁阀阀芯右移,压力油输入液压缸小腔,使工件松开,压力继电器 KP 触点打开,电磁阀 YV_2 线圈断电,同时夹紧行程开关 SQ₆ 放开,使时间继电器 KT 线圈断电,夹紧信号灯暗,一个工作循环结束。

③调整控制环节。铣削动力头对刀时电动机点动控制。铣削动力头铣刀换刀时应能实现对刀点动调整控制。机床处于不加工状态,进行点动控制时,是将调整开关 SC₁ 操作在 1 位置,然后分别操作按钮 SB₄、SB₅、SB₆、SB₇,使接触器 KM₂、KM₃、KM₄、KM₅ 接通,实现每台电动机的点动工作。

工件夹紧、放松与滑台快进、快退调整控制。在液压泵电动机工作的情况下,操作调整开关 SC₁ 于 2 位置,触点(8-10)打开。使按下工作开始复合按钮 SB₃ 时,继电器 KA₁ 不会通电,工件夹紧电磁阀 YV_1 线圈通电,工件夹紧。按下按钮 SB₁₀,电磁阀 YV_2 线圈通电,工件松开。按下按钮 SB₈,电磁阀 YV_3 线圈通电,滑台实现快速前进调整。按下按钮 SB₉,电磁阀 YV_4 线圈通电,滑台实现快速退回调整。

④保护环节。熔断器 FU₁ 为液压泵电动机的短路保护,FU₂ 为左、右 1 铣削动力头电动机的短路保护,FU₃ 为立铣、右 2 铣削动力头电动机的短路保护。FU₄、FU₅、FU₆ 分别为控制线路、照明电路、执行电路的短路保护。热继电器 FR₁、FR₂、FR₃、FR₄、FR₅ 分别为液压泵电动机 M₁ 和四台动力头电动机 M₂、M₃、M₄、M₅ 的过载保护,其常闭触点均串联在控制线路的总电路中,其目的是保护刀具与工件不被撞坏。当有一台电动机过载停机时,其他几台电动机应停机,滑台也不进给。

欠电压与失电压保护,除了由各接触器和继电器本身能实现外,电路中还可由工作开始继电器 KA₁ 作为在突然失电后,重新来电时,液压泵电动机起动,工件处于夹紧情况下,滑台不会自行快速前进的失电压保护。

通过调整开关 SC₁ 的机械定位联锁作用,保证机床正常工作时,若误按工件松开调整按钮 SB₁₀,YV_2 线圈不会通电,工件不会被松开,确保了机床的正常加工。

4. 可编程序控制器控制设计

本设计仍以 Z512W 台式钻床主轴箱定位面与两边 ϕ80、ϕ90 端面铣削的三面铣削组合机床为例,采用可编程序控制器进行控制设计。按前所述,该机床的控制系统具有以下特点:输入输出均为开关量;输入/输出点数为 18/10,总点数超过 20 点;机床具有半自动工作与调整两种工作状态。根据以上特点可采用 PLC 控制。

(1)机型选择

本机床为单机运行工作,暂不考虑扩展能力、中断能力和联网能力。

按经验估算,PLC 的内存容量约等于 I/O 总点数的 10~15 倍,即为 280~390 条指令,且机床的工作过程时间较长。选用 ACMY-S256 型 PLC 控制器,其技术性能可满足控制要求。

（2）机床控制过程功能图

图 7-18 为三面铣控制过程功能图。

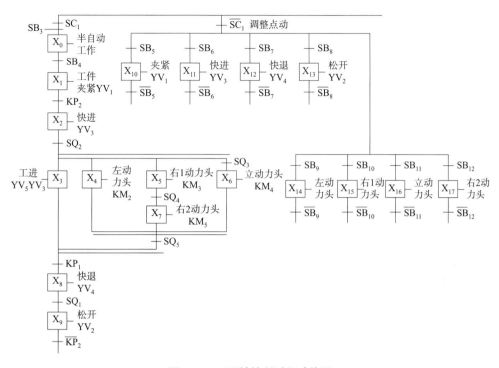

图 7-18　三面铣控制过程功能图

（3）现场信号与 PLC 软继电器编号

现场信号与 PLC 软继电器编号见表 7-5。

表 7-5　现场信号与 PLC 软继电器编号

分类	信号名称	现场信号代号	PLC 线圈编号	分类	信号名称	现场信号代号	PLC 线圈编号
输入信号	半自动工作与调整工作开关	SC_1	1000	输入信号	滑台快进转工进行程开关	SQ_2	1004
	工作开始按钮	SB_3	1001		立铣动力头电动机起动行程开关	SQ_3	
	工件夹紧按钮	SB_4	1002		右 2 动力头电动机起动行程开关	SQ_4	1005
	夹紧压力继电器	KP_2	1003		终点行程开关	SQ_5	1006

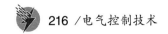

分类	信号名称	现场信号代号	PLC 线圈编号	分类	信号名称	现场信号代号	PLC 线圈编号
输入信号	碰挡铁停止压力继电器	KP_1	1007	输出信号	工件夹紧电磁阀	YV_1	2000
	滑台原位行程开关	SQ_1	1008		滑台快进电磁阀	YV_3	2001
	工件夹紧点动调整按钮	SB_5	1100		滑台工进电磁阀	YV_5	2002
	滑台快进点动调整按钮	SB_6	1101		滑台快退电磁阀	YV_4	2003
	滑台快退点动调整按钮	SB_7	1102		工件松开电磁阀	YV_2	2004
	工件松开点动调整按钮	SB_8	1103		左动力头接触器	KM_2	2100
	左动力头电动机点动调整按钮	SB_9	1104		右1动力头接触器	KM_3	2101
	右1动力头电动机点动调整按钮	SB_{10}	1105		立铣动力头接触器	KM_4	2102
	立铣动力头电动机点动调整按钮	SB_{11}	1106		右2动力头接触器	KM_5	2103
	右2动力头电动机点动调整按钮	SB_{12}	1107		工件夹紧指示灯	HL_3	2200

(4)梯形图与程序清单

画 PLC 控制梯形图时,应将原继电器-接触器控制电路中的交流控制电路与直流执行电路分开画,在 PLC 梯形图中应画在一起,如图 7-19 所示。有些纯粹由非继电器组成的电路(如液压泵电动机的接触器电路,各电动机过载保护的热继电器等),可以不进入 PLC 程序。本设计选用 ACMY-S256 机型,具有跳转指令的 PLC 控制器。用 JMP 指令,通过工作方式把程序分成调整点动和半自动程序进行工作。

(5)三面铣 PLC 外部接线

三面铣 PLC 外部接线如图 7-20 所示。

(6)调试

将已设计的程序输入 PLC 用户存储器中,按实际控制要求,用开关电器制成的模拟板,模拟控制对象,进行程序功能的调试。有条件的可进行实物模拟试验。即采用现场实际使用的检测元件和执行机构组成模拟控制系统,检测控制器的实际负载能力。有关施工设计的其他内容,如电气柜内电器位置图、电器安装接线互连图等,此处不再阐述。

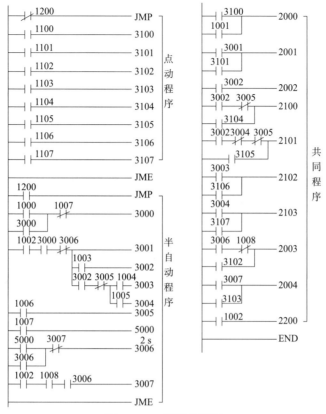

图 7-19　三面铣梯形图

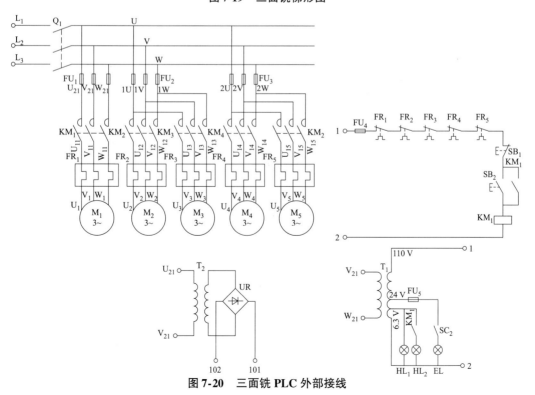

图 7-20　三面铣 PLC 外部接线

小 结

本章是对电气控制电路设计的归纳和总结,机械设备的结构,使用性能,动作程序,自动化程度等方面都需要在电气控制设计中兼顾到,同时需要考虑一般机械设备的电气控制电路、安装和调整等方面的要求。通过本章设计的实例,梳理电气控制电路的设计过程,从设计的基本要求,拖动方案的确定,到电气控制电路的设计,再到电气元件的选择,最后完成安装与调试。

习题与职业技能考核模拟

一、选择题

1. 常用的直流调速系统有(　　)直流电动机调速系统和直流发电机-电动机组调速系统等。

    A. 晶体管　　　　　　B. 整流桥　　　　　　C. 三极管　　　　　　D. 晶闸管

2. 在选择电动机调速方案时,要使电动机的调速特性与生产机械的(　　)相适应。

    A. 负载特性　　　　　B. 电流特性　　　　　C. 电气特性　　　　　D. 电压特性

3. 一般情况下,若电动机容量小于供电变压器容量的(　　),可采用直接起动控制的方法;否则,可采用减压起动控制的方法。

    A. 30%　　　　　　　B. 20%　　　　　　　C. 25%　　　　　　　D. 15%

4. 辅助电路含有(　　)、执行电路、联锁保护环节、信号显示及安全照明等电路。

    A. 调节电路　　　　　B. 电子电路　　　　　C. 直流电路　　　　　D. 控制电路

5. (　　)可以实现无级起动和调速,且起动和调速的平滑性好,调速范围宽,精度高。

    A. 绕线转子异步电动机　　　　　　　　　　B. 三相笼型异步电动机

    C. 直流电动机　　　　　　　　　　　　　　D. 单相电动机

6. 要求两个交流的电器同时动作时,其线圈只能(　　)连接。

    A. 混联　　　　　　　B. 串联　　　　　　　C. 并联　　　　　　　D. 并网

7. (　　)组合开关主要用于电源的引入。

    A. 接触器　　　　　　B. 速度继电器　　　　C. 高压隔离开关　　　D. 组合开关

8. 断路器的额定电压和额定电流应(　　)电路的正常工作电压和工作电流。

    A. 不小于　　　　　　B. 不大于　　　　　　C. 等于　　　　　　　D. 小于

9. 熔断器的额定电压必须(　　)电路工作电压,额定电流必须大于或等于所装熔体的额定电流。

    A. 不小于　　　　　　B. 大于　　　　　　　C. 等于　　　　　　　D. 小于

10. 根据机械设备对调速范围、调速精度、调速平滑性的要求来确定调速方案。调速方式有(　　)。

    A. 机械调速　　　　　B. 无级调速　　　　　C. 电气控制　　　　　D. 变速器调速

11. 按钮开关主要根据所需要的(　　)、使用场合、(　　),以及额定电压、额定电流进行选择。

    A. 电压等级　　　　　B. 颜色标注　　　　　C. 触点数　　　　　　D. 线圈类型

二、判断题

1. 机械调速是通过电动机驱动变速机构或液压传动装置来实现的,但其调速范围大,结构复杂,传动效率高。（　　）

2. 电气控制调速中对调速指标要求不高的设备,可采用结构简单、运行可靠、价格低廉、维护方便的三相笼型异步电动机拖动。（　　）

3. 由于直流调速系统具有体积大、成本低、维修困难等缺点,只在调速指标要求高的场合使用。（　　）

4. 一台设备由多台电动机分别拖动各个不同的工作机构,称为分立拖动。（　　）

5. 当传动系统工作循环较长,且不反向工作时,宜采用控制电路较简单的机械制动方法。（　　）

6. 若要求制动过程准确、平稳,且不允许有反转可能性时,则应采用能耗制动控制方法。（　　）

7. 根据电动机发热情况来确定电动机容量的大小,在温升允许的范围内,电动机绝缘材料的寿命为 $10 \sim 20$ 年。（　　）

8. 三相笼型异步电动机的缺点是起动和调速性能差。（　　）

9. 电动机的结构形式按其安装方式的不同,可分为水平式与立式两种。（　　）

10. 控制电路是指从供电电网到被控制对象(如电动机、电磁铁等)的动力装置的电路。（　　）

11. 一个大型的自动控制系统常由千万个元器件组成,若其中有一个元器件失灵,就会影响整个控制系统的正常工作,或出现故障,或使生产停产。（　　）

12. 万能转换开关根据机械设备运动方式与安装位置,挡铁的形状、速度、工作力、工作行程、触点数量及额定电压、额定电流来选择。（　　）

三、简答题

1. 简述选择电动机应遵守的基本原则。

2. 简述电路设计的原则。

3. 电气控制电路设计应完成的技术文件主要有哪些?

参 考 文 献

[1] 连赛英. 机床电气控制技术[M]. 2 版. 北京：机械工业出版社，2018.

[2] 李敬梅. 电力拖动控制线路与技能训练[M]. 5 版. 北京：中国劳动社会保障出版社，2014.

[3] 赵承荻，王玺珍，陶艳. 电机与电气控制技术[M]. 4 版. 北京：高等教育出版社，2018.

[4] 王仁祥. 电力新技术概论[M]. 北京：中国电力出版社，2009.

[5] 崔陵. 工厂电气控制设备[M]. 北京：高等教育出版社，2014.

[6] 范次猛. 机电设备电气控制技术：基础知识[M]. 北京：高等教育出版社，2009.

[7] 刘学军. 继电保护原理[M]. 北京：中国电力出版社，2007.

[8] 许晓峰. 电机及拖动[M]. 北京：高等教育出版社，2014.

[9] 何焕山. 工厂电气控制设备[M]. 北京：高等教育出版社，2016.

[10] 程周. 电机与电气控制[M]. 2 版. 北京：电子工业出版社，2014.

[11] 强高培. 电机与电气控制线路[M]. 北京：机械工业出版社，2008.

[12] 朱平. 电器[M]. 北京：机械工业出版社，2015.

[13] 谷水清. 电力系统继电保护[M]. 北京：中国电力出版社，2005.

[14] 贺湘琰，李靖. 电器学[M]. 3 版. 北京：机械工业出版社，2011.

中等职业教育电类专业系列教材

电气控制技术工作手册

朱柏刚◎主编

中国铁道出版社有限公司
CHINA RAILWAY PUBLISHING HOUSE CO., LTD.

中等职业教育电类专业系列教材

电气控制技术工作手册

朱柏刚◎主　编
谢颐明◎副主编

中国铁道出版社有限公司
CHINA RAILWAY PUBLISHING HOUSE CO., LTD.

目　录

技能实训一

电气元件的认识与手动正转控制线路

一、实训目的

（1）熟悉控制线路中各电气元件结构、型号规格、工作原理、使用方法及其在电路中所起的作用。

（2）掌握三相异步电动机和各电气元件接线的步骤、方法。

（3）掌握开启式负荷开关手动正转控制线路的工作原理及安装接线方法。

二、实训设备

机床电气实训台、电工常用工具（测电笔、一字螺丝刀、十字螺丝刀、剥线钳、尖嘴钳、电工刀等）、三相异步电动机、开启式负荷开关、万用表、兆欧表、按钮、交流接触器、熔断器、热继电器、时间继电器、中间继电器、行程开关、接线端子、导线。

三、实训原理图

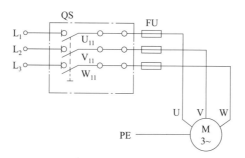

开启式负荷开关控制电气原理图

四、实训内容与步骤

教师强调实训室6S（整理、整顿、清扫、清洁、素养、安全）管理。

1. 低压电器的识别、拆装和检测

（1）仔细观察各种不同类型、规格的熔断器、交流接触器、热继电器等,熟悉它们的外形、结构、工作原理、型号及主要技术参数。

（2）检验器材质量。在不通电的情况下,用万用表或直接检查各元器件各触点的分合情况是否良好,器件外部是否完整无缺;检查电气元件固定螺钉是否完好,是否滑丝;检查接触器的线圈电压与电源电压是否相符。用万用表、兆欧表检测电气元件技术数据是否符合要求。

（3）拆装电气元件。对交流接触器、中间继电器、时间继电器、热继电器、开启式负荷开关、熔断器、行程开关等电器进行拆装。注意拆卸时，应备有盛放零件的容器，以免丢失零件。拆装过程中不允许硬撬，以免损坏电器。

（4）自检：

①手动检查电气元件各活动部件是否灵活，固定部分是否松动。

②检查万用表的电阻挡是否完好、表内电池能量是否充足；用万用表的欧姆挡检查电气元件线圈及各触点是否良好。

③通电检查各触点压力是否符合要求，声音是否正常。

2. 熟悉电气原理图

熟悉开启式负荷开关手动正转控制电气原理图，明确电路中电气元件的作用，理解电路的工作原理。

3. 绘制布置图及接线图

根据电气原理图绘制布置图及接线图。

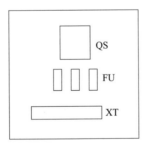

开启式负荷开关控制布置图

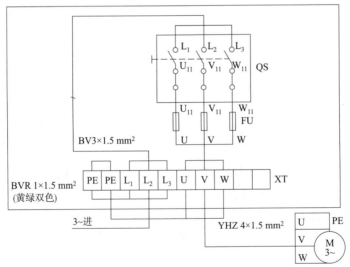

Y112M-4 4 kW △形接法，8.8 A，1 440 r/min

开启式负荷开关控制线路接线图

4. 检查电气元件

（1）根据电动机的规格检验选配的开启式负荷开关、熔断器、导线的型号及规格是否满足要求。

（2）选用的电气元件的外观是否完整无损,零部件是否齐全有效;各接线端子及紧固件有无缺失、生锈等现象。

（3）用万用表、兆欧表检测电气元件及电动机的技术数据是否符合要求。

5. 固定电气元件

根据元件布置图安装固定低压电气元件刀开关、熔断器及接线端子。电气元件安装应牢固、整齐、匀称,间距合理,便于元件的更换。紧固各元件时,用力要均匀,紧固程度适当。

6. 照图接线

按照接线图进行电路接线。按接线图的走线方式,进行板前明线布线。注意接线要牢固、接触良好;布线应横平竖直,分布均匀;导线与接线端子连接时不得压绝缘层、不反圈及露铜过长。

7. 安装电动机

安装电动机做到牢固平稳,控制板必须安装在操作时能看到电动机的地方,以保证操作安全。连接电动机、电源等控制板外部的导线;电动机的金属外壳必须可靠接地。

8. 检查线路和试车

（1）检查线路接线是否正确,对照原理图、接线图逐线检查,核对线号,防止错接、漏接;检查导线接点是否符合要求,压接是否牢固。

（2）用万用表检查线路的通断情况。

（3）用兆欧表检查线路的绝缘电阻的阻值。

（4）通电前必须自检无误再经指导教师检查合格后进行通电试车。并征得指导教师的同意将三相电源引入,通电时必须有指导教师在场方能进行。在操作过程中应严格遵守操作规程以免发生意外。

试车完毕,教师评分后,将导线有序慢慢拆下来。拆除所有线路及元器件,将导线、工具、仪表及电气元件放回指定位置,并清扫、整理现场。

五、注意事项

（1）注意安全,严格遵守实训室操作规程,节约材料,爱护实训设备。

（2）对交流接触器、中间继电器、时间继电器、热继电器、开启式负荷开关、熔断器、行程开关等电器进行拆装时,注意不要损坏元器件,拆装时注意安全。

（3）所用元器件在安装到控制线路板前一定要逐个进行检查,避免由于元器件故障,正确安装电路后,发现电路却没有正常的功能,再拆装,给实训过程造成不必要的麻烦或造成元器件的损伤。

（4）电动机使用的电源电压和绕组的接法,必须和铭牌上规定的相一致。

（5）安装完毕的控制线路必须经过认真检查后才允许通电试车。通电试车时,必须有指导教师在现场监护,在试车过程中,若有异常现象应立即停车。

(6)技能实训应在规定的时间内完成,同时牢记实训室 6S 管理,做到安全操作和文明生产。

六、实训报告主要要求

实训报告是实训工作的全面总结,要以简明形式将实训结果全面、真实地表达出来。要求简明扼要、字迹工整、分析合理,图表清楚整齐。

实训报告包括以下内容:

(1)实训项目名称。

(2)实训目的及要求。

(3)实训设备、电气元件型号规格。

(4)电气原理图,主要实训过程及步骤。

(5)实训结论及掌握情况。

技能实训一的成绩评定及评分标准如下:

技能实训一的成绩评定及评分标准

技能实训步骤		评 价 内 容	结果
绘图	10	A. 符号、线号正确,接线图与原理图相符,整洁清晰(10)。 B. 符号、线号正确,接线图与原理图相符,但不够整洁清晰(8)。 C. 个别符号、线号有误(5)	
检查电气元件	15	A. 会检查电气元件,安装元件位置准确,固定牢靠(15)。 B. 不能熟练检查电气元件,安装位置准确,固定牢靠(10)。 C. 在教师的指导下检查电气元件,元件固定不牢,有松动(5)	
布线	40	A. 接线正确、牢固,布局合理、美观,便于操作(40)。 B. 接线不牢固,接触不良、布线有不合理的地方(30)。 C. 接线有错误(15)	
检查线路	10	A. 正确掌握检查线路的方法,熟练检查线路(10)。 B. 检查线路方法正确,但不熟练(8)。 C. 有漏检现象(5)	
通车试验故障检修	20	A. 试车一次成功(20)。 B. 试车不成功,但能够自己排除故障(15)。 C. 试车不成功,不会排除故障(5)	
文明操作	5	A. 严格遵守安全操作规程(5)。 B. 较好遵守安全操作规程(3)。 C. 有违反安全操作规程现象(2)	

技能实训二
三相异步电动机的点动控制和
单方向旋转控制线路

一、实训目的

(1)熟悉控制线路中各电气元件结构、型号规格、工作原理、使用方法及其在电路中所起的作用。

(2)通过实训加深对三相异步电动机点动和长动控制线路工作原理的理解。

(3)初步掌握由电气原理图变换成安装图的能力。

(4)会选用电气元件和导线,掌握控制线路安装要领;会安装、调试及检修三相异步电动机点动和单方向旋转控制线路。

二、实训设备

机床电气实训台、电工常用工具(测电笔、一字螺丝刀、十字螺丝刀、剥线钳、尖嘴钳、电工刀等)、三相异步电动机、组合开关、按钮、交流接触器、熔断器、热继电器、接线端子、万用表、兆欧表、导线。

三、实训原理图

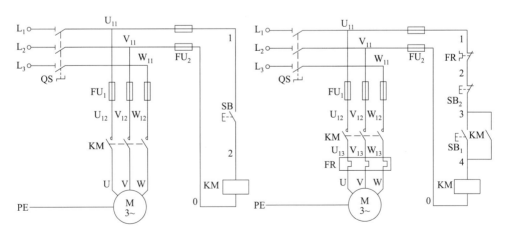

点动控制电气原理图   自锁控制电气原理图

四、实训内容与步骤

教师强调实训室 6S(整理、整顿、清扫、清洁、素养、安全)管理。

1. 识读点动和自锁控制线路的电气原理图

明确电路所用电气元件及作用,熟悉电路的工作原理。

2. 根据原理图绘制布置图及接线图

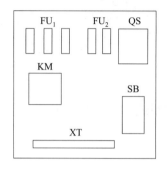

点动控制线路电气元件的布置图

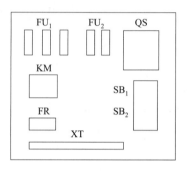

自锁控制线路电气元件的布置图

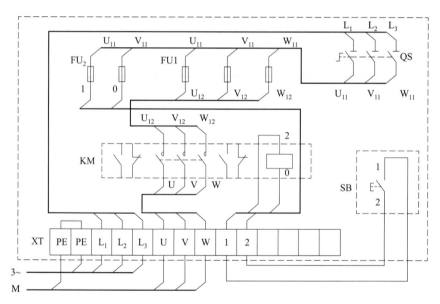

点动控制线路接线图

3. 检查电气元件

根据电动机的规格检验选配的组合开关、熔断器、交流接触器、热继电器、导线的型号及规格是否满足要求。

在不通电的情况下,用万用表或直接检查各元器件各触点的分合情况是否良好,器件外部是否完整无缺;检查电气元件固定螺钉是否完好,是否滑丝;拆下接触器的灭弧罩,检查相间隔板;检查各触点表面情况;按下其触点架观察动触点(包括电磁机构的衔铁、复位弹簧)的动作是否灵活;用万用表测量电磁线圈的通断,并记下直流电阻值,并做记录。打开热继电器盖板,检查热元件是否完好,用螺丝刀轻轻拨动导板,观察常闭触点的分断动作。检查中如发现异常,则进行检修或更换电器。

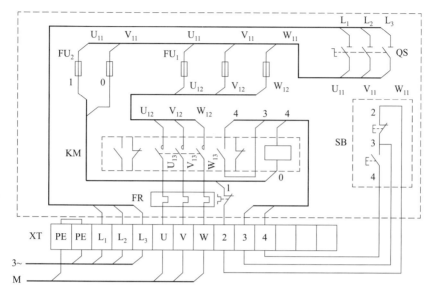

自锁控制线路接线图

4. 固定电气元件

在控制板上按电气元件布置图安装电气元件。各元件的安装位置应整齐、匀称、间距合理,便于元件的更换。紧固各元件时要用力均匀,紧固程度适当。要注意将热继电器水平安装,并将盖板向上以利散热,保证其工作时保护特性符合要求。

5. 照图接线

按照接线图进行主电路和控制线路接线。按接线图的走线方式,进行板前明线布线并要求所有导线套装号码管、软线做轧头。注意接线要牢固、接触良好。

(1)布线通道尽可能少,同路并行导线按主电路和控制线路分类集中、单层密排,紧贴安装面进行布线。

(2)布线顺序一般以接触器为中心,由里到外、由低至高,先控制线路、后主电路的顺序进行,以不妨碍后续布线为原则。

(3)同一平面的导线应高低一致或前后一致,不能交叉。非交叉不可时,该根导线应在接线端子引出时就水平架空跨越,但必须走线合理。

(4)布线时应横平竖直,分布均匀。变换走向时应垂直转向。

(5)同一元件、同一回路的不同接点的导线间距离应保持一致。

(6)布线时严禁损伤线芯和导线绝缘。

(7)导线与接线端子或接线桩连接时,不得压绝缘层、不反圈、不露铜过长。

(8)一个电气元件接线端子上的连接导线不得多于两根,每节接线端子板上的连接导线一般只允许连接一根。若有两根导线,一定要接到同一端子上,需要用并接头先将两根导线并在一起,然后再接到接线端子上。

(9)在每根剥去绝缘层导线的两端套上编码管。所有从一个接线端子(或接线桩)到另一个接线端子(或接线桩)的导线必须连续,中间无接头。

6. 安装电动机

安装电动机要做到牢固平稳,控制板必须安装在操作时能看到电动机的地方,以保证操作安全。连接电动机、电源等控制板外部的导线;连接电动机和按钮金属外壳的保护接地线。

7. 检查线路和试车

(1)按接线图或电路图从电源端开始,逐段核对接线及接线端子处线号是否正确,有无漏接、错接之处。检查导线接点是否符合要求,压接是否牢固。同时注意接点接触应良好,以避免带负载运转时产生闪弧现象。

(2)用万用表检查线路的通断情况。

断开 QS,摘下接触器灭弧罩,以便用手操作来模拟触点的分合动作。将万用表调到 $R \times 10$ 挡进行两次调零:机械调零、欧姆调零(数字万用表不用调零)。

①检查主电路。断开 FU_2 切除控制线路。

a. 通路检查:将万用表表笔搭在 U_{11}、V_{11}、W_{11} 任意两端,按下接触器的触点架,使主触点闭合,分别测得电动机两相绕组串联的阻值(电动机绕组做星形连接)。如果电阻值为零,则视为相间短路,需要检查短路原因。如果某次测量结果为断路($R \rightarrow \infty$),则应仔细检查所测两相的各段接线。

b. 断路检查:将万用表表笔搭在 U_{11}、V_{11}、W_{11} 任意两端,均应测得断路($R \rightarrow \infty$)。如果某次测量结果为短路($R \rightarrow 0$),则说明所测量的两相之间的接线有短路问题,应仔细逐线检查找出短路原因。

②检查控制线路。拆下电动机接线,接通 FU_2,将万用表表笔分别搭在控制线路电源(U_{11}、V_{11})两端,测得断路($R \rightarrow \infty$),点动控制线路按下起动按钮 SB,测得接触器 KM 线圈的直流电阻值,松开 SB,万用表读数应为 ∞;自锁控制线路按下起动按钮 SB_1 时,测得接触器 KM 线圈的直流电阻值,松开 SB_1,按下接触器的触点架,使其常开辅助触点闭合,万用表读数为接触器线圈的直流电阻值。自锁控制线路按下起动按钮 SB_1 或 KM 触点架,测得接触器线圈的直流电阻值,同时按下停止按钮 SB_2,万用表读数由线圈的直流电阻值变为 ∞。如果测得的结果不正常,则将一支表笔接 U_{11} 处,另一支表笔依次接各段导线两端端子检查,即可查出短路或断路点,并予以排除。移动表笔测量,逐步缩小故障范围是一种快速可靠的检查方法。

(3)检查电动机外壳接地保护。将万用表表笔分别搭在电动机外壳和接地点之间,如果测得电阻值为零,则接地连接良好,如果测得断路,必须查找断路点,并找出断路原因。

(4)用兆欧表测量线路的绝缘电阻的阻值。

(5)为保证人身安全,在通电试车前,应检查与通电试车有关的电气设备是否有不安全的因素存在,若检查出应立即整改,然后方能试车。

(6)通电试车前,必须征得指导教师同意,并由指导教师接通三相电源,同时在现场监护。在通电试车时,要认真执行安全操作规程的有关规定,在指导教师的监督下进行通电试车。学生合上电源开关后,用测电笔检查熔断器出线端,氖管亮说明电源接通。按下起动按钮(点动控制线路为 SB,自锁控制线路为 SB$_1$),观察接触器情况是否正常,是否符合电路功能要求,元器件的动作是否灵活,有无卡阻及噪声过大等现象,电动机运行情况是否正常等。但不得对电路接线是否正确进行带电检查。观察过程中,若发现有异常现象,应立即停车。

(7)出现故障后,学生应独立进行检修。若需带电检查时,指导教师必须在现场监护。检修完毕后,如需要再次试车,指导教师也应该在现场监护,并做好记录。

8. 故障检修

指导教师先进行示范检修,边讲边做,学生要认真听并仔细观察、体会教师检修过程中的操作步骤及要求;教师示范检修后设置故障让学生进行检修。

(1)点动控制线路故障实例:

①不带电动机操作时,按下按钮 SB 后,交流接触器不动作。

分析:用万用表检查时,按下按钮 SB 测得控制线路为断路,则故障原因可能是交流接触器线圈损坏、按钮 SB 常开触点接触不紧密、熔断器 FU$_2$ 熔体损坏或者接线端子的导线压绝缘皮。

检查:检测电气元件无异常,用万用表分段检测交流接触器进线端是否压绝缘皮。

处理:重新接好导线,试车。

②带电动机试车时,合上电源开关 QS,不按按钮 SB 电动机就起动。

分析:按钮接线错误,把常闭触点误认为是常开触点。

检查:用万用表检查辅助电路,不按按钮 SB,就已经是通路,所以故障为把按钮常闭触点误认为常开触点。

处理:把线路重新连接,试车。

(2)自锁控制线路故障实例:

短路故障:试车时,合上刀开关 QS,按下起动按钮 SB$_1$,线路短路。

分析:如果试车时,热继电器热元件或电动机进线端出现火花,试车后,电动机进线端有烧黑的痕迹,则可能是电动机进线端任何两相连在一起。

检查:用万用表电阻挡检查,切断辅助电路。

将表笔搭在主电路 L$_1$、L$_2$、L$_3$ 任意两端,合上 QS,按下交流接触器 KM 触点架,测得 $R \to 0$,说明主回路把电动机短接了,造成短路故障。

处理:把短路处痕迹处理掉,接好电动机各端子的接线,重新试车。

试车完毕,教师评分后,应遵循停转、切断电源、拆除三相电源连接线、拆除电动机连接线的顺序,将导线有序慢慢拆下。将导线、工具、仪表及电气元件放回指定位置,并清扫、整理现场。

五、注意事项

(1)牢记实训室 6S 管理,做到安全操作和文明生产。在实训过程中要严格遵守安全用电操作规程,节约材料,爱护工具和设备,自觉将所用工具、仪表、器材及设备进行保养和归位,做好实训工位和场地的卫生工作。

(2)安装接线前应对所使用的电气元件逐个进行检查,避免电气元件故障与线路错接、漏接造成的故障混在一起。电气元件应完好无损,各项技术指标符合规定要求,否则应予以更换。

(3)电动机的金属外壳必须可靠接地。

(4)按钮盒内接线时,用力不要过猛,以防螺钉打滑。接至电动机的导线,必须穿在导线通道内加以保护,或采用坚韧的四芯橡皮线或塑料护套线进行临时通电校验。

(5)安装完毕的控制线路必须经过认真检查后才允许通电试车,以防止错接、漏接,避免造成不能正常运转或短路事故。

(6)在试车过程中,若有异常现象应马上停车,不得对电路接线进行带电检查。

(7)带电检修故障时,必须有指导教师在现场监护,一定要确保用电安全。

(8)技能实训应在规定时间内完成。

六、实训报告主要要求

实训报告是实训工作的全面总结,要以简明形式将实训结果全面、真实地表达出来。要求简明扼要、字迹工整、分析合理,图表清楚整齐。

实训报告包括以下内容:

(1)实训项目名称。

(2)实训目的及要求。

(3)实训设备、电气元件型号规格。

(4)电气原理图,主要实训过程及步骤。

(5)实训结论及掌握情况。

技能实训二的成绩评定及评分标准如下:

技能实训二的成绩评定及评分标准

技能实训步骤		评 价 内 容	结果
绘图	10	A. 符号、线号正确,接线图与原理图相符,整洁清晰(10)。 B. 符号、线号正确,接线图与原理图相符,但不够整洁清晰(8)。 C. 个别符号、线号有误(5)	
检查电气元件	15	A. 会检查电气元件,安装元件位置准确,固定牢靠(15)。 B. 不能熟练检查电气元件,安装位置准确,固定牢靠(10)。 C. 在教师的指导下检查电气元件,元件固定不牢,有松动(5)	
布线	40	A. 接线正确、牢固,布局合理、美观,便于操作(40)。 B. 接线不牢固,接触不良、布线有不合理的地方(30)。 C. 接线有错误(15)	
检查线路	10	A. 正确掌握检查线路的方法,熟练检查线路(10)。 B. 检查线路方法正确,但不熟练(8)。 C. 有漏检现象(5)	

技能实训 步骤		评 价 内 容	结果
通车试验 故障检修	20	A. 试车一次成功,设置故障后能独立完成检修并再次试车成功(20)。 B. 试车不成功,但能够自己排除故障(15)。 C. 试车不成功,不会排除故障(5)	
文明操作	5	A. 严格遵守安全操作规程(5)。 B. 较好遵守安全操作规程(3)。 C. 有违反安全操作规程现象(2)	

技能实训三

三相异步电动机的正反转控制线路

一、实训目的

（1）通过实训加深对三相异步电动机正反转控制线路工作原理的理解。

（2）熟悉复合按钮的使用和正确接线方法。

（3）培养电气线路安装操作能力,掌握三相异步电动机的正反转控制线路的正确安装及检修方法。

二、实训设备

机床电气实训台、三相异步电动机、电工通用工具(测电笔、一字螺丝刀、十字螺丝刀、剥线钳、尖嘴钳、电工刀等)、万用表、兆欧表、自动开关、按钮、交流接触器、熔断器、热继电器、接线端子、导线。

三、实训原理图

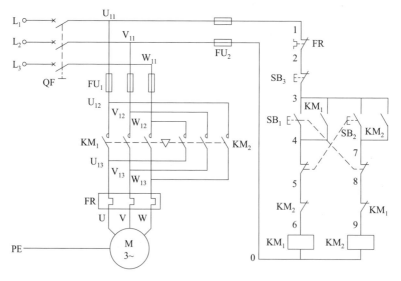

三相异步电动机双重联锁正反转控制线路电气原理图

四、实训内容与步骤

教师强调实训室6S(整理、整顿、清扫、清洁、素养、安全)管理。

1. 识读三相异步电动机双重互锁正反转控制线路的电气原理图

明确电路所用电气元件及作用,熟悉电路的工作原理。

2. 根据原理图绘制布置图及接线图

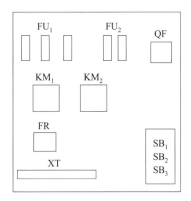

三相异步电动机双重联锁正反转控制线路电气元件的布置图

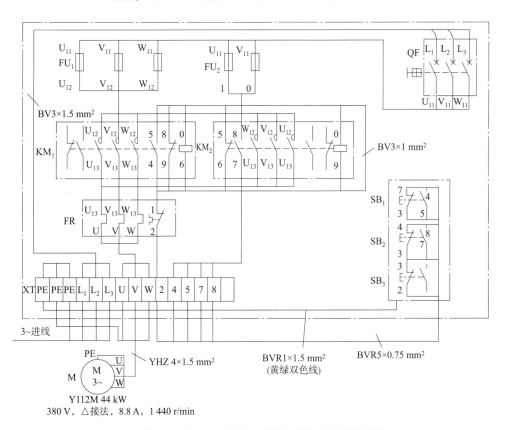

三相异步电动机双重联锁正反转控制线路安装接线图

3. 检查元器件

认真检查两只交流接触器的主触点、辅助触点的接触情况,按下触点架检查各触点的分合动作,必要时用万用表检查触点动作后的通断,以保证自锁和联锁线路正常工作。检查其他电器动作情况并进行必要的测量、记录,排除发现的电器故障。用万用表测量所有电器元件的电磁线圈的直流电阻值并做好记录,以备检查线路和排除故障时作为参考。

4. 固定电气元件

在控制板上按电气元件布置图安装电气元件。各元件的安装位置应整齐、匀称、间距合理,便于元件的更换。紧固各元件时要用力均匀,紧固程度适当。

5. 照图接线

按照接线图进行主电路和控制线路接线。按接线图的走线方式,进行板前明线布线并要求所有导线套装号码管、软线做轧头。注意接线要牢固、接触良好。

(1)布线通道尽可能少,同路并行导线按主电路和控制线路分类集中、单层密排,紧贴安装面进行布线。

(2)布线顺序一般以接触器为中心,由里到外、由低至高,先控制线路、后主电路的顺序进行,以不妨碍后续布线为原则。

(3)同一平面的导线应高低一致或前后一致,不能交叉。非交叉不可时,该根导线应在接线端子引出时就水平架空跨越,但必须走线合理。

(4)布线时应横平竖直,分布均匀。变换走向时应垂直转向。

(5)同一元件、同一回路的不同接点的导线间距离应保持一致。

(6)布线时严禁损伤线芯和导线绝缘。

(7)导线与接线端子或接线桩连接时,不得压绝缘层、不反圈、不露铜过长。

(8)一个电气元件接线端子上的连接导线不得多于两根,每节接线端子板上的连接导线一般只允许连接一根。若有两根导线,一定要接到同一端子上,需要用并接头先将两根导线并在一起,然后再接到接线端子上。

(9)在每根剥去绝缘层导线的两端套上编码管。所有从一个接线端子(或接线桩)到另一个接线端子(或接线桩)的导线必须连续,中间无接头。

6. 安装电动机

安装电动机要做到牢固平稳,以防止在换向时产生滚动而引起事故;连接电动机、电源等控制板外部的导线;连接电动机和按钮金属外壳的保护接地线。控制板必须安装在操作时能看到电动机的地方,以保证操作安全。

7. 检查线路

安装完毕的控制线路板,必须按要求进行认真检查,确保无误后才允许通电试车。

(1)检查导线连接的正确性。对照电路图、接线图从电源端开始,逐段核对接线有无漏接、错接之处,检查导线接点是否符合要求,压接是否牢固,以免带负载运行时产生闪弧现象。检查各端子处接线的紧固情况,排除接触不实的隐患。重点检查主电路 KM_1 和 KM_2 之间的换相线及辅助电路中按钮、接触器辅助触点之间的连接线。特别要注意每一对触点的上下端子接线不可颠倒,同一导线两端不可错号。

（2）用万用表检查电路通断情况。用手动操作来模拟触点分合动作,用万用表检查电路通断情况。主电路和控制线路要分别检查。

断开 QS,将万用表调到 R×10 挡进行两次调零:机械调零、欧姆调零(数字万用表不用调零)。

①检查主电路。断开 FU$_2$ 以切除控制线路。

a. 通路检查:将万用表表笔搭在 U$_{11}$、V$_{11}$、W$_{11}$ 任意两端,分别按下两台接触器 KM$_1$、KM$_2$ 的触点架,使主触点闭合,分别测得电动机两相绕组串联的阻值(电动机绕组做星形连接)。如果电阻值为零或无穷大,则视为相间短路或断路,需要检查短路或断路原因。

b. 断路检查:将万用表表笔搭在 U$_{11}$、V$_{11}$、W$_{11}$ 任意两端,均应测得断路。如果短路,应找出短路原因。

c. 检查电源换相通路:两支表笔分别接 U$_{11}$ 端子和接线端子板上的 U 端子,按下 KM$_1$ 的触点架时应测得 R→0;松开 KM$_1$ 而按下 KM$_2$ 触点架时,应测得电动机两相绕组串联的阻值(电动机绕组做星形连接)。用同样的方法测量 W$_{11}$-W 之间通路。

②检查控制线路。拆下电动机接线,接通 FU$_2$。万用表接 QF 下端的 U$_{11}$、V$_{11}$ 端子,进行以下几项检查:

a. 检查起动和停车控制:分别按下 SB$_1$、SB$_2$,应测得 KM$_1$、KM$_2$ 的线圈电阻值;在操作 SB$_1$ 和 SB$_2$ 的同时按下 SB$_3$,万用表应显示电路由通而断。

b. 检查自锁线路:分别按下 KM$_1$、KM$_2$ 的触点架,应测得 KM$_1$、KM$_2$ 的线圈电阻值;如操作的同时按下 SB$_3$,万用表应显示电路由通而断。如果测量时发现异常,则重点检查接触器自锁触点上下端子的连线。容易接错处是:将 KM$_1$ 的自锁触点错接到 KM$_2$ 的自锁触点上;将常闭触点用作自锁触点等,应根据异常现象分析、检查。

c. 检查按钮联锁:按下 SB$_1$ 测得 KM$_1$ 线圈电阻值后,再同时按下 SB$_2$,万用表显示电路由通而断;同样,先按下 SB$_2$ 再同时按下 SB$_1$,也应测得电路由通而断。发现异常时,应重点检查按钮盒内 SB$_1$、SB$_2$ 和 SB$_3$ 之间的连线;检查按钮盒引出护套线与接线端子板 XT 的连接是否正确,发现错误予以纠正。

d. 检查辅助触点联锁线路:按下 KM$_1$ 触点架测得 KM$_1$ 线圈电阻值后,再同时按下 KM$_2$ 的触点架,万用表显示电路由通而断;同样,按下 KM$_2$ 的触点架再同时按下 KM$_1$ 触点架,也应测得电路由通而断。如发现异常,应重点检查接触器常闭触点与相反转向接触器线圈端子之间的连线。常见的错误接线是:将常开触点错当作联锁触点;将接触器的联锁线错接到同一接触器的线圈端子上等,应对照原理图、接线图认真检查并排除错接。

③检查电动机外壳接地保护。将万用表表笔分别搭在电动机外壳和接地点之间,如果测得电阻值为零,则接地连接良好;如果测得断路,必须查找断路点,找出断路原因。

8. 通电试车

通过上述的各项检查,确定电路完全合格后,清点工具材料,清理安装板上的线头杂物,检查三相电源,将热继电器按照电动机的额定电流整定好。征得指导教师同意,提醒同组人员注意做好准备,并由指导教师接通三相电源,同时在现场监护下通电试车。

(1)按照安全操作规定,电动机通电时,先从电源开关到负载进行操作;断电时,要从负载到电源进行操作,操作者离电动机较近时要注意安全。

(2)试车:

①空操作:合上 QF。

a. 检查正反向起动、自锁线路和按钮联锁线路:交替按下 SB_1、SB_2,观察 KM_1 和 KM_2 受其控制的动作情况,细听它们运行的声音,观察按钮联锁作用是否可靠。

b. 检查辅助触点联锁动作:用绝缘棒按下 KM_1 触点架,当其自锁触点闭合时,KM_1 线圈立即得电,触点保持闭合;再用绝缘棒轻轻按下 KM_2 触点架,使其联锁触点分断,则 KM_1 应立即释放;继续将 KM_2 触点架按到底,则 KM_2 得电动作。再用同样的办法检查 KM_1 对 KM_2 的联锁作用。反复操作几次,以观察线路联锁作用的可靠性。

②带负荷试车:断开 QF,接好电动机接线,再合上 QF,先按下 SB_1 起动电动机,电动机 M 正转,待电动机达到额定转速后,再按下 SB_2,注意观察电动机转向是否改变(电动机 M 应反转)。交替操作 SB_1 和 SB_2 的次数不可太多,动作应慢,防止电动机过载。

(3)通电试车。如出现故障按下急停按钮,学生应独立进行检修,排除故障。若需带电检查时,指导教师必须在现场监护。检修完毕后,如需要再次试车,指导教师也应该在现场监护,并做好记录。

9. 故障检修

指导教师先进行示范检修,边讲边做,学生要认真听并仔细观察、体会教师检修过程中的操作步骤及要求;教师示范检修后设置故障让学生进行检修。

故障实例:

(1)带电动机试车时,先按下 SB_1 待电动机达到额定转速后,再按下 SB_2,发现电动机一个转向。

分析:电动机没有换向。

检查:发现主电路中,接触器 KM_2 的主触点与 KM_1 的主触点连接过程中,进出线端都进行了第一相和第三相的对调。

处理:将接触器 KM_2 的主触点出线端与 KM_1 的主触点出线端重新按线号连接,试车,成功。

(2)带电动机试车时,按下 SB_2,电动机没有反转。

分析:KM_2 线圈通路中有断路点。

检查:用万用表分段检查,发现按钮 SB_2 常开触点接触不好。

处理:修理按钮 SB_2 后,试车,反转成功。

试车完毕,教师评分后,应遵循停转、切断电源、拆除三相电源连接线、拆除电动机连接线的顺序,将导线有序慢慢拆下。将所有导线、工具、仪表、器材及设备归位,并清扫、整理现场。

五、注意事项

（1）所用元器件在安装到控制线路板前一定要逐个进行检查,避免正确安装电路后,发现电路却没有正常的功能,再拆装,给实训过程造成不必要的麻烦或造成元器件的损伤。

（2）电动机的金属外壳必须可靠接地。

（3）按钮盒内接线时,用力不要过猛,以防螺钉打滑。

（4）安装完毕的控制线路必须经过认真检查后才允许通电试车,以防止错接、漏接,避免造成不能正常运转或短路事故。

（5）交替操作 SB_1 和 SB_2 的次数不可太多,动作应慢,防止电动机过载。

（6）在试车过程中,若有异常现象应马上停车,不得对电路接线进行带电检查。

（7）带电检修故障时,必须有指导教师在现场监护,一定要确保用电安全。检修过程中,严禁扩大和产生新的故障,否则要立即停止检修。

（8）技能实训应在规定的时间内完成,同时牢记实训室 6S 管理,做到安全操作和文明生产。

六、实训报告主要要求

实训报告是实训工作的全面总结,要以简明形式将实训结果全面、真实地表达出来。要求简明扼要、字迹工整、分析合理,图表清楚整齐。

实训报告包括以下内容:

（1）实训项目名称。

（2）实训目的及要求。

（3）实训设备、电气元件型号规格。

（4）电气原理图,主要实训过程及步骤。

（5）实训结论及掌握情况。

技能实训三的成绩评定及评分标准如下:

技能实训三的成绩评定及评分标准

技能实训步骤		评 价 内 容	结果
绘图	10	A. 符号、线号正确,接线图与原理图相符,整洁清晰(10)。 B. 符号、线号正确,接线图与原理图相符,但不够整洁清晰(8)。 C. 个别符号、线号有误(5)	
检查电气元件	15	A. 会检查电气元件,安装元件位置准确,固定牢靠(15)。 B. 不能熟练检查电气元件,安装位置准确,固定牢靠(10)。 C. 在教师的指导下检查电气元件,元件固定不牢,有松动(5)	
布线	40	A. 接线正确、牢固,布局合理、美观,便于操作(40)。 B. 接线不牢固,接触不良,布线有不合理的地方(30)。 C. 接线有错误(15)	

18 /电气控制技术工作手册

技能实训 步骤		评 价 内 容	结果
检查线路	10	A. 正确掌握检查线路的方法,熟练检查线路(10)。 B. 检查线路方法正确,但不熟练(8)。 C. 有漏检现象(5)	
通车试验 故障检修	20	A. 试车一次成功,设置故障后能独立检修并再次试车成功(20)。 B. 试车不成功,但能够自己排除故障(15)。 C. 试车不成功,不会排除故障(5)	
文明操作	5	A. 严格遵守安全操作规程(5)。 B. 较好遵守安全操作规程(3)。 C. 有违反安全操作规程现象(2)	

技能实训四
工作台自动往返控制线路

一、实训目的

(1)掌握实现三相异步电动机自动往返控制的方法。

(2)通过实训加深对工作台自动往返控制线路工作原理的理解。

(3)培养电气线路安装操作能力,掌握工作台自动往返控制线路的安装与检修方法。

二、实训设备

机床电气实训台、三相异步电动机、电工通用工具(测电笔、一字螺丝刀、十字螺丝刀、剥线钳、尖嘴钳、电工刀等)、万用表、兆欧表、自动开关、按钮、交流接触器、熔断器、热继电器、行程开关、接线端子、导线。

三、实训原理图

工作台自动往返控制示意图

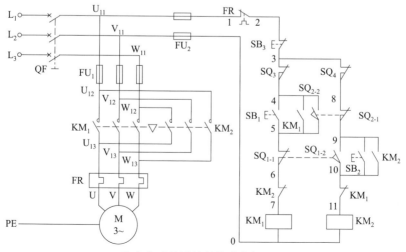

工作台自动往返控制线路电气原理图

四、实训内容与步骤

教师强调实训室 6S(整理、整顿、清扫、清洁、素养、安全)管理。

1. 熟悉电气原理图,根据原理图绘制布置图及接线图

工作台自动往返控制线路接线图由学生独立绘制。

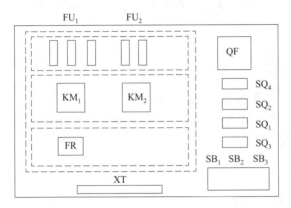

工作台自动往返控制线路电气元件的布置图

2. 检查电气元件

根据电动机的规格检验选配的自动开关、熔断器、交流接触器、热继电器、行程开关、导线的型号及规格是否满足要求。

对自动开关、接触器、按钮、热继电器和电动机等所使用电气元件逐个进行检查,特别注意检查行程开关的滚轮、传动部件和触点是否完好,操作滚轮观察其动作是否灵活;用手操作行程开关,并用万用表检查触点的通断。还应观察电动机及所拖带设备的传动机构、运动部件是否正常。发现问题应及时检修或更换。

3. 固定电气元件

在控制板上按电气元件布置图安装电气元件。各元件的安装位置应整齐、匀称、间距合理,便于元件的更换。紧固各元件时要用力均匀,紧固程度适当。安装行程开关时应检查、调整运动部件上挡块与行程开关滚轮的相对位置,使挡块在运动中能可靠地操作行程开关上的滚轮并使触点动作。

4. 照图接线

按要求照图接线,接线要求与正反转控制线路基本相同。注意用护套线连接行程开关,护套线应固定在不妨碍机械运动的位置上。做底板上 XT 与各行程开关之间的连接时应注意几个问题:

(1)连接线应使用护套线,走线时应将护套线固定好,走线路径不可影响机械装置正反两个方向的运动。

(2)接线前应先用万用表或蜂鸣器认真校线,套上写好的线号管,核对无误后再接到端子上。特别注意区别行程开关的常开、常闭触点端子,防止错接。

(3)SQ_1 和 SQ_2 的作用是行程控制,而 SQ_3 和 SQ_4 的作用是限位控制,这两组行程开关不可装反,否则会引起错误动作。

5. 检查线路

(1)对照原理图、接线图逐线检查,核对线号,防止错接、漏接。检查所有端子接线的接触情况,排除虚接处。

(2)用兆欧表测量线路的绝缘电阻的阻值。

(3)用万用表检查。断开 QF,按正反向控制线路的步骤、方法检查主电路;拆下电动机接线,按辅助触点联锁正反向控制线路的步骤、方法检查控制线路的正反向起动控制作用、自锁及联锁作用。以上各项正常无误后再做下述各项检查。

①检查正向行程控制:按下 SB_1 不放,应测得 KM_1 线圈的电阻值;再轻轻按下 SQ_1 的滚轮,使其常闭触点分断,万用表应显示电路由通而断;将 SQ_1 的滚轮按到底,则应测得 KM_2 线圈的电阻值。

②检查反向行程控制:按下 SB_2 不放,应测得 KM_2 线圈的电阻值;再轻轻按下 SQ_2 的滚轮,使其常闭触点分断,万用表应显示电路由通而断;将 SQ_2 的滚轮按到底,则应测得 KM_1 线圈的电阻值。

③检查正、反向限位控制:按下 SB_1 测得 KM_1 线圈的电阻值后,再同时按下 SQ_3 的滚轮,应测得电路由通而断;按下 SB_2 测得 KM_2 线圈的电阻值后,再按下 SQ_4 的滚轮,也应测出电路由通而断。

④检查行程开关的联锁作用:同时按下 SQ_1 和 SQ_2 的滚轮,测量结果应为断路。

⑤检查电动机外壳接地保护:将万用表表笔分别搭在电动机外壳和接地点之间,如果测得电阻值为零,则接地连接良好;如果测得断路,必须查找断路点,找出断路原因。

6. 通电试车

清理好安装现场,用手摇动电动机的传动装置,检查运动部件的移动情况,使所拖动的部件处于整个行程的中间位置;检查三相电源,在指导教师的监护下通电试车。

(1)空操作:合上 QF,检查 SB_1、SB_2 及 SB_3 对 KM_1、KM_2 的起动及停止控制作用,检查接触器的自锁、联锁线路的作用。反复操作几次,检查线路动作的可靠性。上述各项操作正常后,再做以下操作。

①行程控制:按下 SB_1 使 KM_1 得电动作后,用绝缘棒轻按 SQ_1 滚轮,使其常闭触点分断,KM_1 应释放,将 SQ_1 滚轮继续按到底,则 KM_2 得电动作;再用绝缘棒缓慢按下 SQ_2 滚轮,则应先后看到 KM_2 释放、KM_1 得电动作(总之,SQ_1 及 SQ_2 对线路的控制作用与正反向起动线路中的 SB_1 及 SB_2 类似)。反复操作几次后,检查行程控制动作的可靠性。

②限位保护:按下 SB_1 使 KM_1 得电动作后,用绝缘棒按下 SQ_3 滚轮,KM_1 应失电释放;再按下 SB_2 使 KM_2 得电动作,按下 SQ_4 滚轮,KM_2 应失电释放。反复试验几次,检查限位保护动作的可靠性。

(2)带负荷试车:断开 QF,接好电动机接线,做好立即停车的准备,合上 QF 进行以下操作:

①电动机转动方向:操作 SB_1 起动电动机,若所拖动的部件向 SQ_1 的方向移动,则电动机转向符合要求。如果电动机转向不符合要求,应断电后将 QF 下端的电源相线任意两根交换位置后接好,重新试车检查电动机转向。

②正反向控制:交替操作 SB_1、SB_3 和 SB_2、SB_3,观察电动机转向是否受控制。

③行程控制:做好立即停车准备,起动电动机,观察设备上的运动部件在正反两个方向的规定位置之间往返的情况,试验行程开关及线路动作的可靠性。如果部件到达行程开关,挡块已将开关滚轮压下而电动机不能停车,应立即断电停车进行检查。重点检查这个方向上的行程开关的接线、触点及有关接触器的触点动作,排除故障后重新试车。

④限位控制:起动电动机,在设备运行中用绝缘棒按压该方向上的限位保护行程开关,电动机应断电停车;否则,应检查限位行程开关的接线及其触点动作情况,排除故障后重新试车。

7. 故障检修

指导教师先进行示范检修,边讲边做,学生要认真听并仔细观察、体会教师检修过程中的操作步骤及要求;教师示范检修后设置故障让学生进行检修。

故障实例:

(1)碰撞行程开关 SQ_1,电动机 M 反转,但是碰撞行程开关 SQ_2,电动机 M 不能正转。

分析:SQ_2 常开触点与线圈的连接中有断路点。

检查:通过查线号法 SQ_2 常开触点没有被连接到线路中。

处理:将 SQ_2 常开触点与 KM_1 自锁触点并联连接后,试车成功。

(2)电动机在正转运行过程中,碰撞 SQ_3,电动机不停转。

分析:SQ_3 常闭触点没有连接到 KM_1 线圈通路中。

检查:发现 SQ_3 和 SQ_4 的常闭触点接反了。

处理:将 SQ_3 和 SQ_4 的常闭触点重新连接,试车成功。

试车完毕,教师评分后,应遵循停转、切断电源、拆除三相电源连接线、拆除电动机连接线的顺序,将导线有序慢慢拆下。将所有导线、工具、仪表、器材及设备归位,并清扫、整理现场。

五、注意事项

(1)牢记实训室 6S 管理,做到安全操作和文明生产。

(2)所用元器件在安装到控制线路板前一定要检查质量,避免正确安装电路后,发现电路却没有正常的功能,再拆装,给实训过程造成不必要的麻烦或造成元器件的损伤。

(3)电动机的金属外壳必须可靠接地。

(4)按钮盒内接线时,用力不要过猛,以防螺钉打滑。

(5)安装完毕的控制线路必须经过认真检查后才允许通电试车,以防止错接、漏接,避免造成不能正常运转或短路事故。

（6）在试车过程中，若有异常现象应马上停车，不得对电路接线进行带电检查。

（7）带电检修故障时，必须有指导教师在现场监护，一定要确保用电安全。检修过程中，严禁扩大和产生新的故障，否则要立即停止检修。

（8）技能实训应在规定时间内完成。

六、实训报告主要要求

实训报告是实训工作的全面总结，要以简明形式将实训结果全面、真实地表达出来。要求简明扼要、字迹工整、分析合理，图表清楚整齐。

实训报告包括以下内容：

（1）实训项目名称。

（2）实训目的及要求。

（3）实训设备、电气元件型号规格。

（4）电气原理图，主要实训过程及步骤。

（5）实训结论及掌握情况。

技能实训四的成绩评定及评分标准如下：

技能实训四的成绩评定及评分标准

技能实训步骤		评 价 内 容	结果
绘图	10	A. 符号、线号正确，接线图与原理图相符，整洁清晰（10）。 B. 符号、线号正确，接线图与原理图相符，但不够整洁清晰（8）。 C. 个别符号、线号有误（5）	
检查电气元件	15	A. 会检查电气元件，安装元件位置准确，固定牢靠（15）。 B. 不能熟练检查电气元件，安装位置准确，固定牢靠（10）。 C. 在教师的指导下检查电气元件，元件固定不牢，有松动（5）	
布线	40	A. 接线正确、牢固，布局合理、美观，便于操作（40）。 B. 接线不牢固，接触不良、布线有不合理的地方（30）。 C. 接线有错误（15）	
检查线路	10	A. 正确掌握检查线路的方法，熟练检查线路（10）。 B. 检查线路方法正确，但不熟练（8）。 C. 有漏检现象（5）	
通车试验故障检修	20	A. 试车一次成功，设置故障后能独立完成检修并再次试车成功（20）。 B. 试车不成功，但能够自己排除故障（15）。 C. 试车不成功，不会排除故障（5）	
文明操作	5	A. 严格遵守安全操作规程（5）。 B. 较好遵守安全操作规程（3）。 C. 有违反安全操作规程现象（2）	

技能实训五

多台动力头同时起动、停止的控制线路

一、实训目的

(1)通过实训加深对动力头同时起动、停止工作原理的理解。

(2)掌握动力头同时起动、停止控制线路的接线。

(3)培养电气线路安装操作能力。

二、实训设备

机床电气实训台、三相异步电动机、电工通用工具(测电笔、一字螺丝刀、十字螺丝刀、剥线钳、尖嘴钳、电工刀等)、万用表、兆欧表、自动开关、交流接触器、按钮、熔断器、热继电器、行程开关、调整开关、中间继电器、接线端子、导线。

三、实训原理图

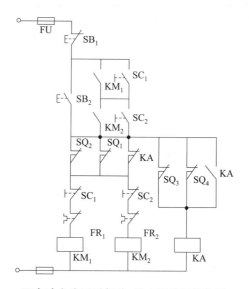

两台动力头同时起动、停止的控制线路图

四、实训内容与步骤

教师强调实训室 6S(整理、整顿、清扫、清洁、素养、安全)管理。

1. 熟悉动力头同时起动、停止控制线路电气原理图,绘制布置图及安装接线图

根据原理图绘制布置图及接线图。由学生独立完成。

2. 检查电气元件

根据电动机的规格检验选配的自动开关、熔断器、交流接触器、热继电器、行程开关、中间继电器、导线的型号及规格是否满足要求。

对所有要使用的电气元件逐个进行检查,电气元件应完好无损,各项技术指标符合规定要求,否则应予以更换。用万用表检查电气元件触点的通断情况,用万用表测量所有电气元件电磁线圈(包括继电器、接触器及电动机)的直流电阻值并做好记录,以备检查线路和排除故障时作为参考。

3. 固定电气元件

在控制板上按布置图安装电气元件。电气元件安装应牢固,并符合工艺要求。

4. 照图接线

按照两台动力头同时起动、停止的控制接线图,在实训台上进行接线,注意接线要牢固、接触良好;文明操作;保护好电气元件。

5. 检查线路

(1)核对接线。对照原理图、接线图,从电源端开始逐段核对端子接线的线号,排除漏接、错接现象。

(2)检查端子接线是否牢固。检查所有端子上接线的接触情况,用手一一摇动、拉拔端子上的接线,不允许有松脱现象。避免通电试车时因虚接造成麻烦,将故障排除在通电之前。

(3)用万用表检查。用万用表检查电路通断情况。控制线路和主电路要分别检查。

6. 通电试车

经指导教师检查允许后方可通电。操作按钮,观察电路工作情况,并分析原因。

按下起动按钮 SB_2,接触器 KM_1 和 KM_2 均得电并自锁,两动力头同时起动。当两个动力头离开原位后,$SQ_1 \sim SQ_4$ 全部复位,KA 通电并自锁,其常闭触点断开,KM_1 和 KM_2 依靠 SQ_1、SQ_2 保持通电,动力头电动机继续工作。

当两个动力头加工结束,退回原位并同时压下 $SQ_1 \sim SQ_4$,使 KM_1 和 KM_2 断电,达到两台电动机同时停机的目的。此时 KA 也断电,其常闭触点复原,为下次起动做好准备。操作 SC_1 或 SC_2 可实现单台动力头调整工作。

试车完毕,教师评分后,应遵循停转、切断电源、拆除三相电源连接线、拆除电动机连接线的顺序,将导线有序慢慢拆下。将所有导线、工具、仪表、元器件及设备放回指定位置,并清扫、整理现场。

五、注意事项

(1)牢记实训室 6S 管理,做到安全操作和文明生产。

(2)所用元器件在安装到控制线路板前一定要检查质量,避免正确安装电路后,发现电路却没有正常的功能,再拆装,给实训过程造成不必要的麻烦或造成元器件的损伤。

(3)行程开关可以先安装好,不占技能实训时间。行程开关必须牢固安装在合适的位置上。安装后,必须用手动工作台或受控机械进行试验,合格后才能使用。通电校验时,必须先手动行程开关,试验各行程控制和终端保护动作是否正常可靠。

(4)电动机的金属外壳必须可靠接地。

(5)按钮盒内接线时,用力不要过猛,以防螺钉打滑。

(6)安装完毕的控制线路必须经过认真检查后才允许通电试车,以防止错接、漏接,避免造成不能正常运转或短路事故。通电校验时,必须有指导教师在现场监护,学生应根据电路的控制要求独立进行校验,若出现故障也应自行排除。

(7)在试车过程中,若有异常现象应马上停车,不得对电路接线进行带电检查。

(8)技能实训应在规定时间内完成。

六、实训报告主要要求

实训报告是实训工作的全面总结,要以简明形式将实训结果全面、真实地表达出来。要求简明扼要、字迹工整、分析合理,图表清楚整齐。

实训报告包括以下内容:

(1)实训项目名称。

(2)实训目的及要求。

(3)实训设备、电气元件型号规格。

(4)电气原理图,主要实训过程及步骤。

(5)实训结论及掌握情况。

技能实训五的成绩评定及评分标准如下:

技能实训五的成绩评定及评分标准

技能实训步骤		评 价 内 容	结果
绘图	10	A. 符号、线号正确,接线图与原理图相符,整洁清晰(10)。 B. 符号、线号正确,接线图与原理图相符,但不够整洁清晰(8)。 C. 个别符号、线号有误(5)	
检查电气元件	15	A. 会检查电气元件,安装元件位置准确,固定牢靠(15)。 B. 不能熟练检查电气元件,安装位置准确,固定牢靠(10)。 C. 在教师的指导下检查电气元件,元件固定不牢,有松动(5)	
布线	40	A. 接线正确、牢固,布局合理、美观,便于操作(40)。 B. 接线不牢固,接触不良,布线有不合理的地方(30)。 C. 接线有错误(15)	
检查线路	10	A. 正确掌握检查线路的方法,熟练检查线路(10)。 B. 检查线路方法正确,但不熟练(8)。 C. 有漏检现象(5)	

续上表

技能实训 步骤		评 价 内 容	结果
通车试验 故障检修	20	A. 试车一次成功(20)。 B. 试车不成功,但能够自己排除故障(15)。 C. 试车不成功,不会排除故障(5)	
文明操作	5	A. 严格遵守安全操作规程(5)。 B. 较好遵守安全操作规程(3)。 C. 有违反安全操作规程现象(2)	

技能实训六

三相异步电动机的 丫-△ 减压起动控制线路

一、实训目的

(1)熟悉时间继电器的结构、原理及使用方法。

(2)掌握三相异步电动机 丫-△ 减压起动控制线路的控制方法。

(3)培养电气线路安装操作能力,掌握三相异步电动机的 丫-△ 减压起动控制线路的安装与检修方法。

二、实训设备

机床电气实训台、三相异步电动机、电工通用工具(测电笔、一字螺丝刀、十字螺丝刀、剥线钳、尖嘴钳、电工刀等)、万用表、兆欧表、自动开关、按钮、交流接触器、熔断器、热继电器、时间继电器、接线端子、导线。

三、实训原理图

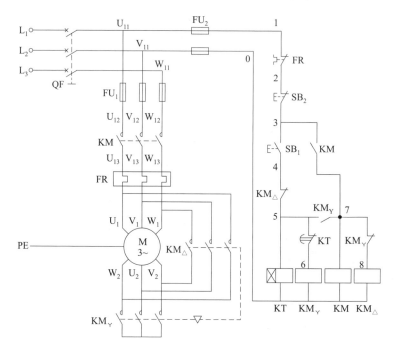

时间继电器自动切换 丫-△ 降压起动控制线路电气原理图

四、实训内容与步骤

教师强调实训室 6S(整理、整顿、清扫、清洁、素养、安全)管理。

1. 熟悉电气原理图

识读 Y-△减压起动控制线路的原理图,熟悉所用电气元件的作用和电路的工作原理。

2. 根据原理图绘制布置图及接线图

学生独立绘制时间继电器自动切换 Y-△降压起动控制线路安装接线图。

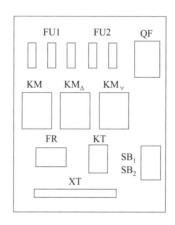

时间继电器自动切换 Y-△降压起动控制线路电气元件的布置图

3. 检查电气元件

对所使用的电气元件逐个进行检查,避免电气元件故障与线路错接、漏接造成的故障混在一起。电气元件应完好无损,各项技术指标符合规定要求。检查断路器、按钮和接触器各触点表面情况;分合动作及接触情况;测量接触器线圈的电阻值并做记录;观察电动机接线盒内的端子标记;测量电动机各相绕组的电阻值,发现异常进行检修或更换。

4. 固定电气元件

在控制板上按电气元件布置图安装电气元件,将各电气元件固定牢靠。各元件的安装位置应整齐、匀称、间距合理,便于元件的更换。紧固各元件时要用力均匀,紧固程度适当。

5. 照图接线

按照接线图进行主电路和控制线路接线。按接线图的走线方式,进行板前明线布线并要求所有导线套装号码管、软线做轧头。注意接线要牢固、接触良好。注意主电路各接触器主触点之间的连接线要认真核对,防止试车时出现相序错误。Y-△降压起动线路所控制的电动机容量较大,起动电流较大,应注意主电路各接线端子一定要压接可靠,防止接触不实引起发热。主电路中所使用的导线截面积较大,注意将各接线端子压紧,保证接触良好和防止振动引起松脱。

6. 检查线路

（1）对照原理图、接线图逐线检查，核对线号。防止错接、漏接。

（2）检查所有端子接线的接触情况，排除虚接处。

（3）用万用表检查。断开 QF，摘下各接触器灭弧罩，万用表拨到 R×10 挡，进行机械调零和欧姆调零（数字万用表不用调零）。分别检查主电路和控制线路。

①检查主电路：断开 FU_2 切除控制线路。

a. 检查 KM 的控制作用　将万用表表笔分别接 QF 下端的 U11 和 XT 上的 U2 端子，应测得断路；而按下 KM 触头架时，应测得电动机一相绕组的电阻值。再用同样的方法检测 V11～V2，W11～W2 之间的电阻值。

b. 检查 Y 起动线路：将万用表表笔接 QF 下端的 U_{11}、V_{11} 端子，同时按下 KM 和 KM_Y 的触点架，应测得电动机两相绕组串联的电阻值。用同样的方法测量 V_{11}-W_{11} 及 U_{11}-W_{11} 之间的电阻值。

c. 检查 △ 运行线路：将万用表表笔接 QF 下端的 U_{11}、V_{11} 端子。同时按下 KM 和 $KM_△$ 的触点架，应测得电动机两相绕组串联后再与第三相绕组并联的电阻值（小于一相绕组的电阻值）。

②检查控制线路：拆下电动机接线，将万用表表笔分别接 QF 下端的 U_{11}、V_{11} 端子。做如下几项测量：

a. 检查起动控制：按下 SB_1，应测得 KT 与 KM_Y 两只线圈的并联电阻值；同时按下 SB_1 和 KM_Y 触点架，应测得 KT、KM_Y 及 KM 三只线圈的并联电阻值；同时按下 KM 与 KM_Y 的触点架，也应测得上述三只线圈的并联电阻值。

b. 检查联锁线路：按下 KM 触点架，应测得线路中四个电器线圈的并联电阻值；再轻按 KM_Y 触点架使其常闭触点分断（不要放开 KM 触点架），切除了 $KM_△$ 线圈，测得的电阻值应增大；如果在按下 SB_1 的同时轻按 $KM_△$ 触点架，使其常闭触点分断，则应测得线路由通而断。

c. 检查 KT 的控制作用：按下 SB_1 测得 KT 与 KM_Y 两只线圈的并联电阻值，再按住 KT 电磁机构的衔铁不放，约 5 s 后，KT 的延时触点分断切除 KM_Y 的线圈，测得的电阻值应增大。

7. 通电试车

装好接触器灭弧罩，检查三相电源，在指导教师的监护下通电试车。

（1）空操作：合上 QF，按下 SB_1，KT、KM_Y 和 KM 就立即得电动作，约经过 5 s 后 KT 和 KM_Y 断电释放，同时 $KM_△$ 得电动作。按下 SB_2，则 KM 和 $KM_△$ 释放。

（2）带负荷试车：断开 QF，接好电动机接线，检查各端子的接线情况，做好立即停车的准备。

合上 QF，按下 SB_1，时间继电器 KT、交流接触器 KM 和 KM_Y 通电，电动机 M 接成 Y 降压起动。约 5 s 后 KT、KM_Y 断电，$KM_△$ 通电，电动机接成 △ 全压运转。按下停止按钮 SB_2，电动机断电停止。操作完毕，关断电源开关 QF。

8. 故障检修

指导教师先进行示范检修，边讲边做，学生要认真听并仔细观察、体会教师检修过程中的操作步骤及要求;教师示范检修后设置故障让学生进行检修。

故障实例:通电试车时,电动机不能全压运行。

分析:接触器 KM△ 主触点接线有错误,KM△ 主触点闭合时,电动机没连接成三角形。或者辅助电路中 KM△ 线圈通路中有断路点。

检查:发现辅助电路中,KM丫常闭触点接成常开触点,使线路不通。

处理:将 KM丫常开触点接成常闭触点,试车,成功。

试车完毕,教师评分后,应遵循停转、切断电源、拆除三相电源连接线、拆除电动机连接线的顺序,将导线有序慢慢拆下来。将所有导线、工具、仪表、器材及设备放回指定位置,并清扫、整理现场。

五、注意事项

(1)牢记实训室 6S 管理,做到安全操作和文明生产。

(2)所用元器件在安装到控制线路板前一定要检查质量,避免正确安装电路后,发现电路却没有正常的功能,再拆装,给实训过程造成不必要的麻烦或造成元器件的损伤。

(3)用 丫-△ 减压起动控制的电动机,必须有六个出线端子,且定子绕组在 △ 接法时的额定电压等于三相电源的线电压(380 V)。接线时,要保证电动机 △ 接法的正确性,即接触器主触点闭合时,应保证定子绕组的 U_1 与 W_2、V_1 与 U_2、W_1 与 V_2 相连接。

(4)接触器 KM丫 的进线必须从三相定子绕组的末端引入,若误将其首端引入,则在 KM丫 吸合时,会产生三相电源短路事故。接触器 KM丫 与接触器 KM△ 必须联锁,否则会产生电源短路事故。

(5)控制板外部配线,必须按要求一律装在导线通道内,使导线有适当的保护,以防止液体、铁屑和灰尘的侵入。在训练时,可适当降低要求,但必须以能确保安全为条件,如采用多芯橡皮线或塑料护套软线。

(6)通电校验前,要再检查一下熔体规格及时间继电器、热继电器的各整定值是否符合要求。

(7)电动机的金属外壳必须可靠接地。

(8)按钮盒内接线时,用力不要过猛,以防螺钉打滑。

(9)安装完毕的控制线路必须经过认真检查后才允许通电试车,以防止错接、漏接,避免造成不能正常运转或短路事故。通电校验时,必须有指导教师在现场监护,学生应根据电路的控制要求独立进行操作,若出现故障也应自行排除。

(10)在试车过程中,若有异常现象应马上停车,不得对电路接线进行带电检查。

(11)带电检修故障时,必须有指导教师在现场监护,一定要确保用电安全。检修过程中,严禁扩大和产生新的故障,否则立即停止检修。

(12)技能实训应在规定的时间内完成。

六、实训报告主要要求

实训报告是实训工作的全面总结,要以简明形式将实训结果全面、真实地表达出来。要求简明扼要、字迹工整、分析合理,图表清楚整齐。

实训报告包括以下内容:

(1)实训项目名称。

(2)实训目的及要求。

(3)实训设备、电气元件型号规格。

(4)电气原理图,主要实训过程及步骤。

(5)实训结论及掌握情况。

技能实训六的成绩评定及评分标准如下:

技能实训六的成绩评定及评分标准

技能实训步骤		评 价 内 容	结果
绘图	10	A. 符号、线号正确,接线图与原理图相符,整洁清晰(10)。 B. 符号、线号正确,接线图与原理图相符,但不够整洁清晰(8)。 C. 个别符号、线号有误(5)	
检查电气元件	15	A. 会检查电气元件,安装元件位置准确,固定牢靠(15)。 B. 不能熟练检查电气元件,安装位置准确,固定牢靠(10)。 C. 在教师的指导下检查电气元件,元件固定不牢,有松动(5)	
布线	40	A. 接线正确、牢固,布局合理、美观,便于操作(40)。 B. 接线不牢固,接触不良、布线有不合理的地方(30)。 C. 接线有错误(15)	
检查线路	10	A. 正确掌握检查线路的方法,熟练检查线路(10)。 B. 检查线路方法正确,但不熟练(8)。 C. 有漏检现象(5)	
通车试验故障检修	20	A. 试车一次成功,设置故障后能独立完成检修并再次试车成功(20)。 B. 试车不成功,但能够自己排除故障(15)。 C. 试车不成功,不会排除故障(5)	
文明操作	5	A. 严格遵守安全操作规程(5)。 B. 较好遵守安全操作规程(3)。 C. 有违反安全操作规程现象(2)	

技能实训七

三相异步电动机的反接制动控制线路

一、实训目的

(1)通过实训加深对三相异步电动机反接制动工作原理的理解。

(2)了解速度继电器的原理、结构及使用方法。

(3)掌握三相异步电动机反接制动控制线路的正确安装及检修方法。

二、实训设备

机床电气实训台、电工通用工具(测电笔、一字螺丝刀、十字螺丝刀、剥线钳、尖嘴钳、电工刀等)、万用表、兆欧表、三相异步电动机、刀开关、熔断器、限流电阻箱、交流接触器、热继电器、速度继电器、按钮、接线端子、导线。

三、实训原理图

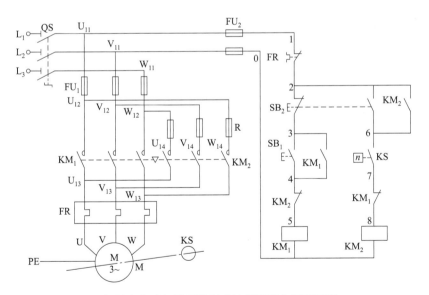

三相异步电动机的反接制动控制线路电气原理图

四、实训内容与步骤

教师强调实训室 6S(整理、整顿、清扫、清洁、素养、安全)管理。

1. 熟悉电气原理图

识读三相异步电动机的反接制动控制线路的电气原理图,熟悉所用电气元件的作用和电路的工作原理。

2. 绘制布置图及接线图

学生根据三相异步电动机的反接制动控制线路的电气原理图独立绘制电气元件布置图及接线图。

3. 检查电气元件

根据电动机的规格检验选配的刀开关、熔断器、交流接触器、热继电器、速度继电器、按钮、导线的型号及规格是否满足要求。

按常规要求检查刀开关、按钮、接触器和电动机等电气元件。线路中速度继电器是关键元件,应检查它的转子、联轴器与电动机轴(或传动轴)的转动是否同步;检查它的触点切换动作是否正常。还应检查限流电阻箱的接线端子及电阻的情况,检查电动机和电阻箱的接地情况。测量每只电阻的阻值并记录。

4. 固定电气元件

在安装底板上按电气元件布置图安装和固定好各电气元件。各元件的安装位置应整齐、匀称、间距合理,便于元件的更换。紧固各元件时要用力均匀,紧固程度适当。检查速度继电器与传动装置的紧固情况。用手转动电动机轴,检查传动机构有无卡阻等不正常情况。

5. 照图接线

按照接线图进行主电路和控制线路接线。主电路的接线要求与正反向起动线路基本相同。注意 KM$_1$ 及 KM$_2$ 主触点的相序不可接错。接线端子板 XT 与电阻箱之间使用护套线,接线前应仔细校线,防止错接造成短路。JY1 系列速度继电器有两组触点,每组都有常开、常闭触点,使用公共触点,应认真辨认,防止错接造成线路故障。

6. 检查线路

(1)核对接线。对照原理图、接线图,从电源端开始认真逐段核对接线,排除漏接、错接现象。

(2)检查各端子处接线的紧固情况,排除接触不实的隐患。

(3)用万用表检查。断开 QS,摘下 KM$_1$、KM$_2$ 的灭弧罩,用万用表的 R×10 挡做以下几项检测:

①检查主电路:断开 FU$_2$ 切除控制线路。

a. 检查起动控制:按下 KM$_1$ 触点架,分别测量 QS 下端 U$_{11}$-V$_{11}$、V$_{11}$-W$_{11}$ 及 U$_{11}$-W$_{11}$ 之间电阻,应测得电动机各相绕组的电阻值;松开 KM$_1$ 触点架,则应测得断路。

b. 检查反接制动控制:按下 KM$_2$ 触点架,分别测量 QS 下端 U$_{11}$-V$_{11}$、V$_{11}$-W$_{11}$ 及 U$_{11}$-W$_{11}$ 之间电阻,应测得电动机各相绕组串联两只限流电阻后的电阻值;松开 KM$_2$ 触点架,应测得断路。

②检查控制线路:拆下电动机接线,接通 FU$_2$。将万用表表笔分别接 QS 下端 U$_{11}$、V$_{11}$ 端子,进行以下测量:

a. 检查起动控制:按下 SB$_1$,应测得 KM$_1$ 线圈电阻值;松开 SB$_1$,则应测得断路;

按下 KM$_1$ 触点架,应测得 KM$_1$ 线圈电阻值;松开 KM$_1$ 触点架,应测得断路。

b. 检查反接制动控制:将 SB$_2$ 按到底,同时转动电动机轴使 KS 动作、常开触点闭合,应测得 KM$_2$ 线圈电阻值。电动机停转则测得线路由通而断。松开 SB$_2$ 而按下 KM$_2$ 触点架,重复上述动作,测量结果与操作 SB$_2$ 的结果相同。

c. 检查联锁线路:重复 a 项操作内容,测得 KM$_1$ 线圈电阻值的同时,再按 KM$_2$ 触点架使其常闭触点分断,应测得线路由通而断;重复 b 项操作内容,测 KM$_2$ 线圈电阻值的同时,再按下 KM$_1$ 触点架,使其常闭触点分断,也应测得线路由通而断。

7. 通电试车

上述检查完成后,检查三相电源,装好接触器灭弧罩,装好熔断器,并经指导教师确认无误后在教师监护下试车。

(1)空操作:合上 QS,按下 SB$_1$ 后松开它,KM$_1$ 立即得电动作并保持吸合状态;按下 SB$_2$ 后 KM$_1$ 释放。将 SB$_2$ 按住不放,用手转动一下电动机轴,使其转速约 100 r/min 左右,KM$_2$ 应吸合一下又释放。反复操作几次检查线路动作的可靠性。注意:电动机转向应能使 KS 触点分断动作。如转向不符合要求,则制动线路不能工作。操作时应注意安全,防止触电。

(2)带负荷试车:断开 QS,接好电动机接线,再合上 QS,按下 SB$_1$,观察电动机起动情况;轻按 SB$_2$,KM$_1$ 应释放使电动机断电后惯性运转而停转。在电动机转速下降的过程中可以观察 KS 触点的动作。再次起动电动机后,将 SB$_2$ 按到底,电动机反接制动,电动机迅速停转。

8. 故障检修

设置故障让学生进行检修。

故障实例:通电试车时,电动机不能反接制动。

分析:接触器 KM$_2$ 线圈通路有断路点,导致 KM$_2$ 线圈不能得电。

检查:发现辅助电路中,KM$_1$ 常闭触点接成常开触点,使线路不通。

处理:将 KM$_1$ 常开触点接成常闭触点,试车,成功。

试车完毕,教师评分后,应遵循停转、切断电源、拆除三相电源连接线、拆除电动机连接线的顺序,将导线有序慢慢拆下来。拆除所有线路及元器件,将所有导线、工具、仪表、元器件及设备归位,并清扫、整理现场。

五、注意事项

(1)牢记实训室 6S 管理,做到安全操作和文明生产。

(2)所用元器件在安装到控制线路板前一定要检查质量,避免正确安装电路后,发现电路却没有正常的功能,再拆装,给实训过程造成不必要的麻烦或造成元器件的损伤。

(3)电动机和速度继电器的金属外壳应可靠接地。

(4)按钮盒内接线时,用力不要过猛,以防螺钉打滑。

(5)速度继电器的转轴应与电动机同轴连接,使两轴的轴线重合。速度继电器的轴可用联轴器与电动机的轴连接。

(6)仔细观察速度继电器的触点结构,分清楚常开触点和常闭触点。速度继电器安装接线时,应注意正、反向触点不能接错,否则不能起到反接制动时接通和断开反向电源作用。

(7)安装完毕的控制线路必须经过认真检查后才允许通电试车。通电试车时,必须有指导教师在现场监护。若制动不正常,可检查速度继电器是否符合规定要求。若需调节速度继电器的调整螺钉时,必须切断电源,以防止出现相对地短路事故。

(8)速度继电器动作值和返回值的调整,应先由指导教师示范后,再由学生自己调整。

(9)在试车过程中,若有异常现象应马上停车,不得对电路接线进行带电检查。制动操作不宜过于频繁。

(10)带电检修故障时,必须有指导教师在现场监护,一定要确保用电安全。检修过程中,严禁扩大和产生新的故障,否则要立即停止检修。

(11)技能实训应在规定的时间内完成。

六、实训报告主要要求

实训报告是实训工作的全面总结,要以简明形式将实训结果全面、真实地表达出来。要求简明扼要、字迹工整、分析合理,图表清楚整齐。

实训报告包括以下内容:

(1)实训项目名称。

(2)实训目的及要求。

(3)实训设备、电气元件型号规格。

(4)电气原理图,主要实训过程及步骤。

(5)实训结论及掌握情况。

技能实训七的成绩评定及评分标准如下:

技能实训七的成绩评定及评分标准

技能实训步骤		评 价 内 容	结果
绘图	10	A. 符号、线号正确,接线图与原理图相符,整洁清晰(10)。 B. 符号、线号正确,接线图与原理图相符,但不够整洁清晰(8)。 C. 个别符号、线号有误(5)	
检查电气元件	15	A. 会检查电气元件,安装元件位置准确,固定牢靠(15)。 B. 不能熟练检查电气元件,安装位置准确,固定牢靠(10)。 C. 在教师的指导下检查电气元件,元件固定不牢,有松动(5)	
布线	40	A. 接线正确、牢固、布局合理、美观,便于操作(40)。 B. 接线不牢固,接触不良、布线有不合理的地方(30)。 C. 接线有错误(15)	
检查线路	10	A. 正确掌握检查线路的方法,熟练检查线路(10)。 B. 检查线路方法正确,但不熟练(8)。 C. 有漏检现象(5)	

续上表

技能实训步骤		评 价 内 容	结果
通车试验 故障检修	20	A. 试车一次成功,设置故障后能独立完成检修并再次试车成功(20)。 B. 试车不成功,但能够自己排除故障(15)。 C. 试车不成功,不会排除故障(5)	
文明操作	5	A. 严格遵守安全操作规程(5)。 B. 较好遵守安全操作规程(3)。 C. 有违反安全操作规程现象(2)	

技能实训八
三相异步电动机的能耗制动控制线路

一、实训目的

(1)通过实训加深对三相异步电动机能耗制动工作原理的理解。
(2)掌握三相异步电动机的能耗制动控制线路的安装与检修方法。
(3)培养电气线路安装操作能力。

二、实训设备

机床电气实训台、电工通用工具(测电笔、一字螺丝刀、十字螺丝刀、剥线钳、尖嘴钳、电工刀等)、万用表、兆欧表、三相异步电动机、电阻、刀开关、整流二极管、熔断器、交流接触器、热继电器、时间继电器、按钮、导线。

三、实训原理图

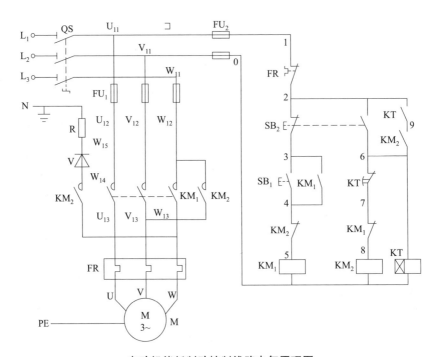

电动机能耗制动控制线路电气原理图

四、实训内容与步骤

教师强调实训室 6S(整理、整顿、清扫、清洁、素养、安全)管理。

1. 熟悉电气原理图

识读三相异步电动机的能耗制动控制线路的电气原理图,熟悉所用电气元件的作用和电路的工作原理。

2. 绘制布置图及接线图

学生根据电动机能耗制动控制线路的电气原理图独立绘制电气元件布置图及接线图。

3. 检查电气元件

根据电动机的规格检验选配的刀开关、熔断器、交流接触器、热继电器、时间继电器、导线的型号及规格是否满足要求。

按常规要求检查刀开关、按钮、接触器、时间继电器等元件,检查整流二极管的耐压值、额定电流值是否符合要求,检查热继电器的热元件是否完好,用螺丝刀轻轻拨动导板,观察常闭触点的分断动作。检查中如发现异常,则应进行检修或更换。用万用表测量所有电气元件的电磁线圈的直流电阻值并做好记录,以备检查线路和排除故障时作为参考。

4. 固定电气元件

在安装底板上按电气元件布置图安装和固定好各电气元件。各元件的安装位置应整齐、匀称、间距合理,便于元件的更换。紧固各元件时要用力均匀,紧固程度适当。

5. 照图接线

按照接线图进行主电路和控制线路接线。按接线图的走线方式,进行板前明线布线并要求所有导线套装号码管、软线做轧头。注意接线要牢固、接触良好。按接线图上所标的端子号做好 KM_1、KM_2 主触点之间的连接线,防止错接造成短路。尤其注意所接的 KM_1 联锁触点、KT 线圈及 KM_2 自锁触点端子等,各部件的上、下端子不要接错,防止联锁失效造成电器误动作。

6. 检查线路

(1)按接线图或电路图从电源端开始,逐段核对接线及接线端子处线号是否正确,有无漏接、错接之处。检查导线接点是否符合要求,压接是否牢固。同时注意接点接触应良好,以避免带负载运转时产生闪弧现象。

(2)用万用表检查

断开 QS,摘下 KM_1、KM_2 的灭弧罩,用万用表的 $R \times 10$ 挡做以下几项检测:

①检查主电路:断开 FU_2 切除控制线路。

a. 检查起动线路:按下 KM_1 触点架,分别测量 QS 下端 U_{11}-V_{11}、V_{11}-W_{11} 及 U_{11}-W_{11} 端子之间电阻,应测得电动机各相绕组的电阻值;松开 KM_1 触点架,电路由通而断。

b. 检查制动线路:将万用表拨到 $R \times 10\ k\Omega$ 挡,按下 KM_2 触点架,将黑表笔接 QS

下端 U_{11} 端子,红表笔接中性线 N 端,应测得二极管 V 的正向导通阻值;将表笔调换位置测量,应测得 $R \to \infty$。

②检查控制线路:拆下电动机接线,接通 FU_2,将万用表拨回 $R \times 10$ 挡,表笔分别接 QS 下端 U_{11}、V_{11} 处检测。

a. 检查起动控制:按下 SB_1,应测得 KM_1 线圈电阻值;松开 SB_1 则应测得断路;按下 KM_1 触点架,应测得 KM_1 线圈电阻值;松开 KM_1 触点架,应测得断路。

b. 检查制动控制:按下 SB_2 或按下 KM_2 的触点架,均应测得 KM_2 与 KT 两只线圈的并联阻值。

c. 检查 KT 延时控制:断开 KT 线圈的一端接线,按下 SB_2 应测得 KM_2 线圈电阻值,同时按住 KT 电磁机构的衔铁,当 KT 延时触点动作时,万用表应显示线路由通而断。重复检测几次,将 KT 的延时时间调到 2 s 左右。

7. 通电试车

完成上述检查后,检查三相电源及中性线,装好接触器的灭弧罩,在指导教师的监护下通电试车。

(1)空操作试验:合上 QS,按下 SB_1,KM_1 应得电保持吸合;轻按 SB_2 则 KM_1 释放。按 SB_1 使 KM_1 动作并保持吸合,将 SB_2 按到底,则 KM_1 释放而 KM_2 和 KT 同时得电动作,KT 常开触点瞬时闭合,KT 延时断开常闭触点延时约 2 s 动作,KM_2 和 KT 同时释放。

(2)带负荷试车:断开 QS,接好电动机接线,先将 KT 线圈一端引线断开,并将 KM_2 自锁触点一端引线断开,合上 QS。

起动电动机后,轻按 SB_2,观察 KM_1 释放后电动机能否惯性运转。再起动电动机后,将 SB_2 按到底使电动机进入制动过程,待电动机停转立即松开 SB_2。稍候片刻(防止频繁制动引起电动机过载,避免整流二极管过热)再次起动和制动,以记下电动机制动所需的时间。

切断电源后,按电动机制动所需时间调整 KT 的延时时间,接好 KT 线圈及 KM_2 自锁触点的连接线,检查无误后再合上电源开关 QS 接通电源。按下按钮 SB_1,交流接触器 KM_1 线圈通电,电动机 M 通电运行;待达到额定转速后按下停止按钮 SB_2,KM_1 断电,KM_2 和 KT 通电,电动机接入直流电进行能耗制动,迅速停止转动。时间继电器 KT 延时断开 KM_2,KT 和 KM_2 断电释放,能耗制动结束。如果达不到控制要求,则进行检查和排除电路故障,直到达到预定的控制要求为止。

8. 故障检修

设置故障让学生进行检修。

故障实例:通电试车时,电动机不能能耗制动。

分析:接触器 KM_2 线圈通路有断路点,导致 KM_2 线圈不能得电。

检查:发现辅助电路中,KT 常开触点接成常闭触点,使线路不通。

处理:将 KT 常闭触点接成常开触点,试车,成功。

操作完毕,关断电源开关 QS。拆除三相电源连接线、电动机连接线,将导线有序慢慢拆下来。拆除所有线路及元器件,将导线、工具、仪表、元器件及设备放回指定位置,并清扫、整理现场。

五、注意事项

(1)牢记实训室6S管理,做到安全操作和文明生产。

(2)所用元器件在安装到控制线路板前一定要检查质量,避免正确安装电路后,发现电路却没有正常的功能,再拆装,给实训过程造成不必要的麻烦或造成元器件的损伤。

(3)时间继电器的整定时间不要调得太长,以免制动时间过长引起电动机定子绕组发热。

(4)电动机的金属外壳必须可靠接地。

(5)按钮盒内接线时,用力不要过猛,以防螺钉打滑。接至电动机的导线,必须穿在导线通道内加以保护,或采用坚韧的四芯橡皮线或塑料护套线进行临时通电校验。

(6)安装完毕的控制线路必须经过认真检查后才允许通电试车,能耗制动控制线路中使用了整流二极管,因而主电路接线错误时,除了可能会造成 FU_1 动作、KM_1 和 KM_2 主触点烧毁外,还可能烧毁整流二极管。因此,试车前应反复核查主电路接线,并一定进行空操作试验,线路动作正确、可靠后,再进行带负荷试车。

(7)通电试车时,必须有指导教师在现场监护。进行制动时,停止按钮 SB_2 要按到底。试车中应注意起动、制动不可过于频繁,防止电动机过载及整流二极管过热。在试车过程中,若有异常现象应马上停车,不得对电路接线进行带电检查。

(8)带电检修故障时,必须有指导教师在现场监护,一定要确保用电安全。检修过程中,严禁扩大和产生新的故障,否则要立即停止检修。

(9)技能实训应在规定时间内完成。

六、实训报告主要要求

实训报告是实训工作的全面总结,要以简明形式将实训结果全面、真实地表达出来。要求简明扼要、字迹工整、分析合理,图表清楚整齐。

实训报告包括以下内容:

(1)实训项目名称。

(2)实训目的及要求。

(3)实训设备、电气元件型号规格。

(4)电气原理图,主要实训过程及步骤。

(5)实训结论及掌握情况。

技能实训八的成绩评定及评分标准如下:

技能实训八的成绩评定及评分标准

技能实训步骤		评 价 内 容	结果
绘图	10	A. 符号、线号正确,接线图与原理图相符,整洁清晰(10)。 B. 符号、线号正确,接线图与原理图相符,但不够整洁清晰(8)。 C. 个别符号、线号有误(5)	
检查电气元件	15	A. 会检查电气元件,安装元件位置准确,固定牢靠(15)。 B. 不能熟练检查电气元件,安装位置准确,固定牢靠(10)。 C. 在教师的指导下检查电气元件,元件固定不牢,有松动(5)	
布线	40	A. 接线正确、牢固,布局合理、美观,便于操作(40)。 B. 接线不牢固,接触不良、布线有不合理的地方(30)。 C. 接线有错误(15)	
检查线路	10	A. 正确掌握检查线路的方法,熟练检查线路(10)。 B. 检查线路方法正确,但不熟练(8)。 C. 有漏检现象(5)	
通车试车故障检修	20	A. 试车一次成功,设置故障后能独立完成检修并再次试车成功(20)。 B. 试车不成功,但能够自己排除故障(15)。 C. 试车不成功,不会排除故障(5)	
文明操作	5	A. 严格遵守安全操作规程(5)。 B. 较好遵守安全操作规程(3)。 C. 有违反安全操作规程现象(2)	

技能实训九

X62W 型万能铣床电气控制线路(一)

一、实训目的

(1)了解、熟悉 X62W 型万能铣床电器安装接线情况。

(2)理解 X62W 型万能铣床电气控制工作原理、操作方法与电器动作情况。

(3)掌握 X62W 型万能铣床主轴电动机控制原理。

二、实训设备

主轴电动机、进给电动机、冷却泵电动机、接触器、控制变压器、整流变压器、照明变压器、整流装置、热继电器、熔断器、电源转换开关、圆工作台转换开关、主令开关、照明灯开关、换向开关、电磁离合器、行程开关、照明灯、按钮等。

三、实训原理图

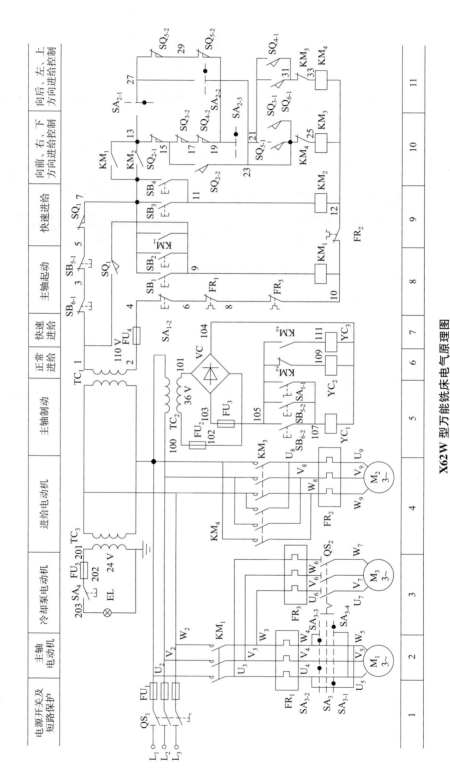

X62W 型万能铣床电气原理图

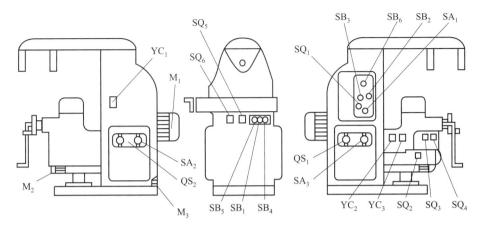

X62W 型万能铣床电器位置图

四、实训内容与步骤

(1)熟悉 X62W 型万能铣床主轴电动机控制线路各电气元件,检查各电气元件的型号和规格是否符合实训要求。

(2)按照 X62W 型万能铣床主轴电动机控制线路,在接线板上连接导线。

(3)检查接线是否正确,并请指导教师检查。

(4)在不接入电动机的情况下,试验主电路和控制线路。

(5)主轴起动。接入电动机,先将主轴换向开关 SA_3 旋转到所需的旋转方向,然后按下起动按钮 SB_1(或 SB_2),接触器 KM_1 因线圈通电而吸合,其常开辅助触点闭合自锁,电动机 M_1 拖动主轴起动运行。

(6)主轴停车制动。操作停机按钮 SB_5(或 SB_6),其常闭触点断开,接触器 KM_1 因线圈断电释放,但主轴电动机因惯性仍在旋转。按停止按钮时应按到底,这时其常开触点闭合,主轴制动离合器 YC_1 因线圈通电而吸合,使主轴制动,迅速停止运转。

(7)主轴的变速冲动。按下 SQ_1 实现停机情况下冲动和主轴电动机运行情况下冲动。

(8)主轴电动机换刀。将 SA_1 扳到换刀位置,它的一个触点断开了控制线路的电源:另一个触点接通了主轴制动离合器 YC_1,使主轴不能转动。

五、注意事项

(1)主电路接线时,应分清转换开关的触点接通位置,不要弄错,以免电动机不能换向,主电路接好后,用强迫通电法分别试运行。

(2)控制线路接线时,应遵循"先上后下、先左后右"的原则进行,控制线路接好后,先分单元试运行,然后整体试运行,即遵循"化整为零,集零为整"的原则试机。

六、实训报告主要要求

实训报告是实训工作的全面总结,要以简明形式将实训结果全面、真实地表达出来。要求简明扼要、字迹工整、分析合理,图表清楚整齐。

实训报告包括以下内容:

(1)实训项目名称。

(2)实训目的及要求。

(3)实训设备、电气元件型号规格。

(4)电气原理图,主要实训过程及步骤。

(5)实训结论及掌握情况。

技能实训九的成绩评定及评分标准如下:

技能实训九的成绩评定及评分标准

技能实训步骤		评 价 内 容	结果
绘图	10	A. 符号、线号正确,接线图与原理图相符,整洁清晰(10)。 B. 符号、线号正确,接线图与原理图相符,但不够整洁清晰(8)。 C. 个别符号、线号有误(5)	
检查电气元件	15	A. 会检查电气元件,安装元件位置准确,固定牢靠(15)。 B. 不能熟练检查电气元件,安装位置准确,固定牢靠(10)。 C. 在教师的指导下检查电气元件,元件固定不牢,有松动(5)	
布线	40	A. 接线正确、牢固,布局合理,美观,便于操作(40)。 B. 接线不牢固,接触不良,布线有不合理的地方(30)。 C. 接线有错误(15)	
检查线路	10	A. 正确掌握检查线路的方法,熟练检查线路(10)。 B. 检查线路方法正确,但不熟练(8)。 C. 有漏检现象(5)	
通车试验故障检修	20	A. 试车一次成功(20)。 B. 试车不成功,但能够自己排除故障(15)。 C. 试车不成功,不会排除故障(5)	
文明操作	5	A. 严格遵守安全操作规程(5)。 B. 较好遵守安全操作规程(3)。 C. 有违反安全操作规程现象(2)	

技能实训十

X62W 型万能铣床电气控制线路(二)

一、实训目的

(1)了解、熟悉 X62W 型万能铣床电器安装接线情况。

(2)理解 X62W 型万能铣床电气控制工作原理、操作方法与电器动作情况。

(3)掌握 X62W 型万能铣床工作台的纵向、横向和垂直进给控制线路原理。

二、实训设备

同技能实训九。

三、实训原理图

同技能实训九。

四、实训内容与步骤

(1)熟悉 X62W 型万能铣床工作台的纵向、横向和垂直进给控制线路各电气元件,检查各电气元件的型号和规格是否符合实训要求。

(2)按照 X62W 型万能铣床工作台的纵向、横向和垂直进给控制线路,在接线板上连接导线。

(3)检查接线是否正确,并请指导教师检查。

(4)在不接入电动机的情况下,试验主电路和控制线路。

(5)先将 KM_1 通电,再按要求将电动机的运行状态填入下表。

电动机的运行状态

状态	SQ3	SQ4	SQ5	SQ6
	工作台右移	工作台左移	工作台下或前移	工作台上或后移
按下				
放开				

(6)进给变速冲动。先将 KM_1 通电,再按下 SQ_2,观察接触器 KM_3 和电动机 M_2 的变化。

五、注意事项

(1)主电路接线时,应分清接触器主触点连接位置,不要弄错,以免电动机不能换向。主电路接好后,用强迫通电法分别试运行。

(2)控制线路接线时,应遵循"先上后下、先左后右"的原则进行。控制线路接好后,先分单元试运行,然后整体试运行,即遵循"化整为零,集零为整"的原则试机。

六、实训报告主要要求

实训报告是实训工作的全面总结,要以简明形式将实训结果全面、真实地表达出来。要求简明扼要、字迹工整、分析合理,图表清楚整齐。

实训报告包括以下内容:

(1)实训项目名称。

(2)实训目的及要求。

(3)实训设备、电气元件型号规格。

(4)电气原理图,主要实训过程及步骤。

(5)实训结论及掌握情况。

技能实训十的成绩评定及评分标准如下:

技能实训十的成绩评定及评分标准

技能实训步骤		评 价 内 容	结果
绘图	10	A. 符号、线号正确,接线图与原理图相符,整洁清晰(10)。 B. 符号、线号正确,接线图与原理图相符,但不够整洁清晰(8)。 C. 个别符号、线号有误(5)	
检查电气元件	15	A. 会检查电气元件,安装元件位置准确,固定牢靠(15)。 B. 不能熟练检查电气元件,安装位置准确,固定牢靠(10)。 C. 在教师的指导下检查电气元件,元件固定不牢,有松动(5)	
布线	40	A. 接线正确、牢固,布局合理、美观,便于操作(40)。 B. 接线不牢固,接触不良、布线有不合理的地方(30)。 C. 接线有错误(15)	
检查线路	10	A. 正确掌握检查线路的方法,熟练检查线路(10)。 B. 检查线路方法正确,但不熟练(8)。 C. 有漏检现象(5)	
通车试验故障检修	20	A. 试车一次成功(20)。 B. 试车不成功,但能够自己排除故障(15)。 C. 试车不成功,不会排除故障(5)	
文明操作	5	A. 严格遵守安全操作规程(5)。 B. 较好遵守安全操作规程(3)。 C. 有违反安全操作规程现象(2)	

中等职业教育电类专业系列教材

中国铁道出版社有限公司
CHINA RAILWAY PUBLISHING HOUSE CO., LTD.

地址：北京市西城区右安门西街8号
邮编：100054
网址：http://www.tdpress.com/51eds/